Web开发技术丛书

TypeScript
项目开发实战

［英］ 彼得·欧汉龙 （Peter O'Hanlon） 著

赵利通 译

Advanced TypeScript
Programming Projects

机械工业出版社
China Machine Press

图书在版编目（CIP）数据

TypeScript 项目开发实战 /（英）彼得·欧汉龙 (Peter O' Hanlon) 著；赵利通译 . —北京：机械工业出版社，2020.7（2021.8 重印）
（Web 开发技术丛书）
书名原文：Advanced TypeScript Programming Projects

ISBN 978-7-111-66026-2

I. T… II. ①彼… ②赵… III. 超文本标记语言 - 程序设计 IV. TP312.8

中国版本图书馆 CIP 数据核字（2020）第 121104 号

本书版权登记号：图字 01-2020-1158

TypeScript 项目开发实战

出版发行：机械工业出版社（北京市西城区百万庄大街 22 号 邮政编码：100037）

责任编辑：李永泉　　　　　　　　　　　责任校对：李秋荣

印　　刷：北京建宏印刷有限公司　　　　版　　次：2021 年 8 月第 1 版第 2 次印刷

开　　本：186mm×240mm　1/16　　　　印　　张：19.25

书　　号：ISBN 978-7-111-66026-2　　　定　　价：89.00 元

客服电话：（010）88361066　88379833　68326294　　　投稿热线：（010）88379604

华章网站：www.hzbook.com　　　　　　　读者信箱：hzit@hzbook.com

本书法律顾问：北京大成律师事务所　韩光 / 邹晓东

　　本书介绍的是 TypeScript，你从书名中其实已经知道了这一点。不过，本书不仅介绍 TypeScript，还将介绍如何使用 TypeScript 完成一些比较复杂的项目。因此，本书介绍的主题比你之前学习过的 TypeScript 相关主题可能稍微难一些。

　　所以，我们也许可以把开场白改为这样：本书介绍的是 TypeScript，以及如何用有趣的方式使用 TypeScript 和一些高级技术来创建有趣的项目。

　　必须说明，本书不介绍如何使用 Angular、React、Vue 或 ASP.NET Core 进行编程。这些都是庞大的主题，应该用整本书的篇幅进行解释（事实上，在每章末尾，我尽量推荐一些资源，它们能够帮助你更深入地了解相关主题）。对于 Angular 和 React，我将每章介绍的新功能的相关概念限制在 5 个以内。当使用的技术（如 Bootstrap）具有针对其他技术的具体实现时，我们将使用最合适的库，例如为 React 使用 `reactstrap`。之所以如此，是因为这些库是针对相应**用户界面**（**User Interface，UI**）框架设计的。

　　在为本书做最初调查时，有个问题一再浮现：现在的热点技术是什么？人们在使用什么新的、令人兴奋的新技术？本书旨在介绍一些这样的技术，包括 GraphQL、微服务和机器学习。同样，本书无法介绍相关技术的所有信息。所以，本书只是简单介绍这些技术，并展示在使用这些技术进行开发时，TypeScript 的强大功能可以让开发工作变得简单许多。

　　在阅读本书的过程中，你会发现我非常关注使用**面向对象编程**（**Object-Oriented Programming，OOP**）。我们将构建大量的类。这么做有许多原因，但最主要的是前面章节中编写的代码将能够在后面的章节中重用。而且，我希望编写出的代码能让你直接添加到自己的代码库中。在 TypeScript 中，基于类的开发让实现这些目的变得简单多了。另外，即使使用了比较高级的技术，这也使我们能够介绍一些让代码变得更加简单的方法，所以我们讨论了一些原则，例如让类具有单一职责（称为单一职责模式），以及基于模式的开发，即通过对复杂问题应用众所周知的软件开发模式，让解决方案变得更加简单。

除了 TypeScript，我们还将在大部分章节中使用 Bootstrap 设计 UI。在介绍 Angular 的两章中，我们则介绍如何使用 Angular Material 布局界面，因为 Material 和 Angular 非常搭配，如果你要开发商业 Angular 应用程序，则很有可能会使用 Material。

第 1 章介绍了你以前可能没有使用过的功能，例如 REST 属性和展开，所以我们将比较深入地介绍它们。在后面的章节中，我们将很自然地使用它们，而不会打断代码讲解来指出特定的 TypeScript 功能。另外，在学习本书的过程中，你会发现后面的章节常常会再次使用前面章节中的功能，所以我们不是简单地做一次开发，然后就把那些功能抛之脑后。

本书面向的读者

本书的读者应该至少已经熟悉 TypeScript 的基础知识。如果你知道如何使用 TypeScript 编译器 tsc 来构建配置文件和编译代码，也知道 TypeScript 中的类型安全、函数和类等基础知识，那将大有裨益。

即使你对 TypeScript 有比较深入的了解，本书中也会介绍一些你以前可能没有使用过的技术，你应该会对这些资料感兴趣。

本书内容

第 1 章介绍你之前可能没有接触过的 TypeScript 功能，例如使用联合和交叉类型，创建自己的类型声明，以及使用装饰器来启用面向切面编程等。通过学习该章，你将熟悉专业开发人员每天都会用到的各种 TypeScript 技术。

第 2 章将编写第一个实用的项目：一个简单的 markdown 编辑器。我们将创建一个简单的解析器，在 Web 页面内将其绑定到一个文本块，用来识别用户何时输入一个 markdown 标签，并在预览区域反映出效果。在编写该章的代码时，我们将介绍如何在 TypeScript 中使用设计模式来构建更加健壮的解决方案。

第 3 章将使用流行的 React 库构建一个联系人管理器。在编写这个应用程序时，我们将看到 React 如何使用特殊的 TSX 文件来混合 TypeScript 及 HTML，最终生成用户组件。我们还将看到如何在 React 中使用绑定和状态，在用户改变值时自动更新数据模型。这里的最终目的是创建一个 UI，允许用户输入数据，并使用浏览器自己的 IndexedDB 数据库来保存和检索信息，以及了解如何对组件应用验证来确保输入有效。

第 4 章介绍 MEAN 栈，这是我们第一次接触 MEAN。MEAN 栈指的是一组相互协作的技术，用来构建能够在客户端和服务器运行的应用程序。我们使用 MEAN 栈来编写一个相册应用程序，使用 Angular 创建 UI，使用 MongoDB 存储用户上传的图片。在创建这个应用程序时，我们将使用 Angular 来创建服务和组件。同时，我们将看到如何使用 Angular Material 来创建有吸引力的 UI。

第 5 章告诉我们，并非只能使用 REST 在客户端与服务器之间进行通信。现在很热门的一个主题是使用 GraphQL 创建应用程序，让这种应用程序使用 GraphQL 服务器和客户端来使用和更新来自多个源的数据。该章编写的 Angular 应用程序将为用户管理一个待办事项列表，并进一步演示 Angular 的功能，例如使用模板在只读功能和可编辑功能之间进行切换，另外还将介绍 Angular 为验证用户输入提供的功能。

第 6 章进一步探索不依赖 REST 通信的思想。我们将介绍如何在 Angular 中创建一个长时间运行的客户端/服务器应用程序，让客户端和服务器连接，从而能够在客户端和服务器之间来回发送消息。我们将使用 Socket.IO 编写一个聊天室应用程序。为了进一步增强代码，我们将使用一个外部身份验证提供商来帮助我们专业地保护应用程序，从而避免一些令人尴尬的身份验证问题，例如用明文存储密码。

第 7 章将说明我们已经无法忽视云服务的发展。该章将创建的应用程序是最后一个 Angular 应用程序，它使用了两个不同的、基于云的服务。第一个云服务是必应地图，我们在这里展示了如何注册一个第三方的云地图服务，并把它集成到自己的应用程序中。我们将介绍该服务对不同使用规模的收费情况。我们将显示一个地图来让用户保存兴趣点，并通过使用 Google 的 Firebase 云平台，把这些数据存储到一个单独的云数据库中。

第 8 章利用前面使用 React 和 MEAN 栈的经验，介绍如何使用一个等效的基于 React 的栈。我们第一次接触 MEAN 时，使用 REST 来与一个应用程序端点通信。而在该章的应用程序中，我们将与多个微服务通信，创建一个简化的基于 React 的 CRM 系统。我们将讨论什么是微服务，什么时候使用微服务，以及如何使用 Swagger 来设计 REST API 及创建其文档。该章将重点介绍 Docker，展示如何在不同的容器中运行不同的服务。容器是目前在开发人员中最热门的主题之一，因为它们能够简化推出应用程序的过程，并且使用起来不那么困难。

第 9 章介绍如何使用 TensorFlow.js 在 Web 浏览器中托管机器学习。我们将使用流行的 Vue.js 框架编写一个应用程序，使用预训练的图像模型来识别图像。之后将介绍如何创建一个姿势检测应用程序，识别图像中人的姿势。可以扩展这个应用程序，使用摄像头来跟踪姿势，从而方便体育教练执教。

第 10 章偏离了之前的主题。前面已经编写了多个应用程序，使用 TypeScript 作为主要编程语言来构建 UI。该章将使用 ASP.NET Core 和免费的 Discogs 音乐 API 来编写一个音乐库应用程序，允许用户输入艺术家的姓名并搜索其音乐作品的详细信息。我们将结合使用 C# 和 TypeScript 来查询 Discogs 并构建 UI。

如何使用本书

- 在阅读本书前，你应该了解 TypeScript 的基础知识。对 HTML 和 Web 页面的了解也会很有用。

- 当下载代码使用包管理器（如 npm）时，你需要知道如何恢复包，因为我们没有在代码存储库中包含这些包。要恢复包，可以在 package.json 所在的目录中使用 npm install。

- 在最后一章中，你不需要自己下载缺少的包。当生成项目时，Visual Studio 将恢复这些包。

下载示例代码及彩色图像

本书的示例源码及所有截图和样图，可以从 http://www.packtpub.com 通过个人账号下载，也可以访问华章图书官网 http://www.hzbook.com，通过注册并登录个人账号下载。

本书的代码示例也在 GitHub 上提供，地址为 https://github.com/PacktPublishing/Advanced-TypeScript-3-Programming-Projects。如果代码有更新，将更新到 GitHub 存储库中。

Packt 出版社还在 https://github.com/PacktPublishing/ 提供了其他众多图书和视频的代码文件。欢迎浏览查看！

本书采用的约定

代码块的格式如下所示：

```
{
  "compilerOptions": {
    "target": "ES2015",
    "module": "commonjs",
    "sourceMap": true,
    "outDir": "./script",
  }
}
```

当我们希望你注意代码块的某个部分时，将加粗显示相应的代码：

```
{
  "compilerOptions": {
    "target": "ES2015",
    "module": "commonjs",
    "sourceMap": true,
    "outDir": "./script",
  }
}
```

命令行输入或输出的格式如下所示：

```
npx create-react-app chapter03 --scripts-version=react-scripts-ts
```

注
意　　表示警告或者需要重点注意的信息。

提
示　　表示提示和小技巧。

审校者简介 *About the reviewer*

Nadun Indunil 是斯里兰卡 Sysco Labs 的一名软件工程师，负责开发和管理 AWS 相关的软件和工具。他在斯里兰卡莫勒图沃大学获得了工程学荣誉学士学位。Nadun 是 AWS 认证解决方案架构师和开源贡献者。他为许多开源 JavaScript 项目做出了贡献，并自己维护着几个开源 JavaScript 项目。

特别感谢 Packt 出版社给我提供这个宝贵的机会来审校本书，这本书给了我很大帮助，让我学习了许多新知识。

我还想感谢我的父母、朋友和未婚妻，他们帮助我在有限的时间内完成了这个项目。

$\mathcal{Contents}$ 目　　录

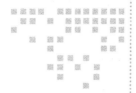

第 1 章 *Chapter 1*

TypeScript 的高级特性

本章将介绍 TypeScript 的一些高级语言特性。合理使用时，这些特性为使用 TypeScript 提供了一种干净、直观的方式，有助于编写专业级代码。你可能已经了解本章所介绍的某些内容，但是之所以要介绍这些内容，是为了在介绍后续章节前打下统一的基础，也帮助你理解为什么要使用这些特性。我们还将介绍为什么需要这些技术，仅仅知道如何应用这些特性是不够的，还需要知道应该在什么场景下使用这些特性，以及在使用它们时需要考虑什么。本章的侧重点不是枯燥地提供一个完整的特性列表，而是介绍后续章节中需要用到的一些知识。这里介绍的实用技术在日常开发中也会反复用到。

因为本书介绍的是 Web 开发，所以还会创建大量 UI。因此，我们将介绍如何使用流行的 Bootstrap 框架来创建美观的界面。

本章将介绍以下主题：

❑ 借助联合类型使用不同的类型。

❑ 借助交叉类型合并类型。

❑ 借助类型别名简化类型声明。

❑ 使用 REST 属性解构对象。

❑ 使用 REST 处理可变数量的参数。

❑ 使用装饰器进行面向切面编程（**Aspect-Oriented Programming，AOP**）。

❑ 使用混入组成类型。

❑ 将相同的代码用于不同的类型，以及使用泛型。

❑ 使用映射来映射值。

❑ 使用 promise 及 async/await 创建异步代码。

❑ 使用 Bootstrap 创建 UI。

1.1 技术需求

要学习本章的内容，需要安装 Node.js。可以从 Node.js：https://nodejs.org/en/ 下载并安装。

另外还需要安装 TypeScript 编译器。通过 Node.js 安装 TypeScript 编译器有两种方法，都需要用到 Node 包管理器（Node Package Manager，NPM）。如果想在所有应用程序中使用相同版本的 TypeScript，并且每当 TypeScript 更新时让这些应用都运行相同版本的 TypeScript，那么可以使用下面的命令：

```
npm install -g typescript
```

如果想要 TypeScript 版本只针对特定的项目，则在该项目的文件夹中输入下面的命令：

```
npm install typescript --save-dev
```

至于代码编辑器，可以使用任意合适的编辑器，甚至可以使用一个基本的文本编辑器。本书使用的是 Visual Studio Code，这是一个免费的跨平台**集成开发环境**（**Integrated Development Environment，IDE**），可从 https://code.visualstudio.com/ 下载。

本章所有代码可在 GitHub 上获取，网址为 https://github.com/PacktPublishing/AdvancedTypeScript-3-Programming-Projects/tree/master/Chapter01。

1.2 使用 tsconfig 构建面向未来的 TypeScript

随着 TypeScript 变得越来越受欢迎，其快速发展的开源架构为其助力不少。TypeScript 最初实现时设立的目标，证明它已经成为从新接触 JavaScript 开发的开发人员到经验丰富的开发人员都青睐的编程语言。这种受欢迎程度促使这种语言快速增加新特性，其中既有直观的新特性，也有针对 JavaScript 生态系统前沿开发人员的高级特性。本章将介绍 TypeScript 针对现有 ECMAScript 实现或者即将出现的 ECMAScript 实现所引入的特性。

在本章中，我将不时指出一些较新的 ECMAScript 标准才支持的特性。对于一些情况，TypeScript 已经提供了某个特性的 polyfill 实现，使其能够用在 ECMAScript 的较早版本中。对于其他情况，编译的版本包含只能在特定版本之后才能使用的特性，此时建议使用比较新的配置。

尽管能够只使用参数在命令行编译 TypeScript，但是我更喜欢使用 tscofig.json。你可以选择手动创建这个文件，也可以在命令行使用下面的命令，让 TypeScript 来创建这个文件：

```
tsc --init
```

如果你想使用跟我一样的设置，可以参考我的默认配置，如下所示。当需要更新引用时，我会指出来需要添加的条目：

```
{
  "compilerOptions": {
    "target": "ES2015",
    "module": "commonjs",
    "lib": [ "ES2015", "dom" ],
    "sourceMap": true,
    "outDir": "./script",
    "strict": true,
    "strictNullChecks": true,
    "strictFunctionTypes": true,
    "noImplicitThis": true,
    "alwaysStrict": true,
    "noImplicitReturns": true,
    "noFallthroughCasesInSwitch": true,
    "esModuleInterop": true,
    "experimentalDecorators": true,
  }
}
```

1.3　TypeScript 高级特性简介

TypeScript 的每一次发布都向前迈了一大步，在第 1 版引入的语言基本特性的基础上添加新的特性和功能。相比那个时候，JavaScript 已经发展变化，TypeScript 也针对新标准添加了新特性，为老版本 JavaScript 实现提供实现，或者针对更新后的 ECMA 标准调用原生代码。作为全书第 1 章，我们将介绍其中一些特性，这些特性在本书后续章节中会用到。

1.3.1　借助联合类型使用不同的类型

首先介绍我最喜欢的特性之一：联合类型。当某个函数只有一个参数，但期望该参数是某个类型或另一个类型时，就可以使用联合类型。例如，假设有一个验证例程需要检查某个值是否落在特定区间内，并且该例程可从文本框接受一个 string 类型的值，或者从一个计算得到 number 类型的值。解决这个问题有多种方法，但是每种方法都有许多共通之处，所以我们首先创建一个简单的类，用来指定目标区间的最小值和最大值，并创建一个函数来执行验证，如下所示：

```
class RangeValidationBase {
    constructor(private start : number, private end : number) { }
    protected RangeCheck(value : number) : boolean {
        return value >= this.start && value <= this.end;
    }
    protected GetNumber(value : string) : number {
        return new Number(value).valueOf();
    }
}
```

可能你之前没有见过类似的 Constructor，它实际上相当于编写下面的代码：

```
private start : number = 0;
private end : number = 0;
constructor(start : number, end : number) {
    this.start = start;
    this.end = end;
}
```

如果需要检查参数或者以某种方式处理参数，则应该使用这种展开参数的形式。如果只是为私有字段赋值，那么第一种形式是一种非常优雅的方式，能够使代码更加整洁。

要确保只对 string 或 number 执行验证，有几种不同的解决方法。第一种方法是提供两个函数，让它们分别接受一种类型，如下所示：

```
class SeparateTypeRangeValidation extends RangeValidationBase {
    IsInRangeString(value : string) : boolean {
        return this.RangeCheck(this.GetNumber(value));
    }
    IsInRangeNumber(value : number) : boolean {
        return this.RangeCheck(value);
    }
}
```

这种方法能够解决我们的问题，但是不够优雅，并且没有利用 TypeScript 的强大功能。第二种方法是允许传入值，并不做限制，如下所示：

```
class AnyRangeValidation extends RangeValidationBase {
    IsInRange(value : any) : boolean {
        if (typeof value === "number") {
            return this.RangeCheck(value);
        } else if (typeof value === "string") {
            return this.RangeCheck(this.GetNumber(value));
        }
        return false;
    }
}
```

相比第一种实现，这种实现明显有了改进，因为现在函数只有一个签名，代码调用会更加一致。但是在这种实现中，我们仍然可以向方法传递一个无效的类型，如 boolean。此时，代码能够成功编译，但在运行时将会失败。

如果想把验证逻辑限制为仅接受字符串或数字，则可以使用联合类型。新的实现与上个实现没有太大区别，但是能够提供我们想要的编译时类型安全，如下所示：

```
class UnionRangeValidation extends RangeValidationBase {
    IsInRange(value : string | number) : boolean {
        if (typeof value === "number") {
            return this.RangeCheck(value);
        }
        return this.RangeCheck(this.GetNumber(value));
    }
}
```

函数名称中的 type | type 签名表明使用了联合类型约束。它告诉编译器（和我们）这

个方法的有效类型是什么。因为我们将输入类型限制为 number 或 string，所以一旦能够确定类型不是 number，就不需要检查 typeof 来判断类型是不是 string，代码因而得到进一步简化。

⌖ 提示　在联合语句中，我们可以链接任意多的类型。虽然对类型的数量没有限制，但是我们必须确保对联合列表中的每个类型使用对应的 typeof 检查，这样才能正确处理类型。类型的顺序并不重要，number | string 与 string | number 的效果是相同的。但是要记住，如果函数中组合了大量类型，则可能意味着该函数做的工作太多，此时应该检查代码，看是否可以把它分解为更小的函数。

联合类型还可以用来处理更多情况。TypeScript 中有两种特殊类型：null 和 undefined。除非在编译代码时使用了 -strictNullChecks 选项，或者在 tsconfig.json 文件中设置了 strictNullChecks = true，否则可以将这两种类型赋值给任何类型。本书建议设置这个值，这样代码只会在必要的地方处理 null，从而避免由于函数接受 null 值而产生意外情况。如果想允许使用 null 或 undefined，则只需把它们添加为联合类型。

1.3.2　使用交叉类型组合类型

有时将多个类型合并为一个类型进行处理，对我们来说是很重要的能力。交叉类型由多个类型组合而成，具有各个类型的所有属性。通过下面这个简单的例子，我们可以了解交叉类型是什么样子。首先，我们将创建一个 Grid 类，以及一个应用到该 Grid 的 Margin 类，如下所示：

```
class Grid {
    Width : number = 0;
    Height : number = 0;
}
class Margin {
    Left : number = 0;
    Top : number = 0;
}
```

我们将创建一个交叉，其具有 Grid 的 Width 和 Height 属性，以及 Margin 的 Left 和 Top 属性。为此创建一个函数，将 Grid 和 Margin 作为参数，并返回包含上述属性的一个类型，如下所示：

```
function ConsolidatedGrid(grid : Grid, margin : Margin) : Grid & Margin {
    let consolidatedGrid = <Grid & Margin>{};
    consolidatedGrid.Width = grid.Width;
    consolidatedGrid.Height = grid.Height;
    consolidatedGrid.Left = margin.Left;
    consolidatedGrid.Top = margin.Top;
    return consolidatedGrid;
}
```

本章后面介绍对象展开时还将回顾这个函数，说明如何避免重复使用属性的样板代码。

这段代码的关键在于 consolidatedGrid 的定义。我们使用 & 将类型连接起来创建交叉。因为我们想把 Grid 和 Margin 组合起来，所以使用 <Grid & Margin> 告诉编译器组合后的类型是什么样的。可以看到，我们不需要显式命名这个类型；编译器足够智能，能够替我们完成这项工作。

如果两个类型中有相同的属性，会发生什么？TypeScript 会阻止我们把类型组合到一起吗？只要属性的类型相同，TypeScript 就不反对我们使用相同的属性名称。为了说明这一点，我们将扩展 Margin 类，使其也包含 Width 和 Height 属性，如下所示：

```
class Margin {
    Left : number = 0;
    Top : number = 0;
    Width : number = 10;
    Height : number = 20;
}
```

如何处理这些属性取决于我们想要使用它们来做什么。在本例中，我们将把 Margin 的 Width 和 Height 加到 Grid 的 Width 和 Height。因此，函数如下所示：

```
function ConsolidatedGrid(grid : Grid, margin : Margin) : Grid & Margin {
    let consolidatedGrid = <Grid & Margin>{};
    consolidatedGrid.Width = grid.Width + margin.Width;
    consolidatedGrid.Height = grid.Height + margin.Height;
    consolidatedGrid.Left = margin.Left;
    consolidatedGrid.Top = margin.Top;
    return consolidatedGrid;
}
```

然而，如果我们试图重用相同的属性，但这些属性的类型不同，并且类型具有一些限制，就会发生问题。为了说明效果，我们将扩展 Grid 和 Margin 类来包含 Weight。Grid 类中的 Weight 属性是一个数字，而 Margin 类中的 Weight 是一个字符串，如下所示：

```
class Grid {
    Width : number = 0;
    Height : number = 0;
    Weight : number = 0;
}
class Margin {
    Left : number = 0;
    Top : number = 0;
    Width : number = 10;
    Height : number = 20;
    Weight : string = "1";
}
```

我们试着在 ConsolidatedGrid 函数中将 Weight 类型合并起来：

```
consolidatedGrid.Weight = grid.Weight + new
    Number(margin.Weight).valueOf();
```

此时，TypeScript 将给出下面的错误，说明这行代码有错：

```
error TS2322: Type 'number' is not assignable to type 'number & string'.
    Type 'number' is not assignable to type 'string'.
```

虽然有一些方法来解决这个问题，例如为 Grid 中的 Weight 使用联合类型，然后解析输入，但是一般来说没有必要那么麻烦。如果类型不同，一般说明属性的行为是不同的，所以我们真正要做的是为其指定一个不同的名称。

虽然这里的示例介绍的是类，但是需要指出的是交叉并非只适用于类，也适用于接口、泛型和基本类型。

使用交叉时，还需要考虑其他一些规则。当属性名相同，但只有一个属性可选时，最终的属性将是必需的。我们将为 Grid 类和 Margin 类引入一个填充属性，并使得 Margin 中的 Padding 属性可选，如下所示：

```
class Grid {
    Width : number = 0;
    Height : number = 0;
    Padding : number;
}
class Margin {
    Left : number = 0;
    Top : number = 0;
    Width : number = 10;
    Height : number = 20;
    Padding?: number;
}
```

因为我们提供了一个必需的 Padding 变量，所以不能修改交叉，如下所示：

```
consolidatedGrid.Padding = margin.Padding;
```

由于不能保证边距填充会被赋值，所以编译器将尽力阻止此类操作。为了解决这个问题，我们将修改代码，使得如果 margin 的填充被赋值，就使用 margin 的填充，否则就使用 grid 的填充。为此，我们将做一个简单的修改：

```
consolidatedGrid.Padding = margin.Padding ? margin.Padding : grid.Padding;
```

这种看起来有些奇怪的语法称为三元运算符，是编写下面逻辑的一种简洁方法：如果 margin.Padding 有值，则使 consolidatedGrid.Padding 等于该值，否则使其等于 grid.Padding。使用 if/else 语句也可以写出这种逻辑，但是因为在 TypeScript 和 JavaScript 中，这是一种常见的范式，所以有必要熟悉一下。

1.3.3　使用类型别名简化类型声明

类型别名常常与交叉类型和联合类型一起使用。TypeScript 允许创建类型别名，使我们不必使用 string | number | null 这样的引用来让代码变得杂乱不堪。编译器将把类型

别名展开成为相应的代码。

假设我们想创建一个类型别名来代表联合类型 `string | number`，则可以使用下面的代码：

```
type StringOrNumber = string | number;
```

对于前面的区间验证示例，我们可以修改函数签名来使用这个别名，如下所示：

```
class UnionRangeValidationWithTypeAlias extends RangeValidationBase {
    IsInRange(value : StringOrNumber) : boolean {
        if (typeof value === "number") {
            return this.RangeCheck(value);
        }
        return this.RangeCheck(this.GetNumber(value));
    }
}
```

在这段代码中，重点要注意的是我们并没有创建任何新的类型。类型别名只是一种语法技巧，用来提高代码的可读性，而且更重要的是，当我们在大型团队中工作时，能够帮助我们创建更加一致的代码。

通过组合类型别名和类型，可以创建出更加复杂的类型别名。如果想要为上面的类型别名添加对 `null` 的支持，可以添加下面的类型：

```
type NullableStringOrNumber = StringOrNumber | null;
```

因为编译器看到并使用的仍然是底层的类型，所以可以使用下面的语法来调用 `IsInRange` 方法：

```
let total : string | number = 10;
if (new UnionRangeValidationWithTypeAlias(0,100).IsInRange(total)) {
    console.log(`This value is in range`);
}
```

显然，这样不能得到看起来非常一致的代码，所以可以将 `string | number` 改为 `StringOrNumber`。

1.3.4 使用对象展开赋值属性

在 1.3.2 节的 `ConsolidatedGrid` 示例中，我们分别把每个属性赋值给交叉。根据我们想要实现的效果，还有另外一种用更少的代码创建 `<Grid & Margin>` 交叉类型的方法。通过使用展开运算符，可以对一个或多个输入类型的属性自动执行浅拷贝。

我们首先来看看如何重写前面的示例，使其自动填充边距信息：

```
function ConsolidatedGrid(grid : Grid, margin : Margin) : Grid & Margin {
    let consolidatedGrid = <Grid & Margin>{...margin};
    consolidatedGrid.Width += grid.Width;
    consolidatedGrid.Height += grid.Height;
    consolidatedGrid.Padding = margin.Padding ? margin.Padding :
    grid.Padding;
```

```
        return consolidatedGrid;
    }
```

当实例化 `consolidatedGrid` 函数时，这段代码将复制并填入 `margin` 的属性。三个点（`...`）告诉编译器将该操作作为一个展开操作进行处理。由于已经填充了 `Width` 和 `Height`，所以可以使用 `+=` 来加上 `grid` 的元素。

如果我们想同时使用 `grid` 和 `margin` 中的值，会发生什么？要实现这种功能，可以将实例化代码修改为如下代码：

```
let consolidatedGrid = <Grid & Margin>{...grid, ...margin};
```

这将使用 `grid` 的值填入 `Grid` 中的值，然后使用 `margin` 的值填入 `Margin` 中的值。这说明两点，首先，展开操作将属性映射到合适的属性，其次，展开操作的顺序很重要。因为 `margin` 和 `grid` 有相同的属性，所以 `grid` 设置的值会被 `margin` 设置的值覆盖。为了使 `Width` 和 `Height` 属性的值来自 `grid`，必须颠倒这行代码的顺序。得到的代码如下所示：

```
let consolidatedGrid = <Grid & Margin>{...margin, ...grid };
```

现在，我们应该看看 TypeScript 从这段代码生成的 JavaScript 代码。当使用 ES5 进行编译时，得到的 JavaScript 代码如下所示：

```
var __assign = (this && this.__assign) || function () {
    __assign = Object.assign || function(t) {
        for (var s, i = 1, n = arguments.length; i < n; i++) {
            s = arguments[i];
            for (var p in s) if (Object.prototype.hasOwnProperty.call(s,
            p))
                t[p] = s[p];
        }
        return t;
    };
    return __assign.apply(this, arguments);
};
function ConsolidatedGrid(grid, margin) {
    var consolidatedGrid = __assign({}, margin, grid);
    consolidatedGrid.Width += grid.Width;
    consolidatedGrid.Height += grid.Height;
    consolidatedGrid.Padding = margin.Padding ? margin.Padding :
    grid.Padding;
    return consolidatedGrid;
}
```

但是，如果使用 ES2015 或更新版本编译代码，将不再有 `_assign` 函数，`ConsolidatedGrid` 的 JavaScript 代码将如下所示：

```
function ConsolidatedGrid(grid, margin) {
    let consolidatedGrid = Object.assign({}, margin, grid);
    consolidatedGrid.Width += grid.Width;
    consolidatedGrid.Height += grid.Height;
    consolidatedGrid.Padding = margin.Padding ? margin.Padding :
```

```
        grid.Padding;
        return consolidatedGrid;
    }
```

可以看到，TypeScript 努力确保对于任何 ECMAScript 版本，生成的代码都能够工作。我们不必担心某个功能是否可用，可以交给 TypeScript 来替我们完成必要的处理工作。

1.3.5 使用 REST 属性解构对象

在使用展开运算符构建对象的地方，也可以使用 REST 属性解构对象。解构就是把一个复杂的东西拆分为较为简单的东西。换句话说，当把数组内的元素或者对象的属性赋值给单独的变量时，就是在解构它们。虽然一直以来，我们都能够把复杂的对象和数组分解为更简单的类型，但是通过使用 REST 参数，TypeScript 提供了一种干净优雅的方式来分解类型，包括对象和数组。

要理解 REST 属性是什么，首先需要理解如何解构对象或者数组。我们将解构下面的对象字面量：

```
let guitar = { manufacturer: 'Ibanez', type : 'Jem 777', strings : 6 };
```

解构该对象的一种方法是使用下面的代码：

```
const manufacturer = guitar.manufacturer;
const type = guitar.type;
const strings = guitar.strings;
```

虽然这段代码能够解构对象，但是不够优雅，代码中也存在重复。好在对于这种简单的解构，TypeScript 采纳了 JavaScript 中的更加简洁的语法：

```
let {manufacturer, type, strings} = guitar;
```

从功能上讲，这行代码得到的变量与一开始的实现相同。各个属性必须与要解构的对象中的属性具有相同的名称，这样 TypeScript 才知道哪个变量对应于对象的哪个属性。如果由于某种原因，我们需要修改一个属性的名称，则可以使用下面的语法：

```
let {manufacturer : maker, type, strings} = guitar;
```

对对象使用 REST 运算符的思想是它可用于可变数量的变量。因此，下面的代码将把对象解构为 manufacturer 和一个 REST 变量，该变量中捆绑了对象中除了 manufacturer 之外的字段：

```
let { manufacturer, ...details } = guitar;
```

🎯 提示　REST 运算符必须出现在赋值列表的末尾；如果在 REST 运算符的后面添加任何属性，TypeScript 编译器将会报错。

执行了这条语句后，details 将包含 type 和 strings 值。由这条语句生成的 JavaScript 值得关注。前一个例子中解构对象的形式在 JavaScript 中也是相同的。JavaScript 中没有与 REST 属性等效的结构（在 ES2018 之前的版本中肯定没有），所以 TypeScript 生成的 JavaScript 为我们提供了一种一致的方式来解构比较复杂的类型：

```
// Compiled as ES5
var manufacturer = guitar.manufacturer, details = __rest(guitar,
["manufacturer"]);
var __rest = (this && this.__rest) || function (s, e) {
    var t = {};
    for (var p in s) if (Object.prototype.hasOwnProperty.call(s, p) &&
    e.indexOf(p) < 0)
        t[p] = s[p];
    if (s != null && typeof Object.getOwnPropertySymbols === "function")
        for (var i = 0, p = Object.getOwnPropertySymbols(s); i < p.length;
        i++) if (e.indexOf(p[i]) < 0)
            t[p[i]] = s[p[i]];
    return t;
};
```

数组解构的方式与对象解构类似。其语法与对象解构几乎完全相同，区别在于数组解构使用 [ ]，而对象解构使用 { }，并且在数组解构中，变量的顺序基于对应元素在数组中的位置。

在解构数组的原始方式中，变量必须与数组中特定索引位置的元素关联在一起：

```
const instruments = [ 'Guitar', 'Violin', 'Oboe', 'Drums' ];
const gtr = instruments[0];
const violin = instruments[1];
const oboe = instruments[2];
const drums = instruments[3];
```

可以将上面的语法简化如下：

```
let [ gtr, violin, oboe, drums ] = instruments;
```

TypeScript 团队擅长为我们提供一致的、符合逻辑的体验，所以不必奇怪，我们能够使用相似的语法对数组应用 REST 属性：

```
let [gtr, ...instrumentslice] = instruments;
```

同样，并不存在直接对应的 JavaScript 结构，但编译后的 TypeScript 显示，JavaScript 确实提供了底层基础，使 TypeScript 的设计者们能够通过 array.slice 优雅地加以利用：

```
// Compiled as ES5
var gtr = instruments[0], instrumentslice = instruments.slice(1);
```

1.3.6　使用 REST 处理可变数量的参数

关于 REST，我们最后来看看函数具有 REST 参数的情况。REST 参数与 REST 属性并不相同，但是语法上非常相似，所以学习起来应该很容易。REST 参数解决的是向函数传入可变数量的参数的问题。在函数中，REST 参数用数组的形式表示，并且其前面带有省略号。

在本例中，我们将输出一个标题，后面跟有 instruments 的一个变量数：

```
function PrintInstruments(log : string, ...instruments : string[]) : void {
    console.log(log);
    instruments.forEach(instrument => {
        console.log(instrument);
    });
}
PrintInstruments('Music Shop Inventory', 'Guitar', 'Drums', 'Clarinet',
'Clavinova');
```

因为 REST 参数是一个数组，所以允许使用数组函数，这意味着我们可以直接对其使用 forEach 等操作。要重点注意的是，REST 参数与 JavaScript 函数内的实参对象是不同的；REST 参数自参数列表中未被命名的值开始，而实参对象则包含全部实参的列表。

因为 ES5 不支持 REST 参数，所以 TypeScript 做了一些必要的工作，使得生成的 JavaScript 能够模拟 REST 参数。首先，我们来看看编译成 ES5 时的代码：

```
function PrintInstruments(log) {
    var instruments = [];
    // As our rest parameter starts at the 1st position in the list of
    // arguments,
    // our index starts at 1.
    for (var _i = 1; _i < arguments.length; _i++) {
        instruments[_i - 1] = arguments[_i];
    }
    console.log(log);
    instruments.forEach(function (instrument) {
        console.log(instrument);
    });
}
```

查看由 ES2015 编译得到的 JavaScript（需要在 tsconfig.json 文件中将 target 改为 ES2015），可以看到它与我们的 TypeScript 代码完全一样：

```
function PrintInstruments(log, ...instruments) {
    console.log(log);
    instruments.forEach(instrument => {
        console.log(instrument);
    });
}
```

需要重点强调的是，查看生成的 JavaScript 十分重要。TypeScript 非常擅长隐藏复杂的处理，不让我们看到，但是我们真的应该熟悉生成的 JavaScript。使用不同版本的 ECMAScript 标准进行编译，然后查看生成的代码，对于理解底层过程很有帮助。

1.3.7　使用装饰器进行 AOP

在 TypeScript 中，装饰器是我最喜欢的功能之一。装饰器是作为一种实验性功能引入的，它是一段代码，可以在不修改类的内部实现的情况下，改变一个类的行为。通过这种概念，我们不必继承一个类，就可以修改它的行为。

如果你以前使用的是 Java 或 C# 等语言，可能会注意到装饰器与 AOP 技术很相似。AOP 技术允许我们切开一段代码并将其分离到另外一个位置，从而提取出重复性代码。这意味着在我们的实现中，不必到处夹杂很大程度上是样板代码，但在运行应用程序时必须用到的一些代码。

要解释装饰器，最简单的方法是先来看一个示例。假设有一个类，只允许特定角色的用户访问某些方法，如下所示：

```
interface IDecoratorExample {
    AnyoneCanRun(args:string) : void;
    AdminOnly(args:string) : void;
}
class NoRoleCheck implements IDecoratorExample {
    AnyoneCanRun(args: string): void {
        console.log(args);
    }
    AdminOnly(args: string): void {
        console.log(args);
    }
}
```

接下来，我们创建一个具有 admin 和 user 角色的用户，意味着能够调用这个类的两种方法：

```
let currentUser = {user: "peter", roles : [{role:"user"}, {role:"admin"}]
};
function TestDecoratorExample(decoratorMethod : IDecoratorExample) {
    console.log(`Current user ${currentUser.user}`);
    decoratorMethod.AnyoneCanRun(`Running as user`);
    decoratorMethod.AdminOnly(`Running as admin`);
}
TestDecoratorExample(new NoRoleCheck());
```

我们将得到期望的输出，如下所示：

```
Current user Peter
Running as user
Running as admin
```

如果要创建一个只具有 user 角色的用户，那么我们期望的是该用户不能运行只能由管理员运行的代码。因为我们的代码没有检查角色，所以无论分配给用户什么角色，AdminOnly 方法都会执行。要修改这段代码，一种方式是添加检查角色的代码，然后将其添加到每种方法中。

首先，我们创建一个简单的函数来检查当前用户是否属于特定的角色：

```
function IsInRole(role : string) : boolean {
    return currentUser.roles.some(r => r.role === role);
}
```

我们将修改现有的实现，在函数中调用这个检查函数，以确定是否允许 user 运行该方法：

```
AnyoneCanRun(args: string): void {
    if (!IsInRole("user")) {
        console.log(`${currentUser.user} is not in the user role`);
        return;
    };
    console.log(args);
}
AdminOnly(args: string): void {
    if (!IsInRole("admin")) {
        console.log(`${currentUser.user} is not in the admin role`);
    };
    console.log(args);
}
```

观察这段代码会发现其中存在大量重复的代码。不只如此，这个实现中还存在一个 bug。AdminOnly 的 IsInRole 块中没有 return 语句，所以 AdminOnly 代码仍将运行，告诉我们该用户不属于 admin 角色，但是之后仍然会输出消息。这突显了重复代码的一个问题：很容易无意中引入不易察觉的 bug。最后，这里的实现违反了良好的面向对象开发实现的一个基本原则。我们的类和方法在做一些不属于它们的工作。一段代码只应该做一件事，因此检查角色的工作不应该在这里完成。第 2 章在深入探讨面向对象开发思想时，将深入介绍这个主题。

接下来，我们来看看如何使用装饰器移除样板代码，解决单一职责的问题。

因为装饰器是一种实验性的 ES5 功能，所以在编写代码前，我们需要确保 TypeScript 知道我们要使用装饰器。通过在命令行运行下面的代码，我们可以实现这一点：

```
tsc --target ES5 --experimentalDecorators
```

也可以在 tsconfig 文件中做如下设置：

```
"compilerOptions": {
        "target": "ES5",
// other parameters....
        "experimentalDecorators": true
    }
```

启用了装饰器编译功能后，就可以编写我们的第一个装饰器，确保用户属于 admin 角色：

```
function Admin(target: any, propertyKey : string | symbol, descriptor :
PropertyDescriptor) {
```

```
    let originalMethod = descriptor.value;
    descriptor.value = function() {
        if (IsInRole(`admin`)) {
            originalMethod.apply(this, arguments);
            return;
        }
        console.log(`${currentUser.user} is not in the admin role`);
    }
    return descriptor;
}
```

每当看到与上面的代码类似的函数定义时，就可以知道那是一个方法装饰器。TypeScript 要求必须按照下面的顺序提供这些参数：

```
function ...(target: any, propertyKey : string | symbol, descriptor :
PropertyDescriptor)
```

第一个参数用来指代我们要把该装饰器应用到的元素，第二个参数是该元素的名称，最后一个参数是要应用装饰器的方法的描述符，这就允许我们修改该方法的行为。我们必须有一个具有这种签名的函数来用作装饰器：

```
let originalMethod = descriptor.value;
descriptor.value = function() {
    ...
}
return descriptor;
```

装饰器方法的内部机制没有看起来那么令人生畏。我们只不过是从描述符复制原来的方法，然后用自定义实现替换该方法。这个包装后的实现将被返回，遇到时就会执行：

```
if (IsInRole(`admin`)) {
    originalMethod.apply(this, arguments);
    return;
}
console.log(`${currentUser.user} is not in the admin role`);
```

在包装的实现中，执行了相同的角色检查。如果通过检查，就应用原来的方法。通过使用这种方法，就能够以一种一致的方式，保证在没有必要的时候，不会调用我们的方法。

要应用这个实现，我们需要在类中该方法前面的装饰器工厂函数名称之前使用 @ 符号。添加装饰器时，必须避免在装饰器和方法之间使用分号，如下所示：

```
class DecoratedExampleMethodDecoration implements IDecoratorExample {
    AnyoneCanRun(args:string) : void {
        console.log(args);
    }
    @Admin
    AdminOnly(args:string) : void {
        console.log(args);
    }
}
```

这段代码对于 AdminOnly 能够起到作用，但并不是特别灵活。随着我们添加更多角色，将需要添加越来越多实质上相同的函数。如果有一种方法让我们能够创建一个通用的函数来返回一个装饰器，并且让该函数接受一个参数来设置我们希望允许的角色，那就太好了。幸运的是，通过使用装饰器工厂，我们可以实现这种目的。

简而言之，TypeScript 装饰器工厂是一个函数，它能够接受参数，并使用这些参数来返回实际的装饰器。只需要对我们的代码在几个地方做小调整，就能够得到一个可以工作的工厂，指定想要检查的角色：

```
function Role(role : string) {
    return function(target: any, propertyKey : string | symbol, descriptor
    : PropertyDescriptor) {
        let originalMethod = descriptor.value;
        descriptor.value = function() {
            if (IsInRole(role)) {
                originalMethod.apply(this, arguments);
                return;
            }
            console.log(`${currentUser.user} is not in the ${role} role`);
        }
        return descriptor;
    }
}
```

唯一真正的区别是，这里使用了一个函数来返回装饰器（装饰器不再有名称），并且在装饰器内使用了工厂函数参数。现在就可以修改我们的类来使用这个工厂：

```
class DecoratedExampleMethodDecoration implements IDecoratorExample {
    @Role("user") // Note, no semi-colon
    AnyoneCanRun(args:string) : void {
        console.log(args);
    }
    @Role("admin")
    AdminOnly(args:string) : void {
        console.log(args);
    }
}
```

做出这种修改后，当调用方法时，只有管理员才能访问 AdminOnly 方法，而任何用户都能够调用 AnyoneCanRun。另外一点需要注意的是，装饰器只能在类中使用。不能对一个独立的函数使用装饰器。

之所以将这种方法称作装饰器，是因为它遵循了装饰器模式。装饰器模式代表的技术用来向单独的对象添加行为，而不影响相同类的其他对象，也不需要创建子类。模式是针对软件工程中经常出现的问题提出的一种形式化解决方案，所以常常作为一种有用的名称来描述某种功能。除了装饰器模式，还有一种工厂模式。在学习本书的过程中，我们还将遇到其他模式，所以当学习完本书后，使用模式不会让你感到不知如何下手。

我们也可以将装饰器应用到类中的其他项。例如，如果我们想阻止未授权用户实例化类，就可以定义一个类装饰器。类装饰器添加到类定义上，期望收到类的构造函数作为函数。下面是从工厂创建的构造函数装饰器的示例：

```
function Role(role : string) {
    return function(constructor : Function) {
        if (!IsInRole (role)) {
            throw new Error(`The user is not authorized to access this
class`);
        }
    }
}
```

应用这个装饰器时，同样需要使用 @ 前缀。当代码试图为非管理员创建这个类的一个新实例时，应用程序将抛出一个错误，阻止创建新实例：

```
@Role ("admin")
class RestrictedClass {
    constructor() {
        console.log(`Inside the constructor`);
    }
    Validate() {
        console.log(`Validating`);
    }
}
```

注意，我们一直没有在类中声明装饰器。因为装饰器的用法不适合装饰一个类，所以总是将它们创建为顶层函数，而不会看到类似于 @MyClass.Role("admin") 这样的语法。

除了装饰构造函数和方法，还可以装饰属性和访问器等。这里不详细介绍，但在本书后面将会看到装饰器的其他应用场景。另外还将介绍如何连用装饰器，其语法将与下面类似：

```
@Role ("admin")
@Log("Creating RestrictedClass")
class RestrictedClass {
    constructor() {
        console.log(`Inside the constructor`);
    }
    Validate() {
        console.log(`Validating`);
    }
}
```

1.3.8　使用混入（mixin）组成类型

当学习经典面向对象理论时，会遇到类继承的概念。其思想是我们可以从通用的类创建更加特化的类。举一个比较常见的例子。假设有一个 vehicle 类，包含车辆的基本信息。从 vehicle 类可以继承出来一个 car 类。然后从 car 类可以继承出来一个 sports car 类。每层继承都添加了上层类所不具备的功能。

一般来说，这是一个用起来比较简单的概念，但是如果在创建代码时，我们想要把两个或更多看起来不相关的东西组合到一起，会发生什么？下面我们来看一个简单的示例。

在数据库应用程序中，存储一条记录是否被删除的信息（但实际上并不删除该记录），以及存储记录上次更新的时间，是很常见的需求。假如我们在数据库中存储了人员记录。一开始，我们想要在人员的数据实体中维护上述信息，但不把这些信息添加到每个数据实体中，而是创建包含这些信息的一个基类，然后继承该基类：

```
class ActiveRecord {
    Deleted = false;
}
class Person extends ActiveRecord {
    constructor(firstName : string, lastName : string) {
        this.FirstName = firstName;
        this.LastName = lastName;
    }

    FirstName : string;
    LastName : string;
}
```

这种方法的第一个问题是将数据库记录状态的详细信息与实际的记录本身混合在一起。在接下来的几章中，随着我们不断深入地介绍面向对象设计，会不断强化一种思想：像这样混合不同的信息不是一种好的做法，因为这样创建的类要做多项工作，从而使它们不够健壮。第二个问题是如果想添加记录的更新日期，要么将更新日期添加到 ActiveRecord，要么创建一个新类来添加更新日期，然后把这个类添加到类层次结构中。前者意味着每个扩展 ActiveRecord 的类也都将具有更新日期，后者意味着要具有更新日期字段，就也具有删除字段。

虽然继承确实有其用武之地，但是近年来兴起了一种思想：将对象组合起来形成新的对象。这种思想是构建不依赖于继承链的独立元素。仍以 Person 实现为例，我们将使用混入构建相同的功能。

首先定义一个类型，用作混入的构造函数。可以为这个类型命名任何一个名称，但是针对 TypeScript 中的混入，已经形成了一种约定，即用下面的类型：

```
type Constructor<T ={}> = new(...args: any[]) => T;
```

我们可以扩展这个类型定义，创建特化的混入。这种看起来有点奇怪的语法其实是在说，给定任何特定的类型，将使用任何合适的实参创建一个新实例。

记录状态实现如下所示：

```
function RecordStatus<T extends Constructor>(base : T) {
    return class extends base {
        Deleted : boolean = false;
    }
}
```

通过返回一个扩展了构造函数实现的新类，`RecordStatus` 函数扩展了 `Constructor` 类型。我们在该类中添加了 `Deleted` 标志。

要合并（或称混入）这两种类型，只需使用下面的代码：

```
const ActivePerson = RecordStatus(Person);
```

这就让我们能够创建一个具有 `RecordStatus` 属性的 `Person` 对象。但是，这行代码不会实例化任何对象。要实例化 **Person** 对象，方法与实例化其他任何类型一样：

```
let activePerson = new ActivePerson("Peter", "O'Hanlon");
activePerson.Deleted = true;
```

接下来添加一些细节，说明记录上次更新的日期。创建另一个混入，如下所示：

```
function Timestamp<T extends Constructor>(base : T) {
 return class extends base {
   Updated : Date = new Date();
 }
}
```

要将其添加到 `ActivePerson` 中，需要修改定义来包含 `Timestamp`。将哪个混入放到前面不重要，可以是 `Timestamp`，也可以是 `RecordStatus`：

```
const ActivePerson = RecordStatus(Timestamp(Person));
```

除了属性，还可以在混入中加入构造函数和方法。我们将修改 `RecordStatus` 函数，输出记录被删除的时间。为此，我们将把 `Deleted` 属性改为 `getter` 方法，然后添加一个新方法来实际执行删除操作：

```
function RecordStatus<T extends Constructor>(base : T) {
   return class extends base {
       private deleted : boolean = false;
       get Deleted() : boolean {
           return this.deleted;
       }
       Delete() : void {
           this.deleted = true;
           console.log(`The record has been marked as deleted.`);
       }
   }
}
```

有一点需要特别注意。像这样使用混入是一种好方法，能够用整洁的方法做一些很有用的操作，但是除非我们把参数限制放松为 any，否则不能把它们作为参数传递。这意味着我们不能使用下面这样的代码：

```
function DeletePerson(person : ActivePerson) {
   person.Delete();
}
```

注
意 如果查看 TypeScript 文档中对混入的解释（https://www.typescriptlang.org/docs/
handbook/mixins.html），可以看到那里的语法看起来有很大的区别。那种方法有许多固
有的限制，所以我们不使用那种方法，而是坚持使用这里介绍的方法。我第一次接触
到这种方法是在 https://basarat.gitbooks.io/typescript/docs/types/mixins.html。

1.3.9 使用泛型，将相同的代码用于不同的类型

刚开始在 TypeScript 中开发类的时候，我们很容易重复地编写代码，每次只是改变依
赖的类型。例如，如果想存储一个整数队列，可能要编写下面的类：

```
class QueueOfInt {
    private queue : number[]= [];

    public Push(value : number) : void {
        this.queue.push(value);
    }

    public Pop() : number | undefined {
        return this.queue.shift();
    }
}
```

调用这段代码很简单：

```
const intQueue : QueueOfInt = new QueueOfInt();
intQueue.Push(10);
intQueue.Push(35);
console.log(intQueue.Pop()); // Prints 10
console.log(intQueue.Pop()); // Prints 35
```

然后，我们决定还需要创建一个字符串队列，所以也添加了相应的代码：

```
class QueueOfString {
    private queue : string[]= [];

    public Push(value : string) : void {
        this.queue.push(value);
    }

    public Pop() : string | undefined {
        return this.queue.shift();
    }
}
```

很容易看到，这样的代码添加得越多，我们的工作就变得越乏味，越容易出错。假设我
们在其中一个实现中忘了添加移出（shift）操作。移出操作允许我们取出并返回数组中的第一
个元素，从而得到队列的核心行为——先进先出（First In First Out, FIFO）。如果我们
忘记移出操作，则实现的会是一个栈。这可能导致代码中出现难以察觉而又危险的 bug。

TypeScript 提供了创建泛型的能力。泛型是一种类型，通过占位符来代表要使用的类型。具体使用什么类型，要由调用该泛型的代码决定。泛型包含在 < > 内，出现在类名、方法名等的后面。如果我们使用泛型重写前面的队列，就能够理解这段话的意思：

```
class Queue<T> {
    private queue : T[]= [];

    public Push(value : T) : void {
        this.queue.push(value);
    }

    public Pop() : T | undefined {
        return this.queue.shift();
    }
}
```

我们分解一下这段代码：

```
class Queue<T> {
}
```

这里创建了一个名为 Queue 的类，它接受任何类型。<T> 语法告诉 TypeScript，这个类中任何地方出现的 T 都指代传入的类型：

```
private queue : T[]= [];
```

下面的代码中第一次出现泛型。编译器不会将数组固定为特定的类型，而是会使用泛型创建该数组：

```
public Push(value : T) : void {
    this.queue.push(value);
}

public Pop() : T | undefined {
    return this.queue.shift();
}
```

我们将代码中的具体类型替换为泛型。注意，在 Pop 方法中，TypeScript 允许同时使用泛型和 undefined 关键字。

代码的使用方法将发生变化。我们现在只需将想要应用的类型告诉 Queue 对象：

```
const queue : Queue<number> = new Queue<number>();
const stringQueue : Queue<string> = new Queue<string>();
queue.Push(10);
queue.Push(35);
console.log(queue.Pop());
console.log(queue.Pop());
stringQueue.Push(`Hello`);
stringQueue.Push(`Generics`);
console.log(stringQueue.Pop());
console.log(stringQueue.Pop());
```

有一点特别有帮助：当我们为泛型指定类型后，TypeScript 会限制其不能改变。因此，在上面的代码中，如果我们试图在 queue 变量中添加一个字符串，TypeScript 将无法编译代码。

注意 虽然 TypeScript 竭尽所能来保护我们，但是我们需要记住，TypeScript 会转换成为 JavaScript，这意味着它无法保护代码不被滥用。虽然 TypeScript 会保护我们分配的类型，但是如果编写的外部 JavaScript 也会调用泛型，就无法阻止外部代码添加不受支持的值。只有在编译时才会强制实施泛型的类型，所以如果调用代码有可能不在我们的控制范围内，就应该在代码中针对不兼容类型添加一些防护措施。

在泛型列表中，并不是只能有一种类型。只要类型具有不同的名称，泛型就允许在定义中指定任意数量的类型，如下所示：

```
function KeyValuePair<TKey, TValue>(key : TKey, value : TValue)
```

注意 观察力敏锐的读者会注意到，我们前面已经遇到过泛型。在创建混入的时候，我们在 Constructor 类型中使用了泛型。

如果我们想从泛型调用某个特定的方法，该怎么办？因为 TypeScript 需要知道类型的底层实现，所以会严格限制我们能做什么。这意味着不能使用下面的代码：

```
interface IStream {
    ReadStream() : Int8Array; // Array of bytes
}
class Data<T> {
    ReadStream(stream : T) {
        let output = stream.ReadStream();
        console.log(output.byteLength);
    }
}
```

因为 TypeScript 无法猜测到我们想要在这里使用 IStream 接口，所以在编译这段代码时会报错。好在通过使用泛型约束，可以告诉泛型在这里使用特定的类型：

```
class Data<T extends IStream> {
    ReadStream(stream : T) {
        let output = stream.ReadStream();
        console.log(output.byteLength);
    }
}
```

<T extends IStream> 告诉 TypeScript，我们将使用任何基于 IStream 接口的类。

> 注意　虽然我们可以将泛型约束为类型，但是一般来说，要把泛型约束为接口。这样一来，我们在约束中能够使用的类就灵活多了，而且不会限制我们只能使用从特定基类继承而来的类。

为了展示其用法，创建两个实现了 IStream 接口的类：

```
class WebStream implements IStream {
    ReadStream(): Int8Array {
        let array : Int8Array = new Int8Array(8);
        for (let index : number = 0; index < array.length; index++){
            array[index] = index + 3;
        }
        return array;
    }
}
class DiskStream implements IStream {
    ReadStream(): Int8Array {
        let array : Int8Array = new Int8Array(20);
        for (let index : number = 0; index < array.length; index++){
            array[index] = index + 3;
        }
        return array;
    }
}
```

把它们用作泛型 Data 实现的类型约束：

```
const webStream = new Data<WebStream>();
const diskStream = new Data<DiskStream>();
```

这就告诉 webStream 和 diskStream，它们能够访问我们的类。要使用它们，仍然需要传入一个实例，如下所示：

```
webStream.ReadStream(new WebStream());
diskStream.ReadStream(new DiskStream());
```

虽然这里是在类级别声明泛型及其约束，但这并不是必需的。如果有需要，我们可以在方法级别声明更细粒度的泛型。在这里，如果我们想要在代码中的多个位置引用泛型类型，那么在类级别声明泛型是合理的。如果我们只需要在一两个方法中应用特定的泛型，那么可以将类签名修改为如下所示：

```
class Data {
    ReadStream<T extends IStream>(stream : T) {
        let output = stream.ReadStream();
        console.log(output.byteLength);
    }
}
```

1.3.10 使用映射来映射值

需要存储许多条目，并且让这些条目具有易于查找的键是一种常见的情形。例如，假设我们将一个音乐收藏分为不同的流派：

```
enum Genre {
    Rock,
    CountryAndWestern,
    Classical,
    Pop,
    HeavyMetal
}
```

对于每种流派，我们将存储许多艺人或作曲人的详细信息。可以采用的一种方法是创建一个类来代表每个流派，但是这种方法会浪费我们的编码时间。因此使用映射来解决这个问题。映射是一个泛型类，接受两种类型：为映射使用的键的类型，以及在映射中存储的对象的类型。

键是唯一值，允许我们存储值或者快速查找值，这就使得映射成为快速查找值的一种好方法。键可以是任何类型，而值更是没有限制。对于音乐收藏这个例子，我们将创建一个使用映射的类，将音乐流派作为键，并使用一个字符串数组来代表作曲人或艺人：

```
class MusicCollection {
    private readonly collection : Map<Genre, string[]>;
    constructor() {
        this.collection = new Map<Genre, string[]>();
    }
}
```

我们调用 set 方法来填充映射，如下所示：

```
public Add(genre : Genre, artist : string[]) : void {
    this.collection.set(genre, artist);
}
```

从映射取值很简单，只需要使用对应的键调用 Get 方法即可：

```
public Get(genre : Genre) : string[] | undefined {
    return this.collection.get(genre);
}
```

> 🔔 **注意** 在这里需要对返回值添加 undefined 关键字，因为指定的映射条目有可能不存在。如果没有处理未定义的情况，TypeScript 会发出警告。在这里，TypeScript 同样努力为我们的代码提供一个健壮的防护网。

现在可以填充音乐收藏，如下所示：

```
let collection = new MusicCollection();
collection.Add(Genre.Classical, [`Debussy`, `Bach`, `Elgar`, `Beethoven`]);
```

```
collection.Add(Genre.CountryAndWestern, [`Dolly Parton`, `Toby Keith`,
`Willie Nelson`]);
collection.Add(Genre.HeavyMetal, [`Tygers of Pan Tang`, `Saxon`, `Doro`]);
collection.Add(Genre.Pop, [`Michael Jackson`, `Abba`, `The Spice Girls`]);
collection.Add(Genre.Rock, [`Deep Purple`, `Led Zeppelin`, `The Dixie
Dregs`]);
```

如果只添加一个艺人，代码会变得稍加复杂。使用 set 时，我们要么在映射中添加一个新条目，要么用新条目替换现有的一个条目。因此，我们需要判断是否已经添加过特定的键。这就需要调用 has 方法。如果没有添加过传入的流派，就用一个空数组调用 set。最后，我们使用 get 从映射中取出数组，然后使用 push 添加这些值：

```
public AddArtist(genre: Genre, artist : string) : void {
    if (!this.collection.has(genre)) {
        this.collection.set(genre, []);
    }
    let artists = this.collection.get(genre);
    if (artists) {
        artists.push(artist);
    }
}
```

我们还需要修改 Add 方法。现有的实现会覆盖之前调用 Add 添加的特定流派，这意味着先调用 AddArtist，然后调用 Add，将会导致 Add 调用覆盖我们单独添加的那些艺人：

```
collection.AddArtist(Genre.HeavyMetal, `Iron Maiden`);
// At this point, HeavyMetal just contains Iron Maiden
collection.Add(Genre.HeavyMetal, [`Tygers of Pan Tang`, `Saxon`, `Doro`]);
// Now HeavyMetal just contains Tygers of Pan Tang, Saxon and Doro
```

修改 Add 方法很简单，只需要迭代歌手并调用 AddArtist 方法，如下所示：

```
public Add(genre : Genre, artist : string[]) : void {
    for (let individual of artist) {
        this.AddArtist(genre, individual);
    }
}
```

现在，填充完 HeavyMetal 流派后，相关艺人将包括 Iron Maiden、Tygers of Pan Tang、Saxon 和 Doro。

1.3.11 使用 Promise 和 async/await 创建异步代码

我们常常需要编写以异步方式工作的代码。异步工作是指我们需要先启动一个任务，让它在后台运行，同时去做另外一些工作。例如，我们调用了某个 Web 服务，而这种调用可能需要一段时间才能返回响应。对于这种场景，在很长一段时间内，JavaScript 中的标准方法是使用回调。然而，使用回调有一个大问题：我们需要的回调越多，代码就变得越复杂、越容易出错。这时候就可以使用 Promise。

Promise 告诉我们将会执行异步操作。当异步操作完成后，我们可以继续处理并使用 Promise 的结果，或者捕捉 Promise 抛出的任何异常。

下面给出了一个具体示例：

```
function ExpensiveWebCall(time : number) : Promise<void> {
    return new Promise((resolve, reject) => setTimeout(resolve, time));
}
class MyWebService {
    CallExpensiveWebOperation() : void {
        ExpensiveWebCall(4000).then(()=> console.log(`Finished web
        service`))
            .catch(()=> console.log(`Expensive web call failure`));
    }
}
```

当我们编写一个 Promise 的时候，可以选择提供两个函数——resolve，以及 reject，可以调用 reject 函数来触发错误处理。Promise 提供了两个函数 then() 和 catch() 供我们处理这些参数值。成功完成操作后会触发 then() 函数，catch() 函数则用来处理 reject() 函数。

接下来，我们运行这段代码来查看其效果：

```
console.log(`calling service`);
new MyWebService().CallExpensiveWebOperation();
console.log(`Processing continues until the web service returns`);
```

运行这段代码后，将得到下面的输出：

```
calling service
Processing continues until the web service returns
Finished web service
```

在输出 Processing continues until the web service returns 和 Finished web service 之间，有 4 秒的延迟，这符合我们的预期，因为在输出 then() 函数中的文本前，应用程序在等待 Promise 返回。这段输出表明代码是异步工作的，因为它不等待 Web 服务调用返回，就执行了控制台输出。

我们可能认为这段代码有点冗长，并且在不同的位置散布 Promise<void> 不利于其他人理解代码是异步工作的。TypeScript 提供了一种在语法上等效的结构，能够更清晰地表明代码是异步的。通过使用 async 和 await 关键字，可以轻松地让前面的示例变得更加整洁：

```
function ExpensiveWebCall(time : number) {
    return new Promise((resolve, reject) => setTimeout(resolve, time));
}
class MyWebService {
    async CallExpensiveWebOperation() {
        await ExpensiveWebCall(4000);
        console.log(`Finished web service`);
    }
}
```

async 关键字指出函数将返回 Promise，并且会告诉编译器以不同的方式处理该函数。当 async 函数内出现 await 时，应用程序将会在该位置暂停函数执行，直到等待的操作返回。返回后，处理将继续进行，类似我们在 Promise 的 then() 函数中看到的行为。

要捕捉 async/await 中出现的错误，需要把函数内的代码放到一个 try…catch 块中。当 catch() 函数显式捕捉到错误时，async/await 没有处理问题的方法，所以要由我们来处理问题：

```
class MyWebService {
    async CallExpensiveWebOperation() {
        try {
            await ExpensiveWebCall(4000);
            console.log(`Finished web service`);
        } catch (error) {
            console.log(`Caught ${error}`);
        }
    }
}
```

> 提示　选择使用哪种方法由个人决定。使用 async/await 只是意味着将 Promise 方法包装起来，这两种不同方法的运行时行为完全相同。不过，建议一旦决定在一个应用程序中使用一种方法，就坚持使用这种方法。不要混用不同的风格，否则其他人会更难理解应用程序。

1.3.12　使用 Bootstrap 创建 UI

在剩余章节中，我们将在浏览器中做大量工作。创建一个有吸引力的 UI 并不容易，尤其是让 UI 在不同移动设备的不同布局模式下工作，就显得尤为困难。为了方便工作，我们将严重依赖 Bootstrap。Bootstrap 是一个移动设备优先的 UI 框架，能够平滑地扩展到 PC 浏览器。本节将布局一个包含标准 Bootstrap 元素的基础模板，然后看看如何使用 Bootstrap 网格系统等功能完成一个简单页面的布局。

我们将使用 Bootstrap 提供的基础模板（https://getbootstrap.com/docs/4.1/getting-started/introduction/#starter-template）。通过使用这个模板，就可以避免下载安装不同的 CSS 样式表和 JavaScript 文件，而可以依赖知名的**内容交付网络**（Content Delivery Network，CDN）来为我们提供这些文件。

> 提示　推荐使用 CDN 来获取外部 JavaScript 和 CSS 文件。这么做提供了很多好处，包括不需要我们自己维护这些文件，以及当浏览器在其他地方再次遇到该 CDN 文件时，能够利用浏览器缓存。

基础模板如下所示：

```
<!doctype html>
<html lang="en">
    <head>
        <!-- Required meta tags -->
        <meta name="viewport" content="width=device-width, initial-scale=1,
        shrink-to-fit=no">
        <link
rel="stylesheet"href="https://stackpath.bootstrapcdn.com/bootstrap
        /4.1.3/css/bootstrap.min.css" integrity="sha384-
        MCw98/SFnGE8fJT3GXwEOngsV7Zt27NXFoaoApmYm81iuXoPkFOJwJ8ERdknLPMO"
        crossorigin="anonymous">
        <title>
            <
            <Template Bootstrap>
            >
        </title>
    </head>
    <body>
        <!--
            Content goes here...
            Start with the container.
            -->
        <script src="https://code.jquery.com/jquery-3.3.1.slim.min.js"
        integrity="sha384-
q8i/X+965DzO0rT7abK41JStQIAqVgRVzpbzo5smXKp4YfRvH+8abtTE1Pi6jizo"
        crossorigin="anonymous"></script>
        <script
src="https://cdnjs.cloudflare.com/ajax/libs/popper.js/1.14.3/umd/popper.min
.js"
        integrity="sha384-
ZMP7rVo3mIykV+2+9J3UJ46jBk0WLaUAdn689aCwoqbBJiSnjAK/l8WvCWPIPm49"
        crossorigin="anonymous"></script>
        <script
src="https://stackpath.bootstrapcdn.com/bootstrap/4.1.3/js/bootstrap.min.js
"
        integrity="sha384-
ChfqqxuZUCnJSK3+MXmPNIyE6ZbWh2IMqE241rYiqJxyMiZ6OW/JmZQ5stwEULTy"
        crossorigin="anonymous"></script>
    </body>
</html>
```

容器是布局内容的起点，要放到前面的内容部分。下面的代码显示了div节：

```
<div class="container">
</div>
```

注意 container 类提供了与 Twitter 类似的外观，即每个屏幕具有固定的大小。如果需要填满整个窗口，就可以改为使用 container-fluid。

在容器内，Bootstrap 尝试用网格方式布局各项。在 Bootstrap 系统中，屏幕的每一行可被表示为最多 12 个不同的列。默认情况下，这些列在页面上平均分布，所以通过为 UI 的每个部分选择使用不同的列数，就可以创造出复杂的布局。Bootstrap 提供了大量预定义的样式，帮助我们为不同类型的设备创建布局，包括 PC、手机和平板电脑。这些样式都遵守如表 1-1 所示的命名约定：`.col-<<size-identifier>>-<<number-of-columns>>`。

表　1-1

类型	极小设备	小设备	中等大小设备	大设备
维度	手机 <768 像素	平板电脑 ≥ 768 像素	桌面 ≥ 992 像素	桌面 ≥ 1200 像素
前缀	.col-xs-	.col-sm-	.col-md-	.col-lg

列数是这样工作的：每一行占用的列数加起来应该等于 12 列。因此，如果我们想让一行中的内容分别占据 3 列、6 列和剩余的 3 列，就应该在容器内像下面这样定义行：

```
<div class="row">
  <div class="col-sm-3">Hello</div>
  <div class="col-sm-6">Hello</div>
  <div class="col-sm-3">Hello</div>
</div>
```

这种样式定义了小设备上的显示方式，但也可以针对大设备重写样式。例如，如果想让大设备分别使用 5 列、2 列和 5 列，就可以应用下面的样式：

```
<div class="row">
  <div class="col-sm-3 col-lg-5">Hello</div>
  <div class="col-sm-6 col-lg-2">Hello</div>
  <div class="col-sm-3 col-lg-5">Hello</div>
</div>
```

响应式布局系统的优美就在于此。它允许我们生成适合于设备的内容。

下面看看如何在页面中添加内容。我们将在第一列添加 jumbotron，在第二列添加一些文本，在第三列添加一个按钮：

```
<div class="row">
  <div class="col-md-3">
    <div class="jumbotron">
      <h2>
        Hello, world!
      </h2>
      <p>
        Lorem ipsum dolor sit amet, consectetur adipiscing elit. Phasellus
        eget mi odio. Praesent a neque sed purus sodales interdum. In augue
sapien,
        molestie id lacus eleifend...
      </p>
      <p>
        <a class="btn btn-primary btn-large" href="#">Learn more</a>
      </p>
```

```
      </div>
    </div>
    <div class="col-md-6">
      <h2>
        Heading
      </h2>
      <p>
        Lorem ipsum dolor sit amet, consectetur adipiscing elit. Phasellus
        eget mi odio. Praesent a neque sed purus sodales interdum. In augue
sapien,
        molestie id lacus eleifend...
      </p>
      <p>
        <a class="btn" href="#">View details</a>
      </p>
    </div>
    <div class="col-md-3">
      <button type="button" class="btn btn-primary btn-lg btn-block active">
        Button
      </button>
    </div>
  </div>
</div>
```

我们使用 CSS 样式来控制页面的显示。通过为一个 div 节提供 jumbotron 样式，Bootstrap 会立即为我们应用该样式。通过使按钮成为主按钮，我们能够精确地控制按钮的显示。

通常，jumbotron 会拉伸到占据全部列的宽度。我们将其放到一个三列的 div 中，这样就能够看到宽度和样式是由网格布局系统控制的，jumbotron 并没有一些特殊的属性能强制它占据页面的宽度。

🎯 提示　当快速创建一个布局的原型时，需要执行两个步骤。首先，在纸上绘出期望的 UI 的样子。其实也可以使用线框图工具来绘图，但本书推荐快速绘出 UI 的原型。当对布局形成了大概的想法后，就使用工具在屏幕上呈现这种想法，如使用 Layoutit!（https://www.layoutit.com/）。使用工具也能够导出布局，手工对其做进一步修正。

1.4　小结

本章介绍了 TypeScript 中的一些功能，创建在将来仍然能够工作的 TypeScript 代码。我们了解了如何设置合适的 ES 级别来模拟或使用现代 ECMAScript 功能，如何使用联合和交叉类型，以及如何创建类型别名。我们还介绍了对象展开和 REST 属性，之后介绍了使用装饰器进行 AOP 编程。另外还介绍了如何创建和使用映射类型，以及如何使用泛型和 Promise。

因为本章剩余章节需要创建 UI，所以作为前期准备，本章简要介绍了如何使用 Bootstrap 来布局 UI，以及 Bootstrap 网格布局系统的基础知识。

下一章将构建一个简单的 Markdown 编辑器，将一个简单的 Bootstrap 页面绑定到 TypeScript 代码。我们将看到设计模式和单一职责类等技术，如何帮助我们创建健壮的、专业的代码。

习题

1. 编写了一个应用程序，让用户能够在摄氏度与华氏度之间转换。相应的计算在下面的类中执行：

```
class FahrenheitToCelsius {
    Convert(temperature : number) : number {
        return (temperature - 32) * 5 / 9;
    }
}

class CelsiusToFahrenheit {
    Convert(temperature : number) : number {
        return (temperature * 9/5) + 32;
    }
}
```

编写一个方法，让它接受一个气温和上述某个类型（可以是二者任一）的实例，然后执行相关的计算。我们应该使用什么技术编写这个方法？

2. 我们编写了下面的类：

```
class Command {
    public constructor(public Name : string = "", public Action :
Function = new Function()){}
}
```

把这个类用在另外一个类中，并在该类中添加一些命令。命令的名称（Name）将作为键，用来在代码中查找命令（Command）。我们使用什么技术来提供这种键值功能？如何在其中添加记录？

3. 我们如何在不向 Add 方法添加代码的情况下，自动输出消息，指出在向习题 2 添加的命令中添加条目？

4. 创建了一个 Bootstrap 页面，想在其中显示由 6 个同等大小的中等列组成的一行，应该如何实现？

Chapter 2 第 2 章

使用 TypeScript 创建一个 markdown 编辑器

处理 Internet 上的内容时，很难不遇到 markdown。markdown 是使用纯文本创建内容的一种简化方式，这些纯文本将被转换为 HTML。本章将探索如何创建一个解析器，将标记格式的一个子集转换为 HTML 内容。我们将把相关标记自动转换为前三级标题格式、一条水平线和段落。

本章将介绍如何创建简单的 Bootstrap 页面并引用从我们创建的 TypeScript 生成的 JavaScript，如何绑定一个简单的事件处理程序，如何使用简单的设计模式创建类，以及如何设计具有单一职责的类，这些技术对于我们成为专业开发人员会有帮助。

本章将介绍以下主题：

❑ 创建一个 Bootstrap 页面并覆盖 Bootstrap 样式。

❑ 选择在 markdown 中使用哪些标签。

❑ 定义需求。

❑ 将我们的 markdown 标签类型映射到 HTML 标签类型。

❑ 在自定义类中存储转换后的 markdown。

❑ 使用访问者模式更新文档。

❑ 使用责任链模式应用标签。

❑ 将上述功能关联到 HTML。

2.1　技术需求

本章代码的下载地址为：https://github.com/PacktPublishing/Advanced-TypeScript-3-Programming-Projects/tree/master/Chapter02。

2.2　项目概述

了解了本书将会用到的一些概念后，我们创建一个项目来使用这些概念。当用户在一个文本区域输入内容后，该项目则解析一个非常简单的 markdown 格式，并在用户输入区域的旁边显示生成的页面。不同于完整的 markdown 解析器，我们将只关注如何设置前三级标题类型、水平分隔线以及段落的格式。我们将把标记限制为遇到换行字符时换行，并关注一行的起始字符。标记将判断特定标签是否存在，如果不存在，则认为当前行是一个段落。我们之所以选择这种实现，是因为学习起来很简单。虽然简单，它提供了足够的深度来展示我们将要处理的主题，这些主题要求我们对如何构建应用程序进行真正的思考。

使用 Bootstrap 实现（UI），并介绍如何绑定到变化事件处理程序，以及如何获取及更新当前页面的 HTML 内容。完成后的项目将如图 2-1 所示。

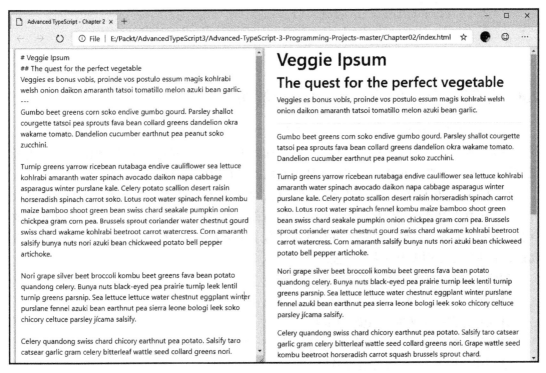

图　2-1

了解项目概述后，就可以开始创建 HTML 项目了。

2.3 开始创建一个简单的 HTML 项目

这个项目简单地将 HTML 文件和 TypeScript 文件组合在一起。创建一个目录来保存 HTML 和 TypeScript 文件。生成的 JavaScript 将保存在此目录下的一个脚本文件夹中。我们将使用下面的 tsconfig.json 文件：

```
{
  "compilerOptions": {
    "target": "ES2015",
    "module": "commonjs",
    "sourceMap": true,
    "outDir": "./script",
    "strict": true,
    "strictNullChecks": true,
    "strictFunctionTypes": true,
    "noImplicitThis": true,
    "alwaysStrict": true,
    "noImplicitReturns": true,
    "noFallthroughCasesInSwitch": true,
    "esModuleInterop": true,
    "experimentalDecorators": true,
  }
}
```

2.4 编写一个简单的 markdown 解析器

思考本章将要创建的项目时，脑中要有一个清晰的目标。在编写项目代码的过程中，我们将尝试使用模式和良好的面向对象实践，如让类具有单一职责。如果我们能够从一开始就应用这些技术，那么很快就会习惯于使用它们，让它们成为有用的开发技能。

作为专业开发人员，在编写任何代码之前，我们应该收集需求，并确保不会假定应用程序将具有什么功能。我们可能知道想要让应用程序做什么，但是创建一个需求列表能够确保我们理解应该交付的每项功能，并且让我们有了一个方便的功能对照列表，每当完成一项功能，就可以在该列表中划去该功能。

创建的需求列表如下所示：

❑ 创建一个应用程序来解析 markdown。

❑ 用户将在一个文本区域输入内容。

❑ 每当文本区域发生变化时，就再次解析整个文档。

❑ 在用户按下 Enter 键的地方换行。

❑ 起始字符将决定该行是否是 markdown。

- ❑ # 后跟一个空格将被替换为 H1 标题。
- ❑ ## 后跟一个空格将被替换为 H2 标题。
- ❑ ### 后跟一个空格将被替换为 H3 标题。
- ❑ --- 将被替换为一条水平分隔线。
- ❑ 如果一行没有以 markdown 开头，则将该行视为一个段落。
- ❑ 生成的 HTML 将在一个标签内显示。
- ❑ 如果 markdown 文本区域的内容为空，则标签将包含一个空段落。
- ❑ 使用 Bootstrap 进行布局，内容将拉伸到 100% 的高度。

给定这些需求后，我们就清晰理解了要交付的功能，所以首先来创建 UI。

2.4.1　创建 Bootstrap UI

第 1 章介绍了使用 Bootstrap 创建 UI 的基础知识。我们将使用相同的基础页面，但是稍做调整，使其适合这里的需要。我们将使用这个页面作为起点，通过将容器设置为使用 `container-fluid` 来将页面拉伸到整个屏幕的宽度，通过在两边设置 `col-lg-6` 来将界面分为两个同等大小的部分：

```
<div class="container-fluid">
  <div class="row">
    <div class="col-lg-6">
    </div>
    <div class="col-lg-6">
    </div>
  </div>
</div>
```

当我们在表单中添加文本区域和标签组件时会发现，渲染该行的组件时，并不会自动扩展，使它们填满屏幕的高度。因此，我们需要做一些调整。首先，手动设置 `html` 和 `body` 标签的样式，使其填满可用空间。为此，在 header 中添加下面的标记：

```
<style>
  html, body {
    height: 100%;
  }
</style>
```

然后利用 Bootstrap 4 中的一个新功能，通过对这些类应用 `h-100` 来使其填满 100% 的空间。我们还将趁此机会添加文本区域和标签，并为它们指定 ID，以便在 TypeScript 代码中查找它们：

```
<div class="container-fluid h-100">
  <div class="row h-100">
    <div class="col-lg-6">
      <textarea class="form-control h-100" id="markdown"></textarea>
    </div>
    <div class="col-lg-6 h-100">
```

```
        <label class="h-100" id="markdown-output"></label>
      </div>
    </div>
</div>
```

在完成页面之前，我们开始编写在应用程序中使用的 TypeScript 代码。添加一个
MarkdownParser.ts 文件，用来在其中添加下面的 TypeScript 代码：

```
class HtmlHandler {
    public TextChangeHandler(id : string, output : string) : void {
        let markdown = <HTMLTextAreaElement>document.getElementById(id);
        let markdownOutput =
<HTMLLabelElement>document.getElementById(output);
        if (markdown !== null) {
            markdown.onkeyup = (e) => {
                if (markdown.value) {
                    markdownOutput.innerHTML = markdown.value;
                }
                else
                    markdownOutput.innerHTML = "<p></p>";
            }
        }
    }
}
```

创建这个类是为了能够通过 ID 来获取文本区域和标签。有了它们之后，我们将绑定
到文本区域，处理按键松开的事件，以及把按键值写回标签。注意，虽然我们现在没有在
Web 页面内，但是 TypeScript 已经隐式地让我们能够访问标准的 Web 页面行为。允许我们
基于前面输入的 ID 来获取文本区域和标签，并转换为合适的类型。如此我们就能够完成一
些操作，如订阅事件或者访问一个元素的 innerHTML。

> 注意 为了简单起见，我们将使用 MarkdownParser.ts 文件编写本章所有的 TypeScript。
> 通常，我们将把类拆分到各自的文件中，但是本章只使用一个文件，这是为了方便
> 你在学习代码时查看代码。在后面的章节中，由于项目变得更加复杂，我们将不再
> 采用这种单文件结构。

有了界面元素后，我们就把它们绑定到 keyup 事件。触发该事件时，就检查文本区域
中是否有文本，如果有，就使用这些文本设置标签的 HTML，否则就使用一个空段落设置
标签的 HTML。之所以编写这段代码，是为了确保将生成的 JavaScript 和 Web 页面以合适
的方式关联起来。

> 提示 我们使用 keyup 事件，而不是 keydown 或 keypress 事件，是因为直到 keypress 事件
> 完成后，才把按键内容添加到文本区域。

现在回到 Web 页面添加必要的部分，以便能够在文本区域发生变化时更新标签。在
</body> 标签的前面，添加下面的代码来引用 TypeScript 生成的 JavaScript 文件，以便创建
HtmlHandler 类的实例，并绑定 markdown 和 markdown-output 元素：

```
<script src="script/MarkdownParser.js">
</script>
<script>
  new HtmlHandler().TextChangeHandler("markdown", "markdown-output");
</script>
```

现在，HTML 文件如下所示：

```
<!doctype html>
<html lang="en">
 <head>
 <meta name="viewport" content="width=device-width, initial-scale=1,
shrink-to-fit=no">
 <link rel="stylesheet"
href="https://stackpath.bootstrapcdn.com/bootstrap/4.1.3/css/bootstrap.min.
css" integrity="sha384-
MCw98/SFnGE8fJT3GXwEOngsV7Zt27NXFoaoApmYm81iuXoPkFOJwJ8ERdknLPMO"
crossorigin="anonymous">
 <style>
 html, body {
 height: 100%;
 }
 </style>
 <title>Advanced TypeScript - Chapter 2</title>
 </head>
 <body>
 <div class="container-fluid h-100">
 <div class="row h-100">
 <div class="col-lg-6">
 <textarea class="form-control h-100" id="markdown"></textarea>
 </div>
 <div class="col-lg-6 h-100">
 <label class="h-100" id="markdown-output"></label>
 </div>
 </div>
 </div>
 <script src="https://code.jquery.com/jquery-3.3.1.slim.min.js"
integrity="sha384-
q8i/X+965DzO0rT7abK41JStQIAqVgRVzpbzo5smXKp4YfRvH+8abtTE1Pi6jizo"
crossorigin="anonymous"></script>
 <script
src="https://cdnjs.cloudflare.com/ajax/libs/popper.js/1.14.3/umd/popper.min
.js" integrity="sha384-
ZMP7rVo3mIykV+2+9J3UJ46jBk0WLaUAdn689aCwoqbBJiSnjAK/l8WvCWPIPm49"
crossorigin="anonymous"></script>
 <script
src="https://stackpath.bootstrapcdn.com/bootstrap/4.1.3/js/bootstrap.min.js
" integrity="sha384-
```

```
ChfqqxuZUCnJSK3+MXmPNIyE6ZbWh2IMqE241rYiqJxyMiZ6OW/JmZQ5stwEULTy"
crossorigin="anonymous"></script>

<script src="script/MarkdownParser.js">
</script>
<script>
new HtmlHandler().TextChangeHandler("markdown", "markdown-output");
</script>
</body>
</html>
```

如果现在运行应用程序，在文本区域中输入文本，标签将自动更新。图 2-2 显示了应用程序的效果。

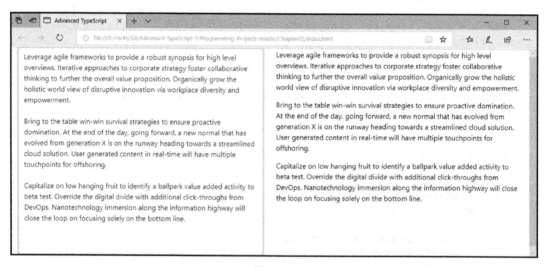

图 2-2

现在自动更新 Web 页面，不需要再对页面做其他改动了。我们把将要编写的代码都放到 TypeScript 文件中。回顾需求列表会发现，我们已经实现了最后三个需求。

2.4.2 将 markdown 标签类型映射到 HTML 标签类型

在需求列表中，我们列举了解析器将会处理的几个标签。为了标识这些标签，我们将添加一个枚举，用来定义我们将提供给用户使用的标签：

```
enum TagType {
    Paragraph,
    Header1,
    Header2,
    Header3,
    HorizontalRule
}
```

从需求还可以知道，我们需要将这些标签转换为对应的 HTML 开标签和闭标签。为了实现这种转换，我们将把 tagType 映射到相应的 HTML 标签。为此创建一个类，让其只具有一个职责：处理映射。下面给出了这个类：

```
class TagTypeToHtml {
    private readonly tagType : Map<TagType, string> = new Map<TagType,
string>();
    constructor() {
        this.tagType.set(TagType.Header1, "h1");
        this.tagType.set(TagType.Header2, "h2");
        this.tagType.set(TagType.Header3, "h3");
        this.tagType.set(TagType.Paragraph, "p");
        this.tagType.set(TagType.HorizontalRule, "hr")
    }
}
```

> **注意** 起初，对类型使用 readonly 可能会让你感到困惑。这个关键字的含义是，当实例化类以后，就不能在该类中的其他位置重新创建 tagType。这意味着我们能够安全地在构造函数中设置映射，后面不会调用 this.tagType = new Map<TagType, string>();。

我们还需要有一种方法来从这个类获取开标签和闭标签。首先创建一个方法来从 tagType 获取开标签，如下所示：

```
public OpeningTag(tagType : TagType) : string {
    let tag = this.tagType.get(tagType);
    if (tag !== null) {
        return `<${tag}>`;
    }
    return `<p>`;
}
```

这个方法相当直观。它首先尝试从映射获取 tagType。对于我们现在的代码，映射中将始终有一个条目，但是将来可能在扩展枚举时忘记在标签列表中添加对应的标签。因此，我们需要在方法中检查标签是否存在，如果存在，就把该标签放在 <> 内返回。如果不存在，就返回一个段落标签作为默认标签。

现在看看 ClosingTag：

```
public ClosingTag(tagType : TagType) : string {
    let tag = this.tagType.get(tagType);
    if (tag !== null) {
        return `</${tag}>`;
    }
    return `</p>`;
}
```

观察这两个方法会发现，它们几乎完全相同。当思考如何创建 HTML 标签这个问题时，我们意识到，开标签与闭标签之间的唯一区别是闭标签中有一个 /。知道了这一点，就可以修改代码来使用一个帮助方法，无论标签是否以<或</开头，该帮助方法都可以处理：

```
private GetTag(tagType : TagType, openingTagPattern : string) : string {
    let tag = this.tagType.get(tagType);
    if (tag !== null) {
        return `${openingTagPattern}${tag}>`;
    }
    return `${openingTagPattern}p>`;
}
```

剩下要做的就是添加方法来获取开标签和闭标签：

```
public OpeningTag(tagType : TagType) : string {
    return this.GetTag(tagType, `<`);
}


public ClosingTag(tagType : TagType) : string {
    return this.GetTag(tagType, `</`);
}
```

综上所述，`TagTypeToHtml` 类的代码如下所示：

```
class TagTypeToHtml {
    private readonly tagType : Map<TagType, string> = new Map<TagType,
string>();
    constructor() {
        this.tagType.set(TagType.Header1, "h1");
        this.tagType.set(TagType.Header2, "h2");
        this.tagType.set(TagType.Header3, "h3");
        this.tagType.set(TagType.Paragraph, "p");
        this.tagType.set(TagType.HorizontalRule, "hr")
    }

    public OpeningTag(tagType : TagType) : string {
        return this.GetTag(tagType, `<`);
    }

    public ClosingTag(tagType : TagType) : string {
        return this.GetTag(tagType, `</`);
    }

    private GetTag(tagType : TagType, openingTagPattern : string) : string
{
        let tag = this.tagType.get(tagType);
        if (tag !== null) {
            return `${openingTagPattern}${tag}>`;
        }
        return `${openingTagPattern}p>`;
    }
}
```

> 📷 注意　`TagTypeToHtml` 类的单一职责是将 `tagType` 映射到 HTML 标签。本章中反复提到，我们想让类具有单一职责。在面向对象理论中，这是 **SOLID** 设计的原则之一（SOLID 是指 Single responsibility principle（单一职责原则）、Open/Closed principle（开闭原则）、Liskov substitution principle（里氏替换原则）、Interface segregation principle（接口分离原则）和 Dependency inversion principle（依赖倒置原则））。SOLID 代表一组相互补充的开发技术，可以用来创建更加健壮的代码。
>
> SOLID 指导我们如何决定类的结构。其中最重要的原则是单一职责原则，即一个类只应该做一件事。建议阅读了解 SOLID 这个主题（介绍后面的内容时会谈及其原则），SOLID 设计最重要的部分是类只负责一件工作，其他原则源自这个原则。当类只做一件事时，就更容易测试和理解。这并不是说它们只应该有一个方法。方法可以有许多，只要与类的目的有关即可。这个主题非常重要，所以本书中反复提及。

2.4.3　使用 `MarkdownDocument` 类表示转换后的 markdown 标记

解析内容的时候，需要有一种机制来实际存储解析过程创建的文本。我们可以只使用一个全局字符串并直接更新，但是如果异步添加文本，就会出现问题。不使用字符串的主要原因仍然归结为单一职责原则。如果使用一个简单的字符串，那么添加文本的每段代码都必须以正确的方式写入字符串，将把读取 markdown 与写入 HTML 输出混合在一起。通过描述可以看出，我们需要为写出 HTML 内容单独准备一种方法。

对于我们来说，这意味着让代码接受多个字符串来构成内容（内容可以包括 HTML 标签，所以我们不想让代码只接受一个字符串）。还要有一种方法能够在构建完文档后获取文档。首先定义一个接口，作为代码需要实现的契约。这里要特别关注的地方是，我们将允许 Add 方法中的代码接受任何数量的参数，所以在这里使用 REST 参数：

```
interface IMarkdownDocument {
    Add(...content : string[]) : void;
    Get() : string;
}
```

有了这个接口后，就可以像下面这样创建 MarkdownDocument 类：

```
class MarkdownDocument implements IMarkdownDocument {
    private content : string = "";
    Add(...content: string[]): void {
        content.forEach(element => {
            this.content += element;
        });
    }
    Get(): string {
        return this.content;
    }
}
```

这个类非常直观。传入 Add 方法的每条内容都将被添加到成员变量 content 中。content 是私有变量，Get 方法将返回该变量。这就是本书推荐单一职责类的原因：在这里，类只是在更新内容。相比做很多不同事情的类来说，这种类更整洁、更容易理解。关键在于，我们将文档的维护方式向消费代码隐藏了起来，可以根据情况在内部调整内容的更新方式。

因为在解析文档时，我们每次解析一行，所以将使用一个类来代表当前正在处理的行：

```
class ParseElement {
    CurrentLine : string = "";
}
```

我们的类非常简单。同样，我们决定不使用简单的字符串来传递当前行，因为现在这个类能够清晰地表明我们的意图：解析当前行。如果只是使用一个字符串来表示当前行，那么当我们想要使用该行时，很容易传递错误的值。

2.4.4 使用访问者更新 markdown 文档

第 1 章简要介绍了模式。简单来说，软件开发中的模式指的是特定问题的一般性解决方案。这意味着在与别人沟通时，我们使用模式的名称说明我们要使用特定的、业界认可的代码示例来解决问题。例如，如果告诉另外一个开发人员，我们在使用中介者模式解决问题，那么只要另外这名开发人员也了解该模式，就能够很好地理解我们将会如何构造代码。

在构思本章的代码时，对代码使用访问者模式。在介绍我们要编写的代码之前，先来了解什么是访问者模式，以及为什么要使用这种模式。

1. 理解访问者模式

访问者模式是所谓的**行为模式**。术语"行为模式"是对模式的一种分类，指的是关注类和对象的通信方式的一组模式。访问者模式使我们能够将算法与算法操作的对象分离开。

选择使用访问者模式的原因之一，是根据底层的 **markdown** 对通用的 ParseElement 类应用不同的操作，这最终导致我们创建 MarkdownDocument 类。如果用户键入的内容将被表示为 HTML 段落，那么添加的标签将与键入内容代表水平分隔线时不同。访问者模式的约定有两个接口：IVisitor 和 IVisitable。这两个接口的基本形式如下所示：

```
interface IVisitor {
    Visit(......);
}
interface IVisitable {
    Accept(IVisitor, .....);
}
```

这两个接口背后的设计思想是对象将是可访问的，所以当它需要执行相关操作时，就接受访问者，使其能够访问该对象。

2. 对代码应用访问者模式

了解了访问者模式后，接下来看看如何在我们的代码中应用这种模式。

①首先创建 `IVisitor` 和 `IVisitable` 接口，如下所示：

```
interface IVisitor {
    Visit(token : ParseElement, markdownDocument :
IMarkdownDocument) : void;
}
interface IVisitable {
    Accept(visitor : IVisitor, token : ParseElement,
markdownDocument : IMarkdownDocument) : void;
}
```

②当代码执行到调用 `Visit` 时，我们将使用 `TagTypeToHtml` 类，向 Markdown Document 添加相应的 HTML 开标签、一行文本以及相应的 HTML 闭标签。因为我们需要对每个标签类型执行这些操作，所以可以用一个基类来封装这种行为，如下所示：

```
abstract class VisitorBase implements IVisitor {
    constructor (private readonly tagType : TagType, private
readonly TagTypeToHtml : TagTypeToHtml) {}
    Visit(token: ParseElement, markdownDocument:
IMarkdownDocument): void {
markdownDocument.Add(this.TagTypeToHtml.OpeningTag(this.tagType),
token.CurrentLine,
            this.TagTypeToHtml.ClosingTag(this.tagType));
    }
}
```

③接下来，我们需要添加具体的访问者实现。创建下面的类：

```
class Header1Visitor extends VisitorBase {
    constructor() {
        super(TagType.Header1, new TagTypeToHtml());
    }
}
class Header2Visitor extends VisitorBase {
    constructor() {
        super(TagType.Header2, new TagTypeToHtml());
    }
}
class Header3Visitor extends VisitorBase {
    constructor() {
        super(TagType.Header3, new TagTypeToHtml());
    }
}
class ParagraphVisitor extends VisitorBase {
    constructor() {
        super(TagType.Paragraph, new TagTypeToHtml());
    }
}
class HorizontalRuleVisitor extends VisitorBase {
```

```
    constructor() {
        super(TagType.HorizontalRule, new TagTypeToHtml());
    }
}
```

如果以 Header1Visitor 为例，这个类只有一个职责：将当前行放到 H1 标签中，然后添加到 markdown 文档。我们可以在代码中随处添加一些类，让它们检查一行内容是否以 # 开头；如果是，就从开头位置移除 #，然后添加 H1 标签和当前行。但那样的话，代码会更难测试，更容易出问题；当我们要修改行为时，问题会更严重。另外，添加的标签越多，代码就变得越脆弱。访问者模式代码的另一端是 IVisitable 实现。对于当前的代码，我们知道每当调用 Accept 时，就想要访问相关的访问者。对于我们的代码来说，可以让一个可访问的类实现 IVisitable 接口，如下面的代码所示：

```
class Visitable implements IVisitable {
    Accept(visitor: IVisitor, token: ParseElement, markdownDocument:
IMarkdownDocument): void {
        visitor.Visit(token, markdownDocument);
    }
}
```

> 提示 对于本例而言，我们使用了最简单的访问者模式实现。访问者模式有许多变体，我们选择的实现遵守了这种模式的设计理念，但没有盲目地照搬代码。这正是模式的优美之处：模式指导我们如何处理问题，但是如果对模式稍做修改能够满足我们的需要，就不必盲目地照搬特定的实现。

2.4.5 通过使用责任链模式决定应用哪个标签

现在有方法将一行简单的内容转换成 HTML 编码后的内容，还需要有一种方法来决定应用什么标签。从一开始，我就知道我们需要应用另外一种模式。这种模式非常适合提出这样一个问题："我应该处理这个标签吗？"如果答案是否定的，就把这个标签向下传递，让其他方法决定是否应该处理该标签。

我们将使用另外一个行为模式来处理这种情形：责任链模式。通过让创建的类接受类链中的下一个类和一个处理请求的方法，这种模式允许我们将一系列类链接到一起。取决于请求处理程序的内部逻辑，类可以将请求处理传递给类链中的下一个类。

从基类开始，可以看到这个模式提供了什么，以及我们如何使用这种模式：

```
abstract class Handler<T> {
    protected next : Handler<T> | null = null;
    public SetNext(next : Handler<T>) : void {
        this.next = next;
    }
    public HandleRequest(request : T) : void {
```

```
          if (!this.CanHandle(request)) {
              if (this.next !== null) {
                  this.next.HandleRequest(request);
              }
              return;
          }
      }
      protected abstract CanHandle(request : T) : boolean;
}
```

SetNext 指定了类链中的下一个类。HandleRequest 首先调用抽象的 CanHandle 方法，判断当前类是否能够处理请求。如果不能处理请求，并且 this.next 不是 null（注意这里使用了联合类型），则将请求传递给下一个类。重复这个过程，直到能够处理请求，或者 this.next 为 null。

现在可以添加 Handler 类的具体实现。首先，添加构造函数和成员变量，如下所示：

```
class ParseChainHandler extends Handler<ParseElement> {
    private readonly visitable : IVisitable = new Visitable();
    constructor(private readonly document : IMarkdownDocument,
        private readonly tagType : string,
        private readonly visitor : IVisitor) {
        super();
    }
}
```

构造函数接受 markdown 文档的实例和代表 tagType 的 String（如 #）。如果有匹配的标签，指定的访问者将会访问类。在展示 CanHandle 的代码之前，我们先来介绍另外一个类，它能够帮助我们解析当前行，并判断当前行的开始位置是否存在标签。

我们将创建的这个类只用于解析字符串，并判断该字符串的开头是否有相关的 markdown 标签。其中 Parse 方法的特别之处在于返回了一个**元组**。可以将元组视为一个固定大小的数组，其不同位置可以有不同的类型。在本例中，将返回一个 boolean 类型和一个 string 类型。boolean 类型指出是否找到了标签，string 类型将返回开头位置没有标签的文本。例如，如果 string 是 # Hello，其中的 # 是标签，那么我们想返回 Hello。检查标签的代码十分简单，只是查看文本是否以标签开头。如果是，则将元组的 boolean 部分置为 true，并使用 substr 来获取文本的剩余部分。考虑下面的代码：

```
class LineParser {
    public Parse(value : string, tag : string) : [boolean, string] {
        let output : [boolean, string] = [false, ""];
        output[1] = value;
        if (value === "") {
            return output;
        }
        let split = value.startsWith(`${tag}`);
        if (split) {
            output[0] = true;
            output[1] = value.substr(tag.length);
```

```
    }
    return output;
    }
}
```

有了 `LineParser` 类，就可以在 `CanHandle` 方法中使用该类，如下所示：

```
protected CanHandle(request: ParseElement): boolean {
    let split = new LineParser().Parse(request.CurrentLine, this.tagType);
    if (split[0]){
        request.CurrentLine = split[1];
        this.visitable.Accept(this.visitor, request, this.document);
    }
    return split[0];
}
```

在这里，我们使用解析器来构建一个元组，其第一个参数指出是否存在标签，如果存在标签，第二个参数包含移除标签后的文本。如果字符串中包含 markdown 标签，则调用 `Visitable` 实现的 `Accept` 方法。

注意 严格来说，我们也可以直接调用 `this.visitor.Visit(request, this.document);`，但是这样会得到过多关于如何执行对该类的访问的信息。通过使用 `Accept`，即使我们让访问者变得更加复杂，也可以避免再次访问这个类。

现在，`ParseChainHandler` 如下所示：

```
class ParseChainHandler extends Handler<ParseElement> {
    private readonly visitable : IVisitable = new Visitable();
    protected CanHandle(request: ParseElement): boolean {
        let split = new LineParser().Parse(request.CurrentLine,
this.tagType);
        if (split[0]){
            request.CurrentLine = split[1];
            this.visitable.Accept(this.visitor, request, this.document);
        }
        return split[0];
    }
    constructor(private readonly document : IMarkdownDocument,
        private readonly tagType : string,
        private readonly visitor : IVisitor) {
        super();
    }
}
```

有一种特殊情况需要处理。我们知道段落没有关联的标签。如果类链中没有匹配的标签，则默认该文本是一个段落。这意味着我们需要有一个稍微不同的处理程序来处理段落，如下所示。

```typescript
class ParagraphHandler extends Handler<ParseElement> {
    private readonly visitable : IVisitable = new Visitable();
    private readonly visitor : IVisitor = new ParagraphVisitor()
    protected CanHandle(request: ParseElement): boolean {
        this.visitable.Accept(this.visitor, request, this.document);
        return true;
    }
    constructor(private readonly document : IMarkdownDocument) {
        super();
    }
}
```

创建好这些基础设施后，我们就可以为标签创建具体的处理程序，如下所示：

```typescript
class Header1ChainHandler extends ParseChainHandler {
    constructor(document : IMarkdownDocument) {
        super(document, "# ", new Header1Visitor());
    }
}

class Header2ChainHandler extends ParseChainHandler {
    constructor(document : IMarkdownDocument) {
        super(document, "## ", new Header2Visitor());
    }
}

class Header3ChainHandler extends ParseChainHandler {
    constructor(document : IMarkdownDocument) {
        super(document, "### ", new Header3Visitor());
    }
}

class HorizontalRuleHandler extends ParseChainHandler {
    constructor(document : IMarkdownDocument) {
        super(document, "---", new HorizontalRuleVisitor());
    }
}
```

现在，我们就有了一条从标签（如 ---）到合适的访问者的路径，将责任链模式与访问者模式关联了起来。最后还要做一项工作：设置处理程序链。为此，我们使用一个独立的类来构建链：

```typescript
class ChainOfResponsibilityFactory {
    Build(document : IMarkdownDocument) : ParseChainHandler {
        let header1 : Header1ChainHandler = new
Header1ChainHandler(document);
        let header2 : Header2ChainHandler = new
Header2ChainHandler(document);
        let header3 : Header3ChainHandler = new
Header3ChainHandler(document);
        let horizontalRule : HorizontalRuleHandler = new
HorizontalRuleHandler(document);
```

```
        let paragraph : ParagraphHandler = new ParagraphHandler(document);

        header1.SetNext(header2);
        header2.SetNext(header3);
        header3.SetNext(horizontalRule);
        horizontalRule.SetNext(paragraph);

        return header1;
    }
}
```

这个方法看起来很简单，但是为我们做了许多工作。前几条语句初始化责任链处理程序，首先是标题，其次是水平分隔线，最后是段落的处理程序。这只是我们要做的一部分工作，从标题到水平分隔线，设置链中的下一项。标题 1 将调用转发给标题 2，标题 2 将调用转发给标题 3，以此类推。在段落处理程序之后，不再设置下一项，因为段落处理程序是我们要处理的最后一种情况。如果用户没有键入 header1、header2、header3 或者 horizontalRule，那么我们将把输入的内容视为段落。

2.4.6　综合运用

最后要编写的这个类用于获取用户键入的文本，将其分割为单独的行，创建 ParseElement、责任链处理程序以及 MarkdownDocument 的实例。然后将每一行内容转发给 Header1ChainHandler，开始处理该行。最后获取文档的文本并返回，以便能够在标签中显示：

```
class Markdown {
    public ToHtml(text : string) : string {
        let document : IMarkdownDocument = new MarkdownDocument();
        let header1 : Header1ChainHandler = new
ChainOfResponsibilityFactory().Build(document);
        let lines : string[] = text.split(`\n`);
        for (let index = 0; index < lines.length; index++) {
            let parseElement : ParseElement = new ParseElement();
            parseElement.CurrentLine = lines[index];
            header1.HandleRequest(parseElement);
        }
        return document.Get();
    }
}
```

现在我们能够生成 HTML 内容，但还需要再做一处修改。我们将修改 HtmlHandler 方法，使其调用 ToHtml markdown 方法。同时，我们将解决原实现的一个问题：刷新页面会丢失内容，除非按下一个键才会显示出来。为了解决这个问题，我们将添加一个 window.onload 事件处理程序：

```
class HtmlHandler {
  private markdownChange : Markdown = new Markdown;
```

```typescript
    public TextChangeHandler(id : string, output : string) : void {
        let markdown = <HTMLTextAreaElement>document.getElementById(id);
        let markdownOutput =
<HTMLLabelElement>document.getElementById(output);
        if (markdown !== null) {
            markdown.onkeyup = (e) => {
                this.RenderHtmlContent(markdown, markdownOutput);
            }
            window.onload = (e) => {
                this.RenderHtmlContent(markdown, markdownOutput);
            }
        }
    }

    private RenderHtmlContent(markdown: HTMLTextAreaElement,
markdownOutput: HTMLLabelElement) {
        if (markdown.value) {
            markdownOutput.innerHTML =
this.markdownChange.ToHtml(markdown.value);
        }
        else
            markdownOutput.innerHTML = "<p></p>";
    }
}
```

现在运行应用程序时，将显示渲染后的 HTML 内容，即使刷新页面也不会丢失。我们已经成功地创建了一个简单的 markdown 编辑器，满足了需求收集阶段列举的需求。

要特别强调，需求收集阶段极为重要。很多时候，不当的需求导致我们不得不对应用程序的行为做出假定。这些假定可能导致交付的应用程序不是用户想要的应用程序。如果你发现自己在假定应用程序需要具备某种行为，则应该回去询问用户想要什么行为。我们在创建这里的代码时，会回头对照需求，确保构建出的应用程序是我们想要构建的应用程序。

🎯 提示　关于需求，还要注意一点：需求会发生变化。在编写应用程序的过程中，需求发生演化或者被去除，是很常见的事情。当需求发生变化时，我们要确保更新需求，确保自己不做出假定，并检查已经完成的工作，确保它们满足更新后的需求。之所以做这些工作，是因为我们是专业的开发人员。

2.5　小结

本章构建的应用程序能够响应用户在文本区域中键入的内容，并使用转换后的文本更新一个标签。文本的转换由类来处理，每个类只有一个职责。我们关注让创建的类只做一件事情，是为了从一开始就学习如何使用业界最佳实践，使我们的代码更整洁、更不容易出错；因为相比做很多工作的类，设计良好的、只做一件事情的类出现问题的概率更低。

我们介绍访问者和责任链模式，是为了将文本处理分解为两件工作：判断一行中是否包含 markdown，以及添加合适的、经过 HTML 编码后的文本。我们在本章就开始介绍模式，是因为模式会用在许多不同的软件开发问题中。它们不只提供了关于如何解决问题的清晰细节，还提供了一种清晰的语言来方便沟通；例如，如果某个人说一段代码需要使用特定的模式，那么其他开发人员就能够清晰地知道这段代码要做什么。

下一章将构建一个联系人管理器，这将是我们使用 React.js 创建的第一个应用程序。

延伸阅读

关于如何使用设计模式的更多信息，推荐阅读由 Vilic Vane 撰写、Packt 出版的 *TypeScript Design Patterns* 一书（https://www.packtpub.com/application-development/typescript-design-patterns）。

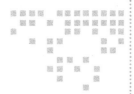

React Bootstrap 联系人管理器

本章将介绍如何使用 React 构建一个联系人管理器。React 是使用小组件构建 UI 的一个库。通过学习 React，你将了解如何使用这个目前十分流行的库，并且开始理解如何以及何时使用绑定来简化代码。

探讨 React 有助于我们理解何时为客户端编写一个现代应用程序并研究其需求。

为了帮助开发应用程序，本章将介绍以下主题：

❑ 创建一个模拟布局来检查布局。

❑ 创建 React 应用程序。

❑ 使用 tslint 分析代码及设置代码格式。

❑ 添加 Bootstrap 支持。

❑ 使用 React 中的 tsx 组件。

❑ React 的 App 组件。

❑ 显示个人信息 UI。

❑ 使用绑定简化更新。

❑ 创建验证器及应用验证器进行验证。

❑ 在 React 组件内应用验证。

❑ 创建并发送数据给 IndexedDB 数据库。

3.1 技术需求

因为我们将使用 IndexedDB 数据库来存储数据，所以需要使用一个现代的 Web 浏览器，如 Chrome（版本 11 及以上）或 Firefox（版本 4 及以上）。完成后的项目可从 `https://github.com/PacktPublishing/AdvancedTypeScript-3-Programming-Projects/tree/master/chapter03` 下载。下载项目后，需要使用 `npm install` 安装需要的包。

3.2 项目概述

我们将使用 React 构建一个联系人管理器数据库，使用标准的 IndexedDB 数据库在客户端存储数据。完成后的应用程序如图 3-1 所示。

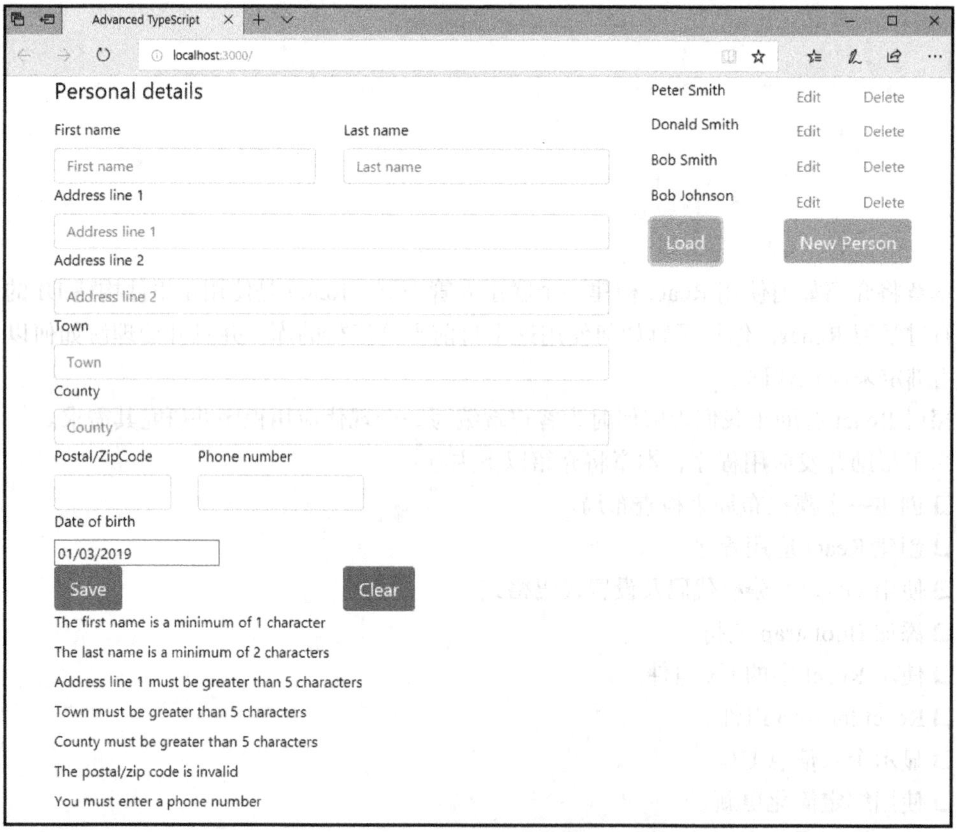

图 3-1

通过参考 GitHub 存储库中的代码，你应该能够在大约两小时的时间内完成本章的项目。

3.3 开始使用组件

本章依赖于 Node.js（可以从 `https://nodejs.org/` 下载）。在介绍本章内容的过程中，我们将安装下面的组件：

- ❑ @types/bootstrap（4.1.2 或更高版本）
- ❑ @types/reactstrap（6.4.3 或更高版本）
- ❑ bootstrap（4.1.3 或更高版本）
- ❑ react（16.6.3 或更高版本）
- ❑ react-dom（16.6.3 或更高版本）
- ❑ react-script-ts（3.1.0 或更高版本）
- ❑ reactstrap（6.5.0 或更高版本）
- ❑ create-react-app（2.1.2 会更高版本）

3.4　创建一个支持 TypeScript 的 React Bootstrap 项目

正如第 2 章所述，在项目开始时，先收集应用程序的需求是一个好主意。本章项目的需求如下：

- ❑ 用户能够创建联系人信息或者编辑信息。
- ❑ 联系人信息将保存到客户端数据库中。
- ❑ 用户能够加载全部联系人列表。
- ❑ 用户能够删除联系人信息。
- ❑ 联系人的个人信息包括姓和名、地址（由两个地址行组成，包括镇、县和邮编）、电话号码以及出生日期。
- ❑ 联系人的个人信息将保存到数据库中。
- ❑ 联系人的名至少为一个字符，姓至少为两个字符。
- ❑ 第一个地址行、镇和县至少为 4 个字符。
- ❑ 邮编将符合美国对大部分邮编设立的标准。
- ❑ 电话号码将符合标准的美国电话号码格式。
- ❑ 用户能够单击按钮来清除联系人信息。

3.5　创建模拟布局

确定需求后，为我们设想的应用程序布局绘制草图通常是一个好主意。我们需要用草图格式创建布局，展示出应用程序在 Web 浏览器中的布局。之所以使用草图，原因在于我们与客户交流的方式。我们想让客户了解应用程序的大体布局，而不会陷入一些细节，如某个按钮的宽度到底是多少。

使用工具（如 https://ninjamock.com/）创建界面的线框草图特别有用。可以与客户或者其他团队成员在线分享这些草图，允许他们直接添加评论。图 3-2 演示了完成后的界面应该是什么样子。

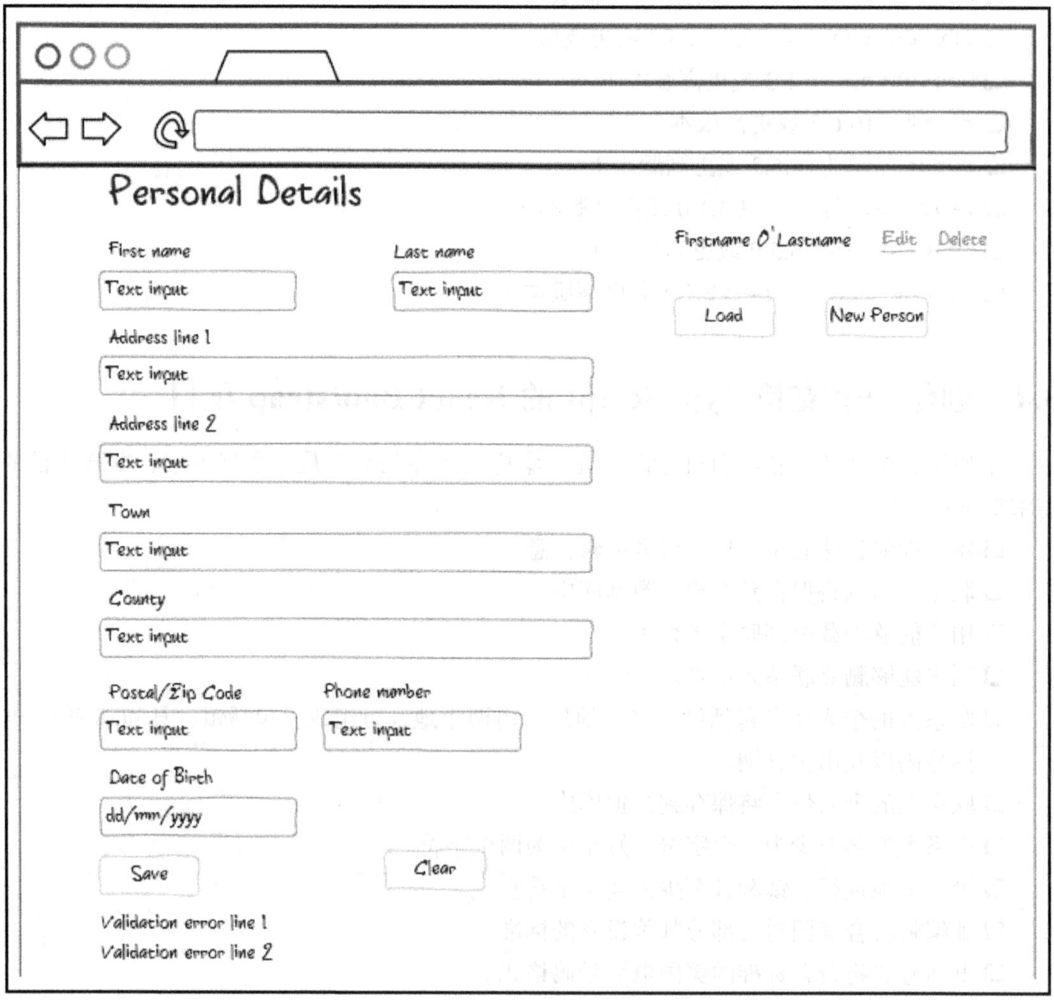

图　3-2

3.5.1　创建应用程序

　　在开始编写代码之前，我们需要安装 React。虽然可以手动创建 React 需要的基础设施，但是大部分人会使用 `create-react-app` 命令来创建 React 应用程序。我们不会特立独行，所以也将使用 `create-react-app` 命令。React 在默认情况下不使用 TypeScript，所以在使用命令创建应用程序时，我们将在命令中加上一点内容，以便获得我们需要的 TypeScript 功能。我们使用 `create-react-app`，向其提供应用程序的名称，再加上一个额外的 `scripts-version` 参数来引入 TypeScript：

```
npx create-react-app chapter03 --scripts-version=react-scripts-ts
```

> 🔘 注
> 意　如果你之前安装了 Node.js 包，可能会认为上面的命令有一处错误，应该使用 npm
> 来安装 create-react-app。但我们使用 npx 而不是 npm，是因为 npx 是 **Node
> Package Manager（NPM）**的增强版本。通过使用 npx，在手动运行 create-
> react-app 开始创建应用程序前，就不需要运行 npm install create-react-
> app 来安装 create-react-app 包。使用 npx 能够加快开发流程。

创建了应用程序后，打开 Chapter03 目录，运行下面的命令：

npm start

假设我们设置了默认浏览器，则浏览器中将会打开 http://localhost:3000，即这个
应用程序的默认 Web 页面。打开的是一个标准的 Web 页面，其中包含默认的 React 示例。
我们将编辑 public/index.html，为其设置一个标题。我们将把标题设置为 Advanced
TypeScript - Personal Contacts Manager。虽然这个文件的内容看起来不多，但是包
含了我们在 HTML 端需要的全部内容，即一个叫作 root 的 div 元素。后面将会提到，我
们的 React 代码将绑定到这个元素。我们可以实时编辑应用程序，这样做出的任何修改将会
自动编译并返回给浏览器：

```
<!DOCTYPE html>
<html lang="en">
  <head>
    <meta charset="utf-8">
    <meta name="viewport" content="width=device-width, initial-scale=1,
shrink-to-fit=no">
    <meta name="theme-color" content="#000000">
    <link rel="manifest" href="%PUBLIC_URL%/manifest.json">
    <link rel="shortcut icon" href="%PUBLIC_URL%/favicon.ico">
    <title>Advanced TypeScript - Personal Contacts Manager</title>
  </head>
  <body>
    <noscript>
      You need to enable JavaScript to run this app.
    </noscript>
    <div id="root"></div>
  </body>
</html>
```

3.5.2　使用 tslint 设置代码的格式

创建应用程序后，我们使用 tslint 来分析代码中的潜在问题。注意，创建应用程序的
时候会自动添加对 tslint 的支持。所运行的 tslint 版本会应用一套规则来检查代码。在

代码库中，使用完整的 tslint 规则，但是如果你想将规则放松一点，则只需将 `tslint.json` 文件修改为如下所示：

```
{
  "extends": [],
  "defaultSeverity" : "warning",
  "linterOptions": {
    "exclude": [
      "config/**/*.js",
      "node_modules/**/*.ts",
      "coverage/lcov-report/*.js"
    ]
  }
}
```

3.5.3 添加 Bootstrap 支持

对于这个应用程序，我们需要添加对 Bootstrap 的支持。React 本身没有提供这种支持，所以需要使用其他包来添加支持：

安装 Bootstrap，如下所示：

```
npm install --save bootstrap
```

然后，就可以自由使用针对 React 设计的 Bootstrap 组件了。我们将使用 `reactstrap` 包，因为这个包以对 React 友好的方式将 Bootstrap 4 作为目标版本：

```
npm install --save reactstrap react react-dom
```

`reactstrap` 不是 TypeScript 组件，所以我们需要安装它以及 Bootstrap 的 Definitely Typed 定义：

```
npm install --save @types/reactstrap
npm install --save @types/bootstrap
```

之后就可以添加 Bootstrap CSS 文件。为此，我们将更新 `index.tsx` 文件，通过在该文件的顶部添加下面的 import，添加对本地安装的 Bootstrap CSS 文件的引用：

```
import "bootstrap/dist/css/bootstrap.min.css";
```

🎯 提示 这里使用本地 Bootstrap 文件是为了方便操作。正如第 1 章所述，应用程序的生产版本应该使用 CDN。

为保持代码整洁，从 `src/index.tsx` 文件中移除下面一行代码，然后从磁盘上删除对应的 `.css` 文件：

```
import './index.css'
```

3.6　在 React 中使用 tsx 组件

你可能产生了疑问：为什么索引文件有一个不同的扩展名？为什么是 .tsx 而不是 .ts？为了回答这些问题，我们需要在脑中稍微调整扩展名，了解一下为什么 React 使用 .jsx 文件而不是 .js 文件（.tsx 版本相当于 .jsx 的 TypeScript 版本）。

这些 JSX 文件是 JavaScript 的扩展，将被转译为 JavaScript。如果直接在 JavaScript 中运行这些文件，那么如果文件中包含扩展，就会出现运行时错误。在传统的 React 中，有一个转译阶段，通过将 JSX 文件的代码展开为标准 JavaScript 代码，转换为 JavaScript 文件。实际上，TypeScript 中也有这种编译阶段。使用 TypeScript React 时，将得到相同的最终结果，即 TSX 文件最终被转换为 JavaScript 文件。

因此，现在问题变成了我们为什么需要这些扩展？为了回答这个问题，我们来分析 index.tsx 文件。添加了 Bootstrap CSS 文件后的 index.tsx 文件如下所示：

```
import "bootstrap/dist/css/bootstrap.min.css";
import * as React from 'react';
import * as ReactDOM from 'react-dom';
import App from './App';

import registerServiceWorker from './registerServiceWorker';

ReactDOM.render(
  <App />,
  document.getElementById('root') as HTMLElement
);
registerServiceWorker();
```

现在，你应该已经熟悉了 import 语句，registerServiceWorker 则是添加到代码中的行为，通过从缓存获取资源，而不是一次次地重新加载它们来提高生产应用程序的响应速度。"越快越好"是 React 的主要信条之一，所以这里用到了 ReactDom.render。阅读这段代码会了解其作用。ReactDom.render 在我们处理的 HTML 页面中寻找标记为 root 的元素——它包含在 index.html 文件中。在这里使用了 as HTMLElement 语法，因为我们想让 TypeScript 知道它是什么类型（这个参数要么派生自一个元素，要么是 null。也就是说，其底层是一个联合类型）。

之所以需要一个特殊扩展，原因在于 <App /> 这行代码。它将在语句中内联一条 XML 代码。在这里，我们告诉 render 方法来渲染一个叫作 App 的组件，它已经在 App.tsx 文件中定义。

3.6.1　React 如何使用虚拟 DOM 来提高响应性

前面没有介绍为什么使用 render 方法，所以现在是时候介绍 React 的秘密武器了。这个秘密武器就是**虚拟文档对象模型**（**Document Object Model，DOM**）。如果你做过一段时间的 Web 应用程序开发，可能已经了解 DOM。如果从没有接触过 DOM，可以认为它是一个实体，描述了 Web 页面应该是什么样子。Web 浏览器严重依赖 DOM，但是随着 DOM 多年来不断演化，用起来可能相当笨拙。对于提高 DOM 的速度，浏览器制造商能做的工作有限。如果他们想展示老的 Web 页面，就必须支持完整的 DOM。

虚拟 DOM 是标准 DOM 的轻量级版本。之所以轻量，是因为它丢弃了标准 DOM 的一个主要功能，即虚拟 DOM 不需要渲染到屏幕。当 React 运行 render 方法时，会遍历每个 .tsx（对于 JavaScript 是 .jsx）文件，并执行其中的渲染代码。然后，将渲染后的代码与上一次渲染的代码进行比较，确定哪些地方发生了变化。只有发生了变化的元素才在屏幕上更新。这个比较阶段是我们必须使用虚拟 DOM 的原因。使用这种方法时，能够更快速地判断需要更新哪些元素，即只有发生变化的元素才需要更新。

3.6.2 React 应用程序的组件

我们已经简要介绍了如何在 React 中使用组件。默认情况下，总是会有一个 App 组件。该组件将被渲染到 HTML 的 root 元素。我们的组件派生自 React.Component，所以 App 组件的开始部分如下所示：

```
import * as React from 'react';
import './App.css';

export default class App extends React.Component {

}
```

当然，组件需要一个方法来触发其渲染，这个方法叫作 render。因为我们使用 Bootstrap 显示 UI，所以想要渲染一个与 Container div 有关的组件。为此，我们将使用 reactstrap 中的 Container 组件（并引入在显示界面时使用的一个核心组件）：

```
import * as React from 'react';
import './App.css';
import Container from 'reactstrap/lib/Container';
import PersonalDetails from './PersonalDetails';
export default class App extends React.Component {
  public render() {
    return (
      <Container>
        <PersonalDetails />
      </Container>
    );
  }
}
```

3.7　显示个人信息界面

我们将创建一个 `PersonalDetails` 类。该类将在 `render` 方法中渲染出界面的核心部分。同样，我们使用 reactstrap 来布局界面的各个部分。在详细介绍 `render` 方法完成的工作之前，先来看看它的代码：

```
import * as React from 'react';
import Button from 'reactstrap/lib/Button';
import Col from 'reactstrap/lib/Col';
import Row from 'reactstrap/lib/Row';

export default class PersonalDetails extends React.Component {

  public render() {
    return (
      <Row>
        <Col lg="8">
          <Row>
            <Col><h4 className="mb-3">Personal details</h4></Col>
          </Row>
          <Row>
            <Col><label htmlFor="firstName">First name</label></Col>
            <Col><label htmlFor="lastName">Last name</label></Col>
          </Row>
          <Row>
            <Col>
              <input type="text" id="firstName" className="form-control"
placeholder="First name" />
            </Col>
            <Col><input type="text" id="lastName" className="form-control"
placeholder="Last name" /></Col>
          </Row>
... Code omitted for brevity
        <Col>
          <Col>
            <Row>
              <Col lg="6"><Button size="lg"
color="success">Load</Button></Col>
              <Col lg="6"><Button size="lg" color="info">New
Person</Button></Col>
            </Row>
          </Col>
        </Col>
      </Row>
    );
  }
}
```

可以看到，这个方法做了许多工作，但其中大部分是重复代码，用来复制 Bootstrap 的行和列元素。例如，如果查看 `postcode` 和 `phoneNumber` 元素的布局，就可以看到我们

布局了两行，每行有两列。用 Bootstrap 的术语来讲，其中一个 Col 元素是大尺寸，占据 3
列；另一个 Col 元素是大尺寸，占据 4 列（我们将剩余的空列交由 Bootstrap 处理）：

```
<Row>
  <Col lg="3"><label htmlFor="postcode">Postal/ZipCode</label></Col>
  <Col lg="4"><label htmlFor="phoneNumber">Phone number</label></Col>
</Row>
<Row>
  <Col lg="3"><input type="text" id="postcode" className="form-control"
/></Col>
  <Col lg="4"><input type="text" id="phoneNumber" className="form-control"
/></Col>
</Row>
```

查看 label 和 input 元素会发现两个不熟悉的元素。标签的键不应该是 for，我们不
应该使用 class 在输出中引用 CSS 类吗？这里使用了替换键，是因为 for 和 class 是
JavaScript 关键字。因为 React 允许在 render 中混合代码和标记语言，所以必须使用不同的
关键字。这意味着我们使用 htmlFor 来代替 for，使用 className 来代替 class。回顾我
们对虚拟 DOM 的介绍可以知道，这种替换关键字告诉我们，这些 HTML 元素是实现相似
目的的副本，而不是元素本身。

使用绑定简化值的更新

许多现代框架都提供了绑定功能，从而不需要手动更新输入或者触发事件。绑定背后
的思想是框架在 UI 元素和代码（例如属性）之间建立关联，监视底层值的变化，并且在检
测到变化时触发更新。正确使用绑定，就可以在编写代码时省去不少单调的工作，并且更重
要的是绑定可以帮助减少错误。

提供要绑定的状态

React 绑定的思想是绑定到一个状态。对于创建在屏幕上显示的数据而言，状态可以是
一个接口，描述我们想要使用的属性。如果将一名联系人转换成为状态，则如下所示：

```
export interface IPersonState {
  FirstName: string,
  LastName: string,
  Address1: string,
  Address2: StringOrNull,
  Town: string,
  County: string,
  PhoneNumber: string;
  Postcode: string,
  DateOfBirth: StringOrNull,
  PersonId : string
}
```

注意，为了方便使用，我们创建一个联合类型，命名为 StringOrNull。把该类型放到

一个名为 Types.tsx 的文件中，其定义如下所示：

```
export type StringOrNull = string | null;
```

现在，需要告诉组件它要使用的状态。首先要更新类定义，如下所示：

```
export default class PersonalDetails extends React.Component<IProps,
IPersonState>
```

这遵守了一个约定：属性由父组件传入类中，而状态则来自局部组件。将属性与状态分隔开很重要，因为这提供了一种方法来让父组件与子组件通信，也让子组件能够将信息传递回父组件。同时，我们仍然能够管理组件想要用作状态的那些数据和行为。

我们在接口 IProps 中定义属性。现在已经把状态的内部构成告诉了 React，React 和 TypeScript 将使用这些信息创建一个 ReadOnly<IPersonState> 属性。因此，确保使用正确的状态很重要。如果为状态使用了错误的类型，那么 TypeScript 将告知我们这一点。

📀 注
意　关于上一句话，有一点需要注意。如果两个接口的构成方式完全相同，那么 TypeScript 将把它们视为等效的。因此，即使 TypeScript 期望的是 IState，如果我们提供一个 IMyOtherState 接口，并且该接口的属性与 IState 完全相同，那么 TypeScript 将允许我们使用这个 IMyOtherState 接口。这里的根本问题是为什么要有重复的接口？事实上许多场景不需要用到重复的接口，所以对于我们有可能遇到的所有场景，使用正确状态的思想是没有问题的。

---

app.tsx 文件将创建一个默认状态，并将其作为属性传递给组件。当用户单击 clear 按钮清空当前正在编辑的条目时，或者单击 **New Person** 按钮添加一个新联系人时，将应用默认状态。IProps 接口如下所示：

```
interface IProps {
  DefaultState : IPersonState
}
```

📀 注
意　一开始读到这里，可能会产生一些困惑，因为前面的说明属性和状态是不同的这种思想，二者之间似乎存在对立——状态是组件局部拥有的状态，但是我们把状态作为属性的一部分向下传递。故意在名称中加上 State，以强化它代表状态这个事实。我们传入的值可以被随意命名。它们并非必须代表状态，也可以是函数，供组件调用来触发父组件中的响应。我们的组件将收到这个属性，并负责将自己需要的任何部分转换成为状态。

有了这个接口后，就可以修改 App.tsx 文件来创建默认状态，并将其传入 PersonalDetails

组件。在下面的代码中可以看到，IProps 接口的属性为 <PersonalDetails.. 一行的参数。在属性接口中添加的项越多，在该行代码中要添加的参数就越多：

```
import * as React from 'react';
import Container from 'reactstrap/lib/Container';
import './App.css';
import PersonalDetails from './PersonalDetails';
import { IPersonState } from "./State";

export default class App extends React.Component {
  private defaultPerson : IPersonState = {
    Address1: "",
    Address2: null,
    County: "",
    DateOfBirth : new Date().toISOString().substring(0,10),
    FirstName: "",
    LastName: "",
    PersonId : "",
    PhoneNumber: "",
    Postcode: "",
    Town: ""
  }
  public render() {
    return (
      <Container>
        <PersonalDetails DefaultState={this.defaultPerson} />
      </Container>
    );
  }
}
```

> 📷 注意 当我们把日期绑定到日期选取器组件时，JavaScript 中的日期处理会让人沮丧。日期选取器期待接受 YYYY-MM-DD 格式的日期。因此，我们使用 new Date().toISOString().substring(0,10) 语法来获取今天的日期（这个日期包括时间部分），然后只从中取出 YYYY-MM-DD 部分。虽然日期选取器期待日期为这种格式，但是并没有规定这是屏幕上显示的格式。屏幕上的显示格式应该符合用户的区域设置。

我们做了一些修改来支持传入属性，其中用到了绑定。在 render 方法内，我们设置了 Default={this.defaultPerson}，这就用到了绑定。通过在这里使用 {}，我们告诉 React 想要绑定到某个东西，可以是属性，也可以是事件。在 React 中会经常遇到绑定。

接下来，我们将向 PersonalDetails.tsx 添加一个构造函数，用来支持 App.tsx 传入的属性：

```
private defaultState: Readonly<IPersonState>;
constructor(props: IProps) {
  super(props);
  this.defaultState = props.DefaultState;
  this.state = props.DefaultState;
}
```

这里做了两个工作。首先，设置了必要时可以返回到的默认状态，这个状态来自父组件；其次，我们设置了这个页面的状态。因为 React.Component 提供了 state 属性，所以我们不需要在代码中自己创建。关于如何将父组件的属性绑定到状态，这是我们要学习的最后一部分内容。

💿 提示　对状态的修改不会反映到父组件的属性上。如果我们想显式地设置父组件的值，需要触发对 props.DefaultState 的修改。建议只要有可能，就避免直接这么操作。

现在设置名和姓元素来使用状态绑定。如果在代码中更新了名或姓的状态，UI 中的相应元素将自动更新。因此，我们根据需求修改条目：

```
<Row>
  <Col><input type="text" id="firstName" className="form-control"
value={this.state.FirstName} placeholder="First name" /></Col>
  <Col><input type="text" id="lastName" className="form-control"
value={this.state.LastName} placeholder="Last name" /></Col>
</Row>
```

现在，如果运行应用程序，条目将绑定到底层的状态。但是，这段代码有一个问题。如果我们试着在文本框中键入内容，会发现什么都没有发生。实际输入的文本被拒绝接受。这并不意味着我们在什么地方做错了，而是还没有完成全部工作。需要理解的是，React 为我们提供了状态的一个只读版本。如果想让 UI 更新底层的状态，则需要显式地选择支持这种行为，即我们需要响应修改，然后相应地设置状态。首先编写一个事件处理程序，在文本发生变化时设置状态：

```
private updateBinding = (event: any) => {
  switch (event.target.id) {
    case `firstName`:
      this.setState({ FirstName: event.target.value });
      break;
    case `lastName`:
      this.setState({ LastName: event.target.value });
      break;
  }
}
```

然后就可以更新输入，使用 onChange 属性来触发更新。同样，使用绑定将 onChange 事件与其触发的代码关联起来：

```
<Row>
  <Col>
    <input type="text" id="firstName" className="form-control"
value={this.state.FirstName} onChange={this.updateBinding}
placeholder="First name" />
  </Col>
  <Col><input type="text" id="lastName" className="form-control"
value={this.state.LastName} onChange={this.updateBinding} placeholder="Last
name" /></Col>
</Row>
```

从这段代码可以清晰地看到，this.state 使我们能够访问在组件中设置的底层状态，我们需要使用 this.setState 来修改这个状态。this.setState 的语法看起来应该很熟悉，因为它将键匹配到值，这是之前在 TypeScript 中多次见过的语法。现在，我们可以更新其余输入组件来支持这种双向绑定。首先，像下面这样扩展 updateBinding 代码：

```
private updateBinding = (event: any) => {
  switch (event.target.id) {
    case `firstName`:
      this.setState({ FirstName: event.target.value });
      break;
    case `lastName`:
      this.setState({ LastName: event.target.value });
      break;
    case `addr1`:
      this.setState({ Address1: event.target.value });
      break;
    case `addr2`:
      this.setState({ Address2: event.target.value });
      break;
    case `town`:
      this.setState({ Town: event.target.value });
      break;
    case `county`:
      this.setState({ County: event.target.value });
      break;
    case `postcode`:
      this.setState({ Postcode: event.target.value });
      break;
    case `phoneNumber`:
      this.setState({ PhoneNumber: event.target.value });
      break;
    case `dateOfBirth`:
      this.setState({ DateOfBirth: event.target.value });
      break;
  }
}
```

我们不会将需要对实际输入做的修改整个放到一块，而是需要更新每个输入，将其值匹配到合适的状态元素，然后在每个 case 中添加相同的 onChange 处理程序。

提
示   因为 Address2 可以为 null，所以我们在绑定上使用 ! 运算符，使其看起来稍微有
点区别：value={this.state.Address2!}。

3.8 验证用户输入及验证器的使用

现在，我们应该考虑验证用户的输入了。我们将在代码中引入两种类型的验证。第一
种是最短长度验证。换言之，我们将确保某些输入必须至少有一定数量的字符，才会被视为
有效的输入。第二种是使用正则表达式进行验证。这种验证将输入与一组规则进行比较，判
断是否存在匹配。如果新接触正则表达式，可能会认为这种表达式看起来很奇怪，所以我们
通过分解表达式的各个部分，来说明应用了什么规则。

我们将把验证分为三个部分：

①提供检查功能（如应用正则表达式）的类。我们将把这些类称作验证器。

②对状态的不同部分应用验证项的类。我们将把这些类称作验证。

③调用验证项并使用验证失败时的详细信息来更新 UI 的组件。这是一个新组件，叫作
FormValidation.tsx。

我们首先创建一个接口，命名为 IValidator。这个接口将接受一个泛型参数，从而允
许我们将它应用到几乎任何东西。因为验证将告诉我们输入是否有效，所以接口提供了一个
IsValid 方法，它接受相关的输入，返回一个 boolean 值：

```
interface IValidator<T> {
  IsValid(input : T) : boolean;
}
```

我们将编写的第一个验证器检查字符串是否包含最小数量的字符，这个字符数通过
构造函数指定。我们还将防范用户没有提供输入的情形，这是通过在输入为 null 时，让
IsValid 返回 false 实现的：

```
export class MinLengthValidator implements IValidator<StringOrNull> {
  private minLength : number;
  constructor(minLength : number) {
    this.minLength = minLength;
  }
  public IsValid(input : StringOrNull) : boolean {
    if (!input) {
      return false;
    }
    return input.length >= this.minLength;
  }
}
```

要创建的另外一个验证器稍微复杂一点。这个验证器接受一个字符串，并使用该字符
串创建正则表达式。正则表达式实际上是一种迷你语言，提供了一套规则来测试输入字符

串。在这里，构成正则表达式的规则被传入构造函数。然后，构造函数将实例化 JavaScript 正则表达式引擎（RegExp）的一个实例。与最小长度验证类似，当没有输入的时候，我们确保返回 false。如果有输入，就返回正则表达式测试的结果：

```typescript
import { StringOrNull } from 'src/Types';

export class RegularExpressionValidator implements IValidator<StringOrNull>
{
  private regex : RegExp;
  constructor(expression : string) {
    this.regex = new RegExp(expression);
  }
  public IsValid (input : StringOrNull) : boolean {
    if (!input) {
      return false;
    }
    return this.regex.test(input);
  }
}
```

有了验证器，接下来将探讨如何应用它们。我们首先定义一个接口，作为想要验证完成什么工作的一个契约。接口中的 Validate 方法将接受组件的 IPersonState 状态，验证其中的项，然后返回验证失败构成的数组：

```typescript
export interface IValidation {
  Validate(state : IPersonState, errors : string[]) : void;
}
```

现在进行以下三种验证：
①验证地址。
②验证姓名。
③验证电话号码。

3.8.1　验证地址

地址验证将使用 MinLengthValidator 和 RegularExpressionValidator 验证器：

```typescript
export class AddressValidation implements IValidation {
  private readonly minLengthValidator : MinLengthValidator = new
MinLengthValidator(5);
  private readonly zipCodeValidator : RegularExpressionValidator
    = new RegularExpressionValidator("^[0-9]{5}(?:-[0-9]{4})?$");
}
```

最小长度验证器很简单。如果你以前没有接触过正则表达式，则可能认为正则表达式很吓人。在说明验证代码之前，先来分解这个正则表达式，说明其作用。

第一个字符 ^ 说明从字符串的开头位置开始验证。如果不使用这个字符，那么匹配将可能出现在文本中的任意位置。[0-9] 告诉正则表达式引擎，我们想要匹配数字。严格来说，因为美国邮编以 5 个数字开头，所以我们需要告诉验证器想要匹配 5 个数字，这是通过告诉引擎匹配几个数字实现的：[0-9]{5}。如果我们只想匹配大地区的邮编，例如 10023，那么几乎就可以结束表达式了。但是邮编还有可选的 4 个数字，通过短横线与主要部分隔开。因此，我们必须告诉正则表达式引擎，还有一个可选的部分需要匹配。

我们知道，邮编可选部分的格式是短横线带 4 个数字。这意味着正则表达式的下个部分必须作为整体进行检测。因此，我们不能先检测短横线，然后单独检测数字，而应该将其视为整体。我们要么有 -1234 这种格式，要么没有。这说明，我们需要把要检测的项组合到一起。在正则表达式中进行组合的方法是把表达式放到方括号内。因此，如果应用与前面相同的逻辑，我们可能会认为这部分验证应该写作 (-[0-9]{4})。作为第一遍写出的表达式，这已经很接近我们想要的结果了。这个规则检测一个组合，组合的第一个字符必须是短横线，之后必须有 4 个数字。但是，这部分验证有两个问题需要解决。第一，现在的检测不是可选的。换句话说，输入 10012-1234 是有效的，但是输入 10012 不再有效。第二，我们在表达式中创建了所谓的捕获组，但是我们不需要捕获组。

注
意　捕获组是一个编号组，代表了匹配的编号。如果我们想在文档中的多个位置匹配相同的文本，这很有用；但因为我们只想做一次匹配，所以可以避免使用捕获组。

我们将使用验证的可选部分解决这两个问题。首先，我们来移除捕获组。这是通过使用 ?: 运算符完成的，该运算符告诉引擎，这个组是非捕获组。接下来，我们将应用一个 ? 运算符，指出让匹配只发生 0 次或 1 次。换句话说，我们让这个检测成为可选检测。现在，我们就可以成功地检测 10012 和 10012-1234，但是还有一个问题要处理。我们需要确保用户输入只匹配这个输入。换句话说，我们不想输入的末尾出现多余字符，否则，在用户输入 10012-12345 后，引擎会认为输入是有效的。我们需要在表达式末尾添加 $ 运算符，指出表达式认为该位置就是内容的结尾。现在，正则表达式变成了 ^[0-9]{5}(?:-[0-9]{4})?$，符合我们想要对邮编应用的验证。

提
示　选择显式地使用 [0-9] 来代表数字，因为新接触正则表达式的人很容易理解这代表 0 到 9 之间的数字。其实还有一种等效的简写方法可用来代表单个数字，即 \d。使用这种简写方法时，可以把上面的正则表达式改写为 ^\d{5}(?:-\d{4})?$。这里使用的 \d 代表单个 **ASCII**（American Standard Code for Information Interchange）数字。

回到地址验证问题。实际的验证本身极为直观，因为我们花时间编写的验证器为我们完成了主要的工作。我们只需要对第一行地址、镇和县应用最小长度验证器，对邮编应用正则表达式验证器。每个失败的验证项将被添加到错误列表中：

```
public Validate(state: IPersonState, errors: string[]): void {
  if (!this.minLengthValidator.IsValid(state.Address1)) {
    errors.push("Address line 1 must be greater than 5 characters");
  }
  if (!this.minLengthValidator.IsValid(state.Town)) {
    errors.push("Town must be greater than 5 characters");
  }
  if (!this.minLengthValidator.IsValid(state.County)) {
    errors.push("County must be greater than 5 characters");
  }
  if (!this.zipCodeValidator.IsValid(state.Postcode)) {
    errors.push("The postal/zip code is invalid");
  }
}
```

3.8.2 验证姓名

姓名验证是我们要编写的最简单的验证。这种验证假定名最少有一个字母，姓最少有两个字母：

```
export class PersonValidation implements IValidation {
  private readonly firstNameValidator : MinLengthValidator = new
MinLengthValidator(1);
  private readonly lastNameValidator : MinLengthValidator = new
MinLengthValidator(2);
  public Validate(state: IPersonState, errors: string[]): void {
    if (!this.firstNameValidator.IsValid(state.FirstName)) {
      errors.push("The first name is a minimum of 1 character");
    }
    if (!this.lastNameValidator.IsValid(state.FirstName)) {
      errors.push("The last name is a minimum of 2 characters");
    }
  }
}
```

3.8.3 验证电话号码

我们将把电话号码验证分解为两个部分。首先，验证用户输入了电话号码。然后，使用正则表达式确认电话号码的格式正确。在分析这个正则表达式之前，先来看看这个验证类是什么样子的：

```
export class PhoneValidation implements IValidation {

  private readonly regexValidator : RegularExpressionValidator = new
RegularExpressionValidator(`^(?:\\((?:[0-9]{3})\\)|(?:[0-9]{3}))[-.
]?(?:[0-9]{3})[-. ]?(?:[0-9]{4})$`);
  private readonly minLengthValidator : MinLengthValidator = new
MinLengthValidator(1);

  public Validate(state : IPersonState, errors : string[]) : void {
```

```
    if (!this.minLengthValidator.IsValid(state.PhoneNumber)) {
      errors.push("You must enter a phone number")
    } else if (!this.regexValidator.IsValid(state.PhoneNumber)) {
      errors.push("The phone number format is invalid");
    }
  }
}
```

这个正则表达式一开始看起来比邮编验证更加复杂，但是，当分解以后，会发现它有许多熟悉的元素。它使用 ^ 从一行内容的开头进行捕获，使用 $ 捕获到内容末尾，使用 ?: 创建非捕获组。还可以看到，我们设置了匹配数，例如使用 [0-9]{3} 代表 3 个数字。如果逐段拆分这个表达式，会发现这其实是一种直观的验证。

电话号码的第一部分的格式要么是 (555)，要么是 555 后跟短横线、点或者空格。一开始看上去，(?:\\((?:[0-9]{3})\\)|(?:[0-9]{3}))[-.]? 是表达式中最令人生畏的部分。我们知道，电话号码的第一个部分要么是 (555)，要么是 555，这意味着我们要进行的是二选一的检测。我们已经看到，(和) 对正则表达式引擎有特殊意义，所以必须有某种机制能够让我们表达，我们要查看的是实际的括号，而不是括号所代表的表达式。这正是表达式中的 \\ 部分的含义。

> **注意** 在正则表达式中使用 \ 可以转义下一个字符，将其按字面处理，而不是作为构成规则、将被匹配的表达式。另外，因为 TypeScript 已经将 \ 作为转义符，所以我们还需要将转义符转义，使表达式引擎能够看到正确的值。

当想让正则表达式表达要么是这个值、要么是那个值的时候，我们把表达式组合起来，然后使用 | 将其分开。观察表达式会发现，我们首先查看 (nnn) 部分，如果没有匹配上，就查看 nnn 部分。

我们还提到，这个值的后面可以有短横线、点或空格。我们使用 [-.] 来匹配这个列表中的单个字符，并在最后加上 ?，使其成为可选的检测。

知道了这些以后，可以看到正则表达式的下一个部分 (?:[0-9]{3})[-.]? 查找 3 个数字，后面可能带有一个短横线、点或者空格。最后一个部分 (?:[0-9]{4}) 指出必须以 4 个数字结束。现在，我们就知道可以匹配 (555) 123-4567、123.456.7890 和 (555) 543 9876 这样的数字。

> **提示** 对于我们的目的，这种简单的邮编和电话号码验证的效果就很好。但是，在大型应用程序中，我们不希望依赖于这种验证，因为它们只检查数据是否是特定的格式，而不会检查它们是不是真实的地址或电话。如果我们的应用程序需要验证地址或者电话号码是否真实，则需要在应用程序中使用能够完成这类检查的服务。

3.9 在 React 组件中应用验证

在模拟布局中，我们指出想要在 Save 和 Clear 按钮的下方提供验证功能。虽然可以在主组件中进行验证，但是我们将把验证放到单独的验证组件中。验证组件将接收主组件的当前状态，每当状态变化时应用验证，并使用返回值告诉我们是否能够保存数据。

与创建 PersonalDetails 组件的方式类似，我们将创建要传递给组件的属性：

```
interface IValidationProps {
  CurrentState : IPersonState;
  CanSave : (canSave : boolean) => void;
}
```

我们将在 FormValidation.tsx 中创建一个组件，使其应用刚刚创建的不同的 IValidation 类。构造函数只是将不同的验证器添加到数组中，稍后我们将迭代该数组来应用验证：

```
export default class FormValidation extends
React.Component<IValidationProps> {
  private failures : string[];
  private validation : IValidation[];

  constructor(props : IValidationProps) {
    super(props);
    this.validation = new Array<IValidation>();
    this.validation.push(new PersonValidation());
    this.validation.push(new AddressValidation());
    this.validation.push(new PhoneValidation());
  }

  private Validate() {
    this.failures = new Array<string>();
    this.validation.forEach(validation => {
      validation.Validate(this.props.CurrentState, this.failures);
    });

    this.props.CanSave(this.failures.length === 0);
  }
}
```

在 Validate 方法中，我们使用 forEach 来应用每种验证，最后调用属性的 CanSave 方法。

在添加 render 方法之前，先回到 PersonalDetails，在其中添加 FormValidation 组件：

```
<Row><FormValidation CurrentState={this.state} CanSave={this.userCanSave}
/></Row>
```

userCanSave 方法如下所示：

```
private userCanSave = (hasErrors : boolean) => {
  this.canSave = hasErrors;
}
```

每当更新验证时，Validate 方法将回调已经作为属性传入的 userCanSave。

要运行验证，最后要做的是在 render 方法中调用 Validate 方法。之所以这么做，是因为每当父组件的状态发生变化时，就会调用渲染周期。当有了一个验证失败列表后，需要把它们作为要渲染到界面中的元素，添加到 DOM 中。为此，一种简单的方法是创建所有失败的一个映射，并通过函数的形式提供一个迭代器，用来遍历每个失败，并将每个失败作为一行写入界面：

```
public render() {
  this.Validate();
  const errors = this.failures.map(function it(failure) {
    return (<Row key={failure}><Col><label>{failure}</label></Col></Row>);
  });
  return (<Col>{errors}</Col>)
}
```

现在，每当在应用程序内修改状态时，就会自动触发验证，失败的验证将作为一个 label 标签写入浏览器。

3.10　创建数据并把数据发送给 IndexedDB 数据库

在使用应用程序的过程中，如果不能保存个人信息，供下一次返回应用程序时使用，那么用户体验会非常糟糕。好消息是较新的 Web 浏览器提供了对 IndexedDB 的支持，这是一个基于 Web 浏览器的数据库。将 IndexedDB 用作数据存储，意味着当我们重新打开页面时，个人信息仍然是可用的。

在使用数据库的过程中，需要记住两点。我们需要添加代码来构建数据库表，还需要添加代码来将记录保存到数据库中。在开始编写数据库表之前，我们将添加描述数据库的能力，以便能够构建数据库。

接下来，我们将创建一个流畅接口，用来添加 ITable 公开的信息：

```
export interface ITableBuilder {
  WithDatabase(databaseName : string) : ITableBuilder;
  WithVersion(version : number) : ITableBuilder;
  WithTableName(tableName : string) : ITableBuilder;
  WithPrimaryField(primaryField : string) : ITableBuilder;
  WithIndexName(indexName : string) : ITableBuilder;
}
```

流畅接口的思想是允许将方法链接起来，从而能够更简单地阅读它们。流畅接口鼓励将方法操作放到一起，这样一来，因为操作被分组到一起，就更容易理解实例上发生了什么。这里的这个接口是流畅的，因为方法都返回了 ITableBuilder，它们的实现使用 return `this;` 来允许把操作链接起来。

🔍 **注意** 在流畅接口中，并非所有方法都是流畅的。如果在接口中创建了非流畅方法，则调用链到该方法就结束了。当类需要设置一些属性，然后构建该类的一个具有这些属性的实例时，有时候会使用这种方法。

要构建表，另外一项工作是从生成器获取值。因为我们想让流畅接口完全只处理添加细节，所以编写另外一个接口来获取这些值并生成 IndexedDB 数据库：

```
export interface ITable {
  Database() : string;
  Version() : number;
  TableName() : string;
  IndexName() : string;
  Build(database : IDBDatabase) : void;
}
```

虽然这两个接口实现不同的作用，并且类使用它们的方式也不同，但是它们都引用相同的底层代码。当编写类来公开这些接口时，将在同一个类中实现这两个接口。这是为了根据调用代码看到的接口实现不同的行为。表生成类的定义如下所示：

```
export class TableBuilder implements ITableBuilder, ITable {
}
```

当然，如果现在就生成表，代码将会失败，因为我们还没有实现它用到的两个接口。这个类的 `ITableBuilder` 部分代码如下所示：

```
private database : StringOrNull;
private tableName : StringOrNull;
private primaryField : StringOrNull;
private indexName : StringOrNull;
private version : number = 1;
public WithDatabase(databaseName : string) : ITableBuilder {
  this.database = databaseName;
  return this;
}
public WithVersion(versionNumber : number) : ITableBuilder {
  this.version = versionNumber;
  return this;
}
public WithTableName(tableName : string) : ITableBuilder {
  this.tableName = tableName;
  return this;
}
public WithPrimaryField(primaryField : string) : ITableBuild
  this.primaryField = primaryField;
  return this;
}
```

```
public WithIndexName(indexName : string) : ITableBuilder {
  this.indexName = indexName;
  return this;
}
```

这段代码大部分是简单代码。我们定义了许多成员变量来保存详细信息，并且每个方法将负责填充一个值。return 语句中的代码比较值得注意。通过返回 this，我们能够将每个方法链接到一起。在添加对 ITable 的支持前，我们通过创建一个类来添加个人信息表定义，探索如何使用这个流畅接口：

```
export class PersonalDetailsTableBuilder {
  public Build() : TableBuilder {
    const tableBuilder : TableBuilder = new TableBuilder();
    tableBuilder
      .WithDatabase("packt-advanced-typescript-ch3")
      .WithTableName("People")
      .WithPrimaryField("PersonId")
      .WithIndexName("personId")
      .WithVersion(1);
    return tableBuilder;
  }
}
```

这段代码创建一个表生成器将数据库名称设置为 packtadvanced-typescript-ch3，向其添加 People 表，将主键字段设为 PersonId，并创建一个名为 personId 的索引。

现在就看到了流畅接口的应用。接下来，我们需要添加 ITable 方法来完成 TableBuilder 类：

```
public Database() : string {
  return this.database;
}
public Version() : number {
  return this.version;
}

public TableName() : string {
  return this.tableName;
}

public IndexName() : string {
  return this.indexName;
}

public Build(database : IDBDatabase) : void {
  const parameters : IDBObjectStoreParameters = { keyPath :
this.primaryField };
  const objectStore = database.createObjectStore(this.tableName,
parameters);
  objectStore!.createIndex(this.indexName, this.primaryField);
}
```

在这段代码中，Build 方法最值得注意。在 Build 方法中，我们使用底层的 IndexedDB 数据库的方法来物理创建表。IDBDatabase 是 IndexedDB 数据库的连接，当我们开始编写核心数据库功能时会获取这个连接。我们使用这个数据库连接来创建对象存储，以便在其中存储联系人记录。设置 keyPath 为对象存储提供一个可以搜索的字段，所以它将是一个字段的名称。当添加索引时，可以告诉对象存储哪些字段应该是可被搜索的。

3.10.1 在状态中添加对记录状态的支持

在查看实际的数据库代码之前，需要介绍最后一块拼图：我们将要存储的对象。在处理状态时，我们一直在使用 IPersonState 来代表联系人的状态，从 PersonalDetails 组件的角度来说，这就足够了。但在使用数据库时，我们想扩展这个状态。我们将引入一个新的 IsActive 参数，用来确定是否在屏幕上显示一个联系人。我们不需要修改 IPersonState 的实现来添加此功能，而是使用一个交叉类型来处理这种需求。首先添加一个包含此激活标志的类，然后创建交叉类型：

```
export interface IRecordState {
  IsActive : boolean;
}
export class RecordState implements IRecordState {
  public IsActive: boolean;
}

export type PersonRecord = RecordState & IPersonState;
```

使用数据库

现在我们能够生成表并将记录状态保存到表中，接下来就可以将注意力放到连接数据库并实际操纵数据库中的数据了。首先将类定义成一个泛型，使其可以处理任何扩展了刚才实现的 RecordState 类的类型：

```
export class Database<T extends RecordState> {

}
```

之所以需要指定在这个类中接受什么类型，是因为类中的大部分方法要么接受该类型的实例作为参数，要么返回该类型的实例供调用代码使用。

IndexedDB 已经成为标准的客户端数据库，可以直接从 window 对象访问。TypeScript 提供了强健的接口来支持数据库，将其作为 IDBFactory 类型公开。这对我们来说很重要，因为我们能够使用该类型来访问一些操作，如打开数据库。实际上，我们的代码必须从这里开始操纵数据。

每当要打开数据库时，都需要提供数据库的名称和版本。如果数据库名称不存在，或者我们试图打开新版本的数据库，那么应用程序代码需要升级该数据库。这就需要用到 TableBuilder 代码，因为 TableBuilder 实现了 ITable 接口来提供读取值和生成底层数据库表的能力（稍后将看到，我们将把表的实例传入构造函数）。

一开始使用 IndexedDB 时可能会感到有点奇怪，因为 IndexedDB 很强调使用事件处理程序。例如，当试图打开数据库时，如果代码判断需要进行升级，就会触发 upgradeneeded 事件。我们使用 onupgradeneeded 来处理该事件。使用事件允许我们的代码异步操作，因为代码不需要等待一个操作完成，就可以继续执行下一个操作。之后，当事件处理程序触发时，将接管处理。当我们在这个类中添加自己的数据方法时，会经常见到这种处理。

了解了这一点后，就可以编写 OpenDatabase 方法，让其使用 Version 方法给出的值打开数据库。第一次执行这个方法时，需要编写数据库表。虽然是一个新表，但是将把该表视为一次升级，所以将触发 upgradeneeded 事件。我们再次看到在 PersonalDetailsTableBuilder 中生成数据库的好处，这使数据库代码不需要知道如何生成表。打开数据库时将触发 onsuccess 处理程序，在其中设置一个实例级别的 database 成员供后面使用：

```
private OpenDatabase(): void {
    const open = this.indexDb.open(this.table.Database(),
this.table.Version());
    open.onupgradeneeded = (e: any) => {
        this.UpgradeDatabase(e.target.result);
    }
    open.onsuccess = (e: any) => {
        this.database = e.target.result;
    }
}

private UpgradeDatabase(database: IDBDatabase) {
    this.database = database;
    this.table.Build(this.database);
}
```

现在，我们已经有能力生成和打开表，接下来编写一个构造函数，让它接受 ITable 实例并使用该实例来生成表：

```
private readonly indexDb: IDBFactory;
private database: IDBDatabase | null = null;
private readonly table: ITable;

constructor(table: ITable) {
    this.indexDb = window.indexedDB;
    this.table = table;
    this.OpenDatabase();
}
```

在开始编写处理数据的代码之前，还需要为这个类编写最后一个帮助方法。为了向数据库写入数据，需要创建一个事务，在其中检索对象存储的一个实例。对象存储实际上代表数据库中的一个表。如果我们需要读取或写入数据，就需要一个对象存储。因为这种需求很常见，所以创建一个 `GetObjectStore` 方法来返回对象存储。为了方便起见，我们将允许事务将每个操作视为读或写操作（在调用事务时将指定是读还是写操作）：

```
private GetObjectStore(): IDBObjectStore | null {
    try {
        const transaction: IDBTransaction =
this.database!.transaction(this.table.TableName(), "readwrite");
        const dbStore: IDBObjectStore =
transaction.objectStore(this.table.TableName());
        return dbStore;
    } catch (Error) {
        return null;
    }
}
```

> 📷 **注意** 在查看代码的过程中，你会发现本书将这些方法命名为 `Create`、`Read`、`Update` 和 `Delete`。前两个方法常常被命名为 `Load` 和 `Save`，但是，本书有意选择不同的方法名称，是因为在处理数据库中的数据时，常常使用术语 CRUD 操作，其中 **CRUD** 指的是 **Create**（创建）、**Read**（读取）、**Update**（更新）和 **Delete**（删除）。通过采用这种命名约定，希望能够帮助你强化这种联系。

我们将添加的第一个、也是最简单的方法允许在数据库中保存记录。`Create` 方法接受一条记录，获取对象存储，然后把该记录添加到数据库中：

```
public Create(state: T): void {
    const dbStore = this.GetObjectStore();
    dbStore!.add(state);
}
```

在一开始编写本章的代码时，让 `Read` 和 `Write` 方法使用回调方法。回调方法背后的思想接受一个函数，使得当触发 `success` 事件处理程序时，我们的方法可以回调该函数。查看大量 IndexedDB 示例后会发现，它们许多都采用这种类型的约定。在介绍最终版本之前，我们先来看看最初的 `Read` 方法是什么样子的：

```
public Read(callback: (value: T[]) => void) {
    const dbStore = this.GetObjectStore();
        const items : T[] = new Array<T>();
        const request: IDBRequest = dbStore!.openCursor();
        request.onsuccess = (e: any) => {
            const cursor: IDBCursorWithValue = e.target.result;
            if (cursor) {
                const result: T = cursor.value;
                if (result.IsActive) {
                    items.push(result);
                }
                cursor.continue();
```

```
        } else {
            // When cursor is null, that is the point that we want to
            // return back to our calling code.
            callback(items);
        }
    }
}
```

这个方法首先获取对象存储，然后使用该对象存储打开一个游标。游标使我们能够读取一条记录，然后移动到下一条记录。当打开游标时，将触发 success 事件，进入 onsuccess 事件处理程序。这是异步发生的，Read 方法将能够完成，所以我们依赖于回调来将实际的值传递给调用 Read 方法的类。callback: (value: T[]) => void 就是实际的回调，我们将用它来把 T 值的数组返回给调用代码。

在 success 事件处理程序中，我们获取事件的结果，即一个游标。假设该游标不为 null，则从游标获取结果记录，如果该记录的状态是激活的，就把该记录添加到数组中；这就是我们为什么要对类应用泛型约束的原因——为了能够访问 IsActive 属性。然后，调用游标的 continue 方法，移动到下一条记录。continue 方法将导致 success 事件再次触发，将再次进入 onsuccess 处理程序，对下一条记录执行相同的代码。当没有下一条记录时，游标将变为 null，此时代码将把值数组返回给调用代码。

前面提到，这是代码的最初实现。虽然回调很有用，但是却没有真正利用 TypeScript 提供给我们的强大能力。回调没有用到代码库中的 Promise。因为我们依赖于 Promise，所以将把所有的记录收集到一起，然后返回给调用代码。这意味着 success 处理程序中的逻辑需要有一点结构上的变化：

```
public Read() : Promise<T[]> {
    return new Promise((response) => {
        const dbStore = this.GetObjectStore();
        const items : T[] = new Array<T>();
        const request: IDBRequest = dbStore!.openCursor();
        request.onsuccess = (e: any) => {
            const cursor: IDBCursorWithValue = e.target.result;
            if (cursor) {
                const result: T = cursor.value;
                if (result.IsActive) {
                    items.push(result);
                }
                cursor.continue();
            } else {
                // When cursor is null, that is the point that we want to
                // return back to our calling code.
                response(items);
            }
        }
    });
}
```

因为现在返回一个 Promise，所以我们在方法签名中去掉了回调，并返回 T 数组的一个 Promise。需要知道的是，用于存储结果的数组的作用域必须在 success 事件处理程序之外，否则每次进入 onsuccess 时，都会重新分配数组。关于这段代码，需要注意的是它与回调版本很相似。我们只是修改了返回类型，并在方法签名中删掉了回调。Promise 的 response 部分取代了回调。

> 🎯 提示　一般来说，如果代码接受回调，就可以通过返回一个 Promise，并将回调从方法签名移动到 Promise 中，来将回调转换成为 Promise。

游标的逻辑是相同的，因为我们依赖于游标来检查是否有值，并把值添加到数组中。当没有更多记录时，就调用 Promise 的 response，使调用代码可以在 Promise 的 then 部分使用它。为了演示这一点，我们来看 PersonalDetails 中的 loadPeople 代码：

```
private loadPeople = () => {
  this.people = new Array<PersonRecord>();
  this.dataLayer.Read().then(people => {
    this.people = people;
    this.setState(this.state);
  });
}
```

Read 方法是我们的 CRUD 操作中最复杂的部分。接下来要编写的方法是 Update。当更新记录后，我们希望重新加载列表中的记录，以便对名或姓的修改更新到屏幕上。对象存储上更新记录的操作是 put。如果该操作成功完成，就会引发 success 事件，导致代码调用 Promise 的 resolve 属性。因为我们返回的是 Promise<void> 类型，所以在调用时能够使用 async/await 语法：

```
public Update(state: T) : Promise<void> {
    return new Promise((resolve) =>
    {
        const dbStore = this.GetObjectStore();
        const innerRequest : IDBRequest = dbStore!.put(state);
        innerRequest.onsuccess = () => {
          resolve();
        }
    });
}
```

最后要编写的数据库方法是 Delete。Delete 方法的语法与 Update 方法非常类似，唯一的区别在于它只接受一个索引，用来指定要删除数据库中的哪一行：

```
public Delete(idx: number | string) : Promise<void> {
    return new Promise((resolve) =>
    {
        const dbStore = this.GetObjectStore();
```

```
        const innerRequest : IDBRequest = dbStore!.delete(idx.toString());
        innerRequest.onsuccess = () => {
          resolve();
        }
      });
    }
```

3.10.2　从 PersonalDetails 访问数据库

现在向 PersonalDetails 类添加数据库支持。首先更新成员变量和构造函数，以引入数据库支持，并存储想要显示的联系人列表：

①首先添加成员：

```
private readonly dataLayer: Database<PersonRecord>;
private people: IPersonState[];
```

②接下来更新构造函数，使用 PersonalDetailsTableBuilder 创建 TableBuilder 以连接到数据库：

```
const tableBuilder : PersonalDetailsTableBuilder = new
PersonalDetailsTableBuilder();
this.dataLayer = new Database(tableBuilder.Build());
```

③在 render 方法中显示联系人信息。与使用 map 显示验证失败类似，我们将对 people 数组应用 map：

```
let people = null;
if (this.people) {
  const copyThis = this;
  people = this.people.map(function it(p) {
  return (<Row key={p.PersonId}><Col lg="6"><label >{p.FirstName}
{p.LastName}</label></Col>
  <Col lg="3">
    <Button value={p.PersonId} color="link"
onClick={copyThis.setActive}>Edit</Button>
  </Col>
  <Col lg="3">
    <Button value={p.PersonId} color="link"
onClick={copyThis.delete}>Delete</Button>
  </Col></Row>)
  }, this);
}
```

④然后使用下面的代码呈现出来：

```
<Col>
  <Col>
  <Row>
    <Col>{people}</Col>
  </Row>
  <Row>
```

```
    <Col lg="6"><Button size="lg" color="success"
onClick={this.loadPeople}>Load</Button></Col>
    <Col lg="6"><Button size="lg" color="info"
onClick={this.clear}>New Person</Button></Col>
  </Row>
  </Col>
</Col>
```

Load 按钮是在这个类中调用 loadPeople 方法的几个位置之一。在更新和删除记录时，我们将看到其应用。

编写数据库代码时，经常会遇到这种情形：删除一条记录时，不应该在数据库中物理删除该记录。原因是有另外一条记录指向该记录，所以物理删除该记录会损坏另外一条记录。或者想要物理保留记录，可能是出于审计的考虑。在这类情况中，经常会进行所谓的"软删除"（相对应的"硬删除"是指从数据库中物理删除记录）。在软删除中，记录上有一个标志指出该记录是否是激活的。虽然 IPersonState 没有提供这个标志，但是 PersonRecord 类型提供了，因为它是 IPersonState 和 RecordsState 的交叉类型。我们的 delete 方法将把 IsActive 改为 false，然后用该值更新数据库。加载联系人的代码已经知道自己要检索 IsActive 为 true 的记录，所以一旦重新加载列表，这些删除的记录将会消失。虽然我们在数据库代码中编写了一个 delete 方法，但是实际上不会使用该方法。编写该方法只是为了方便参考，而且你可能会想要修改代码来进行硬删除，不过对于我们的目的来说，不需要这么做。

Delete 按钮将触发删除操作。因为列表中可能有多个项目，而我们不能假定用户在执行删除前会先选中一个联系人，所以在删除前，我们需要从联系人列表中找到那个人。回看呈现联系人的代码会发现，联系人的 ID 被传递给了事件处理程序。在编写事件处理程序之前，我们将编写一个方法，异步地从数据库中删除该联系人。在这个方法中，首先使用 find 数组方法找到要删除的那个人：

```
private async DeletePerson(person : string) {
  const foundPerson = this.people.find((element : IPersonState) => {
    return element.PersonId === person;
  });
  if (!foundPerson) {
    return;
  }
}
```

假设在数组中找到了这个人，则需要使其进入一个状态，让我们能够把 IsActive 设为 false。首先创建 RecordState 的一个新实例，如下所示：

```
const personState : IRecordState = new RecordState();
personState.IsActive = false;
```

我们有一个由联系人和记录状态的交叉组成的类型 PersonRecord。我们将展开 foundPerson 和 personState 来得到 PersonRecord 类型。然后调用 Update 数据库方法。当更新完成后，重新加载联系人列表，并清除编辑器中当前显示的项目，以处理刚刚删除的是当前显示的项目的情况；我们不希望用户在 `IsActive` 设为 `true` 的情况下保存该记录，而使该记录被恢复。因为我们能够对写为 Promise 的代码使用 `await`，所以将利用这个事实，等待记录完成更新，然后再继续处理：

```
const state : PersonRecord = {...foundPerson, ...personState};
await this.dataLayer.Update(state);
this.loadPeople();
this.clear();
```

`clear` 方法将状态改回默认状态。因此，我们将其传递给这个组件，以便能够轻松地将值置回默认状态：

```
private clear = () => {
  this.setState(this.defaultState);
}
```

使用 `delete` 事件处理程序时的代码如下所示：

```
private delete = (event : any) => {
  const person : string = event.target.value;
  this.DeletePerson(person);
}

private async DeletePerson(person : string) {
  const foundPerson = this.people.find((element : IPersonState) => {
    return element.PersonId === person;
  });
  if (!foundPerson) {
    return;
  }
  const personState : IRecordState = new RecordState();
  personState.IsActive = false;
  const state : PersonRecord = {...foundPerson, ...personState};
  await this.dataLayer.Update(state);
  this.loadPeople();
  this.clear();
}
```

最后要处理的数据库操作是 **Save** 按钮触发的操作。具体触发什么操作，取决于之前是否保存过该记录，这可以通过 `PersonId` 是否为空来确定。在尝试保存记录之前，需要判断是否能够保存该记录。这就需要检查验证的结果是否允许保存记录。如果仍然存在未处理的验证失败，就告知用户他们不能保存记录：

```
private savePerson = () => {
  if (!this.canSave) {
    alert(`Cannot save this record with missing or incorrect items`);
    return;
  }
}
```

与使用删除技术类似，我们将通过状态与 `RecordState` 的交叉，创建 `PersonRecord` 类型。如下所示将 `IsActive` 设为 `true`，使其成为激活的记录：

```
const personState : IRecordState = new RecordState();
personState.IsActive = true;
const state : PersonRecord = {...this.state, ...personState};
```

插入记录时，需要为其 `PersonId` 分配一个唯一值。为简单起见，使用当前的日期和时间。把联系人添加到数据库时，重新加载联系人列表，并在编辑器中清除当前记录，使用户无法通过再次单击 **Save** 按钮来插入重复记录：

```
if (state.PersonId === "") {
  state.PersonId = Date.now().toString();
  this.dataLayer.Create(state);
  this.loadPeople();
  this.clear();
}
```

更新联系人的代码利用了 Promise 的功能，使得在保存记录后立即更新联系人列表。在这种情况下，我们不需要清除当前记录，因为即使用户再次单击 **Save** 按钮，也不会创建一条新记录，而只是更新当前记录：

```
else {
  this.dataLayer.Update(state).then(rsn => this.loadPeople());
}
```

完成后的保存方法如下所示：

```
private savePerson = () => {
  if (!this.canSave) {
    alert(`Cannot save this record with missing or incorrect items`);
    return;
  }
  if (state.PersonId === "") {
    state.PersonId = Date.now().toString();
    this.dataLayer.Create(state);
    this.loadPeople();
    this.clear();
  }
  else {
    this.dataLayer.Update(state).then(rsn => this.loadPeople());
  }
}
```

我们还需要介绍最后一个方法。你可能已经注意到，当单击 **Edit** 按钮的时候，没有办法在文本框中选择和显示用户。逻辑规定，单击 **Edit** 按钮应该触发一个事件，将 `PersonId` 传递给一个事件处理程序，我们可以使用该事件处理程序从列表中找到相关的联系人；在使用 **Delete** 按钮的时候，我们已经见过这类行为，了解选择代码应该是什么样子的。获取了联系人后，调用 `setState` 更新其状态，而这将通过绑定更新显示：

```
private setActive = (event : any) => {
  const person : string = event.target.value;
  const state = this.people.find((element : IPersonState) => {
    return element.PersonId === person;
  });
  if (state) {
    this.setState(state);
  }
}
```

现在，我们已经完成了使用 React 创建联系人管理器的全部代码。满足了本章开始时确定的需求，而界面显示也足够接近模拟布局。

3.11　增强代码

Create 方法有一个潜在的问题：它假定自己会立即成功，并没有处理操作的 success 事件。另外一个问题是在记录被成功写入磁盘之前，success 事件可能触发，所以 add 操作有一个 complete 事件，而如果事务失败，就不会引发 complete 事件。你可以转换 Create 方法，使它使用一个 Promise，当引发 success 事件时就恢复处理。然后，当完成处理后，就更新组件的插入部分来重新加载。

即使用户没有正在编辑被删除的记录，删除操作也会重置状态。因此，可以增强 delete 代码，只有当被删除的是正在编辑的记录时，才重置状态。

3.12　小结

本章介绍了流行的 React 框架，并讨论了如何使用 TypeScript 和 React 框架创建一个现代的客户端应用程序，用来添加联系人信息。我们首先定义了需求，并创建了应用程序的一个模拟布局，然后使用 create-react-app 和 react-scripts-ts 脚本版本创建了基本实现。为了以对 React 友好的方式使用 Bootstrap 4，我们添加了 reactstrap 包。

在讨论了 React 如何使用特殊的 JSX 和 TSX 格式来控制其呈现方式后，我们介绍了如何定制 App 组件并添加自定义 TSX 组件。有了这些组件后，我们介绍了如何传递属性及设置状态，然后使用它们来创建双向绑定。之后，我们讨论了如何创建可重用的验证器，并将其应用到验证类来验证用户输入。在进行验证时，我们添加了两个正则表达式，并通过分析它们来帮助你理解它们的构造方式。

最后，我们介绍了如何将个人信息保存到 IndexedDB 数据库。为此，我们首先介绍了如何使用表生成器来生成数据库和表，另外还介绍了如何使用数据库。我们还将一个基于回调的方法转换为使用 Promise API，从而提供异步支持。还解释了软删除和硬删除数据的区别。

下一章将使用 Angular、MongoDB、Express 和 Node.js 构建一个相册应用程序，用到的这几种技术合称为 MEAN 栈。

习题

1. 为什么 React 能够在 `render` 方法中混合可视元素和代码？

2. 为什么 React 使用 `className` 和 `htmlFor`？

3. 我们看到，使用正则表达式 `^(?:\\((?:[0-9]{3})\\)|(?:[0-9]{3}))[-.]?(?:[0-9]{3})[-. ]?(?:[0-9]{4})$` 可验证电话号码。我们也提到另外一种方式可以代表单个数字。如何使用另外那种方式来转换这个正则表达式，使其得到相同的结果？

4. 为什么要分开创建验证器和验证代码？

5. 软删除和硬删除的区别是什么？

延伸阅读

❏ React 是一个庞大的主题。关于其背后的思想，建议阅读 *React and React Native – Second Edition* (`https://www.packtpub.com/application-development/react-and-react-native-second-edition`)。

❏ 关于通过 TypeScript 使用 React 的更多信息，建议阅读 Carl Rippon 撰写的 *Learn React with TypeScript 3* (`https://www.packtpub.com/web-development/learn-react-typescript-3`)。

❏ Packt 还出版了由 Loiane Groner 和 Gabriel Manricks 撰写的一本关于正则表达式的精彩图书，叫作 *JavaScript Regular Expressions* (`https://www.packtpub.com/web-development/javascript-regular-expressions`)，可以帮助你深化对正则表达式的理解。

MEAN 栈——构建一个相册

如今，只要编写 Node.js 应用程序，就几乎不可能没有听说过 MEAN 栈。MEAN 是一个缩写，用来描述在客户端和服务器端构建 Web 应用程序的一套常用技术，所构建出的应用程序具有持久的服务器端存储。构成 **MEAN** 栈的技术包括 **MongoDB**、**Express**（有时候叫作 **Express.js**）、**Angular** 和 **Node.js**。

在前面章节学到的知识的基础上，本章将使用 MEAN 栈编写一个相册应用程序。与前面的章节不同，本章不使用 Bootstrap，而使用 Angular Material。

本章将介绍以下主题：

❑ MEAN 栈的组成。

❑ 创建应用程序。

❑ 使用 Angular Material 创建 UI。

❑ 使用 Material 添加导航。

❑ 创建文件上传组件。

❑ 使用服务读入文件。

❑ 在应用程序中引入对 Express 的支持。

❑ 提供 Express 路由支持。

❑ MongoDB 简介。

❑ 显示图片。

❑ 使用 RxJS 监视图片。

❑ 使用 `HttpClient` 传输数据。

4.1 技术需求

完成后的项目可从 `https://github.com/PacktPublishing/Advanced-TypeScript-3` `-Programming-Projects/tree/master/Chapter04` 下载。

下载完项目后，必须使用 `npm install` 安装必要的包。

4.2 MEAN 栈

当我们使用 MEAN 栈这个术语时，指的是一套彼此独立但一起使用的 JavaScript 技术，我们使用这些技术来创建跨越客户端和服务器端的 Web 应用程序。MEAN 是一个缩写词，代表其中用到的核心技术：

- ❑ **MongoDB**：这是所谓的文档数据库，用来以 JSON 格式保存数据。文档数据库与关系数据库不同，所以如果你习惯于使用 SQL Server 或者 Oracle 这样的技术，可能需要一段时间才能适应文档数据库的工作方式。
- ❑ **Express**：这是一个基于 Node.js 的后端 Web 应用程序框架。之所以在栈中包含 Express，是因为它简化了 Node.js 在服务器端提供的一些操作。虽然 Express 能做的 Node.js 都能做，但是在 Node.js 中编写代码来添加 cookies 或者路由 Web 请求等是十分复杂的操作，Express 带来的简化能够帮助开发人员节省开发时间。
- ❑ **Angular**：Angular 是一个客户端框架，运行一个应用程序的客户端。通常，Angular 用于创建单页面应用（**Single-Page Application，SPA**），当发生导航事件时，只更新客户端的小部分，而不是重新加载整个页面。
- ❑ **Node.js**：Node.js 是应用程序的服务器端运行时环境。我们可以认为这是 Web 访问器。

图 4-1 显示了 MEAN 栈的组成技术在应用程序架构中的位置。用户看到的应用程序部分（有时候称为前端）是这幅图中的客户端。应用程序的其余部分常被称作后台，是这幅图中的 Web 服务器和数据库。

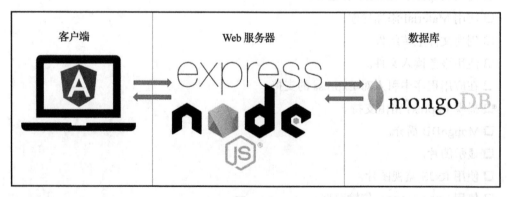

图　4-1

> **注意** 还有一个类似的栈，叫作 MERN 栈，它只不过是将 Angular 替换成了 React。

4.3　项目概述

本章要构建的项目将介绍如何编写服务器端应用程序，同时将介绍如何使用流行的 Angular 框架。我们将构建一个相册应用程序，允许用户上传照片并把它们保存到一个服务器端数据库，从而允许用户在以后查看这些照片。

参考本书在 GitHub 代码库中提供的代码时，本章的项目需要大概 3 个小时就能够完成。完成后的应用程序如图 4-2 所示。

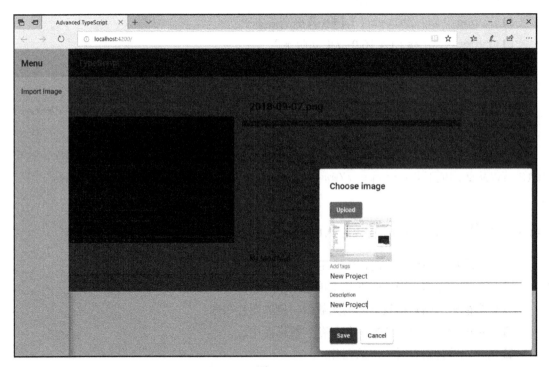

图　4-2

> **注意** 本章并不打算全面介绍 MEAN 栈的方方面面。到本章结束时，也只不过是介绍了不同技术的皮毛而已。因为本章要介绍的主题很多，所以我们将只关注这些主题，而不是关注 TypeScript 的高级功能，否则会导致要理解的内容过多，但即便如此，我们仍然将介绍泛型约束和流畅代码等功能，只不过不直接提到它们。到了现在，我们应该足够熟悉这些功能，在遇到的时候能够识别它们。

4.4 准备工作

与前一章一样，本章将使用 Node.js（可从 `https://nodejs.org` 下载）。还将使用下面的组件：

❑ Angular 命令行接口（**Command-Line Interface，CLI**）（本书使用的是 7.2.2 版本）
❑ `cors`（2.8.5 或更高版本）
❑ `body-parser`（1.18.3 或更高版本）
❑ `express`（4.16.4 或更高版本）
❑ `mongoose`（5.4.8 或更高版本）
❑ `@types/cors`（2.8.4 或更高版本）
❑ `@types/body-parser`（1.17.0 或更高版本）
❑ `@types/express`（4.16.0 或更高版本）
❑ `@types/mongodb`（3.1.19 或更高版本）
❑ `@types/mongoose`（5.3.11 或更高版本）

我 们 还 将 使 用 MongoDB，可 从 `https://www.mongodb.com/download-center/community` 下载其社区版。

MongoDB 提供了一个 GUI，可用来方便地查看、查询和编辑 MongoDB 数据库。这个 GUI 可以从此网址下载：`https://www.mongodb.com/download-center/compass`。

4.5 使用 MEAN 栈创建 Angular 相册

与前面的章节一样，我们首先来定义应用程序的需求：
❑ 用户必须能够选择一张图片来传输给服务器。
❑ 用户能够为图片提供额外的元数据，例如图片描述。
❑ 上传的图片将与元数据一起保存到数据库中。
❑ 用户能够自动查看上传的图片。

4.5.1 Angular 简介

Angular 创建之初是作为一个平台，用于组合使用 HTML 和 TypeScript 来创建客户端应用程序。Angular 最初是用 JavaScript 编写的，当时称为 Angular.js，但是后来使用 TypeScript 进行了彻底重写，名称被简化为 Angular。Angular 自身的架构围绕一系列模块，我们既可以在应用程序中引入这些模块，也可以自己编写它们。这些模块可以包含服务和组件，用来创建客户端代码。

最初推动 Angular 问世的关键因素之一是这样一种理念：重新加载 Web 页面是一种浪

费资源的行为。非常多的网站提供相同的导航、页眉、页脚、边栏等，用户每次导航到一个新页面时都加载这些元素十分浪费时间，因为它们实际上并没有发生改变。Angular 帮助推广了所谓的 SPA 架构；在这种架构中，只有页面上需要改变的部分才会被重新加载。这减少了 Web 页面需要处理的流量，所以当正确使用时，客户端应用程序的响应性就会提高。

图 4-3 显示了一个典型的 SPA 格式。页面的大部分内容在本质上是静态的，所以不需要重新发送，但是页面中心的 Junk Email 部分是动态的，所以只需要更新这个部分。这就是 SPA 的优美之处。

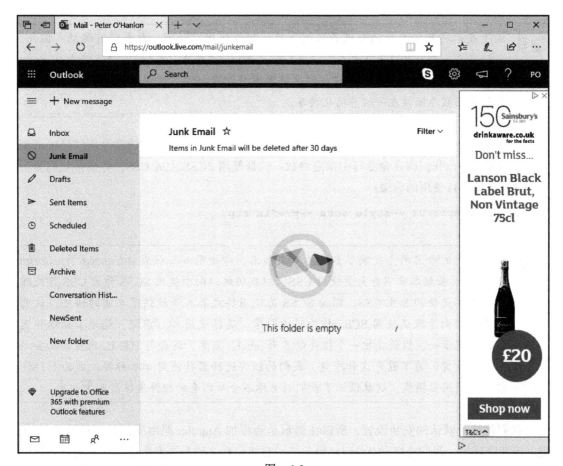

图 4-3

> **注意** 这并不意味着我们不能在 Angular 中创建多页面应用程序，而只是说除非我们确实需要创建多页面应用程序，否则在编写 Angular 应用程序时，应该选择编写 Angular SPA 应用程序。

了解了 Angular 的基础知识后，就可以使用 Angular 来编写客户端。

4.5.2 创建应用程序

除非近期已经安装了 Angular，否则需要使用 npm 来安装 Angular。我们需要安装的部分是 Angular CLI。然后，就可以在命令行提示运行命令来生成应用程序、添加组件、搭建应用程序基架等：

```
npm install -g @angular/cli
```

> 🎯 **提示** 由于我们将开发客户端和服务器端代码，所以将代码放到一起会很有帮助。因此，我们将在一个公共目录下创建 Client 和 Server 文件夹。Angular 命令将在 Client 文件夹内运行。在客户端和服务器之间共享代码是相当常见的，这种结构能够方便地将应用程序保持在一起并简化共享。

当添加 Angular CLI 时，会在系统中添加一个 ng new 命令，使用该命令能够轻松地创建一个应用程序。我们将在命令行中指定参数，选择使用 SCSS 生成 CSS，并选择我们为自己创建的任何组件使用的前缀：

```
ng new Chapter04 --style scss --prefix atp
```

> 🔍 **注意** 选择采用的命名约定反映了本书的英文书名，即使用 atp 代表 *Advanced TypeScript Projects*。虽然本章不会大量使用 CSS，但我仍然倾向于使用 SCSS 作为 CSS 预处理器，而不是使用原生 CSS，因为 SCSS 为使用样式混入等提供了丰富的语法，这意味着我倾向于默认使用 SCSS 作为样式引擎。选择使用 atp 前缀，是为了让组件选择器变得唯一。假设要把一个组件命名为 label。显然，这会与 HTML 内置的标签名称产生冲突。为了避免这种冲突，我们的组件选择器将使用 atp 标签。因为 HTML 控件不使用短横线，这就保证了我们的名称不会与已有的控件选择器发生冲突。

我们将接受默认的安装设置，所以在提示是否添加 Angular 路由支持时，只需按 Enter 键。安装完成后，我们将启动 Angular 服务器，它将监视文件是否发生变化，并动态重新生成应用程序。正常情况下，在完成这部分操作之前安装所有必要的组件，但是看看 Angular 提供给我们的起始状态很有帮助，而且能够看到实时的变化是非常有用的：

```
ng serve --open
```

与 React 不同的是，在 Angular 中打开应用程序的默认 Web 地址是 http://localhost:4200。当浏览器打开时，显示的是默认的 Angular 示例页面。显然，我们将删除其中的许多内容，但是在短时间内，我们先保留这个页面不变，而开始添加我们需要的一些基础设施。

Angular 为我们创建了许多文件，所以有必要认识一下最常使用的那些文件，并了解它们的用途。

App.Module.ts

在开发大型 Angular 应用程序时，尤其当多个团队分别负责开发整个应用程序的不同部分时，将应用程序分解成为模块是常见的做法。我们可以把这个文件看作一个入口点，用它来说明模块是如何组成的。对于我们的目的来说，感兴趣的是模块定义中包含在 @NgModule 内的两个部分。

第一个部分是 declarations 部分，它告诉 Angular 我们开发了什么组件。对于这个应用程序，我们将开发三个组件，都包含在这里：AppComponent（这是默认添加的组件）、FileuploadComponent 和 PageBodyComponent。对我们来说，幸运的是当使用 Angular CLI 来生成组件时，组件的声明将被自动添加到这个部分。

我们感兴趣的另外一个部分是 imports 部分。这个部分告诉我们需要在应用程序中导入哪些外部模块。我们并不能简单地在应用程序中引用某个外部模块的功能，而是必须告诉 Angular 我们要使用包含这个功能的模块。这意味着 Angular 非常擅长减少我们在部署应用程序时具有的依赖，因为它只会部署我们已经说明要使用的模块。

在介绍本章内容的过程中，我们将在这个部分添加条目来启用功能，例如对 Angular Material 的支持。

4.5.3　使用 Angular Material 创建 UI

这个应用程序的前端将使用 Angular Material，而不是依赖于 Bootstrap。之所以如此，是因为 Angular 应用程序广泛使用 Material。如果使用 Angular 进行商业开发，那么很可能会在某个时刻使用 Material。

Angular 团队开发了 Angular Material，以便将 Material Design 组件引入到 Angular 中。其思想是 Material Design 组件能够无缝地集成到 Angular 开发过程中，所以用起来与标准的 HTML 组件没有区别。这些设计组件使我们不再局限于单个标准控件提供的功能，所以使用它们很容易构建复杂的导航布局。

Material 组件将行为与视觉外观结合起来，使得我们不必做太多工作，就可以直接使用它们来创建看起来专业的应用程序。在某种程度上，可以认为使用 Material 与使用 Bootstrap 相似。本章将关注使用 Material，而不是 Bootstrap。

前面的段落提到，Angular Material 将 Material Design 组件引入了 Angular。如果不理解 Material Design 是什么，就很难理解这句话。在 Google 中搜索 Material Design，会得到许多结果，告诉我们 Material Design 是 Google 使用的设计语言。

当然，如果我们进行 Android 开发，会经常看到这个术语，因为 Android 和 Material 在本质上是关联在一起的。Material 背后的思想是，能够以一致的方式呈现界面元素，对用户来说是最友好的。因此，如果我们采用 Material，则对于已经使用过 Gmail 等应用程序的用户来说，我们的应用程序会让他们看起来感到很熟悉。

不过，"设计语言"这个术语的含义有些模糊。它到底意味着什么？为什么它要有自己的这个听起来很高深的名称？正如我们自己的语言可以被分解成为词和标点符号，我们可以把视觉元素分解为颜色和深度等结构。例如，设计语言告诉我们颜色代表什么，所以如果我们在应用程序的一个界面上看到了某种颜色的按钮，那么在该应用程序的其他界面上，该颜色的按钮应该具有相同的用法。我们不会在一个对话框中使用绿色按钮代表 **"确定"**，在另一个对话框中使用绿色按钮代表 **"取消"**。

Angular Material 安装起来很简单。运行下面的命令就可以添加对 Angular Material、**Component Design Toolkit（CDK）**、灵活布局和动画的支持：

```
ng add @angular/material @angular/cdk @angular/animation @angular/flex-
layout
```

在安装库的过程中，会提示我们选择使用什么主题。主题中最显眼的部分是其应用的颜色方案。

我们可以选择如下主题（链接中提供了主题示例）：

❏ 靛蓝 / 粉红 (https://material.angular.io?theme=indigo-pink)

❏ 深紫 / 黄褐 (https://material.angular.io?theme=deeppurple-amber)

❏ 粉红 / 蓝灰 (https://material.angular.io?theme=pink-bluegrey)

❏ 紫色 / 绿色 (https://material.angular.io?theme=purple-green)

❏ 自定义

对于这个应用程序，我们将使用靛蓝 / 粉红主题。

安装过程还会提示我们是否添加对 HammerJS 的支持。这个库提供了识别手势的能力，使应用程序能够响应触摸或者鼠标产生的平移、旋转操作。最后，还需要选择是否为 Angular Material 设置浏览器动画。

> 注意　CDK 是一种抽象，规定了常用 Material 功能的工作方式，但是没有规定这些功能的显示效果。如果不安装 CDK，将无法使用 Material 库的许多功能，所以确保在安装 @angular/material 时安装 CDK 非常重要。

4.5.4　使用 Material 添加导航

我们将一再看到，在应用程序中添加功能时要做的许多工作，首先都需要修改 app. module.ts 文件。Material 也不例外。我们首先在该文件中添加下面几行 import 语句：

```
import { LayoutModule } from '@angular/cdk/layout';
import { MatToolbarModule, MatButtonModule, MatSidenavModule,
```

```
MatIconModule, MatListModule } from '@angular/material';
```

现在模块已经可用，我们还需要在 NgModule 的 import 部分引用它们。在这个部分列出的任何模块，其功能都可在应用程序的模板中使用。例如，我们能够添加对边栏导航的支持，就是因为在这个部分中添加了 MatSidenavModule：

```
imports: [
    ...
    LayoutModule,
    MatToolbarModule,
    MatButtonModule,
    MatSidenavModule,
    MatIconModule,
    MatListModule,
]
```

我们将设置应用程序来使用边栏导航（导航条出现在屏幕的一侧）。从结构上看，需要添加 3 个元素来启用边栏导航：

❑ mat-sidenav-container 用于包含边栏导航。

❑ mat-sidenav 用于显示边栏导航。

❑ mat-sidenav-content 用于添加我们将要显示的内容。

我们首先将在 app.component.html 页面中添加下面的内容：

```
<mat-sidenav-container class="sidenav-container">
  <mat-sidenav #drawer class="sidenav" fixedInViewport="true"
[opened]="false">
  </mat-sidenav>
  <mat-sidenav-content>
  </mat-sidenav-content>
</mat-sidenav-container>
```

mat-sidenav 一行设置两个我们将会加以利用的行为。我们想让导航固定在视口中，并通过使用 #drawer 给它赋值了一个抽屉 ID。稍后将使用这个 ID 来触发抽屉的打开与关闭。

这行代码中最值得注意的部分可能是 [opened]="false"。这是我们在应用程序中第一次遇到绑定。这里的 [] 说明我们想要绑定到特定的属性（在这里是 opened），并将其设为 false。在本章后面将会看到，Angular 提供了丰富的绑定语法。

有了用来保存导航的容器后，我们来添加边栏导航内容。下面将添加一个工具栏来保存 Menu 文本，以及一个导航列表来允许用户导入图片：

```
<mat-toolbar>Menu</mat-toolbar>
<mat-nav-list>
  <a mat-list-item>Import Image</a>
</mat-nav-list>
```

在标准的锚标签中使用 mat-list-item，告诉 Material 引擎在列表中放置锚点。这个部分实际上是锚点的一个无序列表，使用了 Material 样式来设置样式。

现在，我们想添加切换导航的能力。为此，我们在导航内容区域添加一个工具栏。这个工具栏中将包含一个按钮，用来打开边栏导航抽屉。在 mat-sidenav-content 部分，添加下面的代码：

```
<mat-toolbar color="primary">
  <button type="button" aria-label="Toggle sidenav" mat-icon-button
(click)="drawer.toggle()">
    <mat-icon aria-label="Side nav toggle icon">menu</mat-icon>
  </button>
</mat-toolbar>
```

这个按钮使用了另外一个绑定示例——在这里是响应 click 事件——来触发指定抽屉 ID 的 mat-sidenav 项的 toggle 操作。我们不是使用 [eventName]，而是使用 (eventName) 来绑定到命令。在按钮内，我们使用 mat-icon 来代表用于切换导航的图片。Material 设计代表着展示应用程序的一种公共方式，所以按照这种理念，Angular Material 提供了许多标准的图标，例如 menu。

通过所谓的连字，我们使用的 Material 字体将某些单词（如 home 和 menu）表示为特定的图片。"连字"是一个标准的印刷术语，指的是用图片来表示一些常用的字母、数字和符号的组合。例如，如果将 mat-icon 设为 home，则将把该文本表示为主页图标。

4.5.5　创建第一个组件——FileUpload 组件

导航中的 Import Image 链接要实际做一些工作，所以我们来编写一个在对话框内显示的组件。因为我们将用这个组件来上传文件，所以把它命名为 FileUpload。创建这个组件很简单，只需要运行下面的 Angular CLI 命令：

```
ng generate component components/fileupload
```

> 🎯 **提示** 可以缩短这些标准的 Angular 命令，例如使用 ng g c 代替 ng generate component。

这个命令将创建 4 个文件。

- ❑ fileupload.component.html：组件的 HTML 模板。
- ❑ fileupload.component.scss：需要为组件转换为 CSS 的任何内容。
- ❑ fileupload.component.spec.ts：当想要对 Angular 应用程序运行单元测试时，就会用到 spec.ts 文件。Web 应用程序的测试不在本书讨论范围内，因为需要用专门的一本书的内容才能详细介绍这个主题。
- ❑ fileupload.component.ts：组件的逻辑。

> 📷 **注意** 运行 ng 命令来生成组件时，还会将其添加到 app.module.ts 的 declarations 部分。

打开 `fileupload.component.ts` 文件，可以看到其结构大致如下所示：

```
@Component({
  selector: 'atp-fileupload',
  templateUrl: './fileupload.component.html',
  styleUrls: ['./fileupload.component.scss']
})
export class FileuploadComponent implements OnInit {
  ngOnInit() {
  }
}
```

可以看到，Angular 充分利用了之前介绍过的 TypeScript 功能。在这里，`Fileupload-Component` 有一个 `Component` 装饰器，它告诉 Angular，当我们想要在 HTML 中使用 `FileuploadComponent` 实例时，使用 `atp-fileupload`。因为我们使用单独的 HTML 模板和样式，所以在 `@Component` 装饰器的其余部分指定了这些元素的位置。我们可以直接在这个类中定义样式和模板，但一般来说，把它们分开放到自己的文件中更好。

> 注
> 意
> 我们在创建应用程序时指定了 `atp` 前缀，现在可以看到这种命名约定的应用。使用有意义的名称作为前缀是一个好主意。当在团队中工作时，应该了解自己的团队遵守的标准。如果团队还没有采用一个标准，则应该花些时间，提前确定好命名约定。

对话框的功能之一是显示用户选择的图片的预览。我们将把读取图片的逻辑从组件中分离出来，以便能够将关注点干净地分离开。

1. 使用服务预览文件

开发 UI 应用程序时，面临的挑战之一是不属于某个视图的逻辑常常不声不响地混进视图中。在 ts 视图中添加一段逻辑会很方便，因为我们知道视图将调用这段逻辑，但是它做的工作不会对客户端产生可见的影响。

例如，我们可能想把 UI 中的某些值写回服务器。在这个过程中，与视图有关的只是数据部分，实际写入服务器的操作是一个完全不同的职责。如果有一种简单的方法来创建外部类，使我们能够把这些类注入任何有需要的地方，从而不必关心这些类的实例化，那么会十分方便。只要我们需要它们，它们就是可用的。幸运的是，Angular 的设计者们意识到了这种需求，所以为我们提供了服务。

服务就是一个类，它使用 `@Injectable` 装饰器，并在模块的 `declarations` 部分有一个对应的条目。除了这些需求之外就没有别的了，所以如果愿意，我们可以轻松地自己编写类。不过，并没有必要这么做，因为使用下面的命令时，Angular 会帮助我们生成服务：

```
ng generate service <<servicename>>
```

创建服务时，并不需要在服务名称的末尾添加 `service`，因为上面这个命令会自动加上该单词。为了进行演示，我们将创建一个服务，使其读入一个使用文件选择器选择的文件，从而能够在图片上传对话框和主屏幕上显示该文件，或者将其传输并保存到数据库中。
首先运行下面的命令：

```
ng generate service Services/FilePreviewService.
```

🎯 提示 我喜欢在一个 Services 子目录中生成服务。在文件名中加上 Services，就可以在该目录中创建这个文件。

---

ng generate service 命令提供了下面的基本结构：

```
import { Injectable } from '@angular/core';
@Injectable({
 providedIn: 'root'
})
export class FilePreviewService {
}
```

读取文件可能比较费时，所以我们想让这个操作异步执行。在前面的章节中讨论过，
我们可以使用回调实现异步操作，但更好的方法是使用 Promise。我们在服务中添加下面
的方法调用：

```
public async Preview(files: any): Promise<IPictureModel> {
}
```

因为我们将在这里读入文件，所以在这里创建模型，用来在应用程序中传递数据。我
们将使用的模型如下所示：

```
export interface IPictureModel {
 Image: string;
 Name: string;
 Description: string;
 Tags: string;
}
export class PictureModel implements IPictureModel {
 Image: string;
 Name: string;
 Description: string;
 Tags: string;
}
```

Image 保存将要读入的实际图片，Name 是图片文件的名称。这就是我们在此时填充模
型的原因；我们在操作文件自身，所以现在知道了文件名。Description 和 Tags 字符串将
由图片上传组件添加。虽然我们可以在此时创建一个交叉类型，但是对于这么简单的模型，
用一个模型保存它们就足够了。

使用 Promise 这个事实意味着需要从 Preview 方法返回一个合适的 Promise：

```
return await new Promise((resolve, reject) => {});
```

在 Promise 内，我们将创建模型的一个实例。作为一种最佳实践，我们将添加一些防御性代码，确保有一个图片文件。如果文件不是图片文件，则将拒绝该文件，这可以由调用代码优雅地进行处理：

```
if (files.length === 0) {
  return;
}
const file = files[0];
if (file.type.match(/image\/*/) === null) {
  reject(`The file is not an image file.`);
  return;
}
const imageModel: IPictureModel = new PictureModel();
```

执行到这个位置时，我们知道有一个有效的文件，所以接下来将使用文件名设置模型中的名称，并使用 FileReader 对象的 readAsDataURL 方法来读取图片。读取完成后，将触发 onload 事件，允许将图片数据添加到模型中。现在就可以解析 Promise：

```
const reader = new FileReader();
reader.onload = (evt) => {
  imageModel.Image = reader.result;
  resolve(imageModel);
};
reader.readAsDataURL(file);
```

2. 在对话框中使用服务

有了一个可以工作的 preview 服务后，就可以将其用在对话框中。为了使用这个服务，我们将把它传递给构造函数。因为该服务是可注入的，所以只要在构造函数中添加了合适的引用，就可以让 Angular 负责注入它。同时，我们将添加对对话框自身的引用，以及将会用在对应的 HTML 模板中的一组声明：

```
protected imageSource: IPictureModel | null;
protected message: any;
protected description: string;
protected tags: string;

constructor(
  private dialog: MatDialogRef<FileuploadComponent>,
  private preview: FilePreviewService) { }
```

> 注意　这种技术称为依赖注入，它允许 Angular 使用依赖自动构建构造函数，而不需要我们显式地用 new 来实例化它们。这个术语听起来很高深，但它只是意味着我们将类需要什么告诉 Angular，然后让 Angular 负责构造该类的对象。我们告诉 Angular 我们需要什么，而不关心它是如何构建的。类的构建可能涉及非常复杂的内部分层结构，因为依赖注入引擎可能需要构建代码也依赖的类。

添加了引用后，我们将创建一个方法来接受文件上传组件中选择的文件，并调用 Preview 方法。使用 catch 是为了处理服务中的防御性编码，以及处理用户试图上传非图片文件的情况。如果文件无效，对话框将显示一条消息，告诉用户文件无效：

```
public OnImageSelected(files: any): void {
  this.preview.Preview(files).then(r => {
    this.imageSource = r;
  }).catch(r => {
    this.message = r;
  });
}
```

对于对话框中的代码，最后还需要允许用户关闭对话框，并将选中的值传回调用代码。我们使用相应的局部值更新图片源的描述和标签。close 方法关闭当前对话框，并将 imageSource 返回给调用代码：

```
public Save(): void {
  this.imageSource.Description = this.description;
  this.imageSource.Tags = this.tags;
  this.dialog.close(this.imageSource);
}
```

3. 文件上传组件模板

文件上传组件的最后一部分工作是 fileupload.component.html 文件中实际的 HTML 模板。因为这将是一个 Material 对话框，所以这里会使用许多 Material 标签。对话框标题是其中最简单的标签，这是一个具有 mat-dialog-title 属性的标准的 header 标签。使用 mat-dialog-title 属性是为了将标题固定在对话框的顶部，这样即使用户进行滚动，标题也将显示在正确的位置：

```
<h2 mat-dialog-title>Choose image</h2>
```

把标题固定到对话框顶部后，就可以添加内容和动作按钮。首先，我们将使用 mat-dialog-content 标签来添加内容：

```
<mat-dialog-content>
  ...
</mat-dialog-content>
```

内容中的第一个元素是一条消息，也就是当组件代码中设置了消息时将会显示的那条消息。要检查是否显示消息，需要用到 *ngIf，这是另外一个 Angular 绑定。Angular 绑定引擎将计算表达式，如果结果为 true，就呈现其值。在本例中，它会检查是否存在消息。看上去很奇怪的 {{}} 其实也是一个绑定。这个绑定用来写出所绑定到的项目的文本，在这里就是消息：

```
<h3 *ngIf="message">{{message}}</h3>
```

标准 HTML 文件组件并没有相应的 Material 版本，所以如果想显示一个效果相同的、看上去跟得上时代的文件组件，就必须将文件输入作为一个隐藏的组件，并使它在用户按下一个 **Material** 按钮时，认为自己已被激活。文件上传输入的 ID 被赋值为 fileUpload，当按下按钮时，将使用 (click)="fileUpload.click()" 触发该文件上传输入。当用户选择文件后，变化事件将触发刚才编写的 OnImageSelected 代码：

```
<button class="mat-raised-button mat-accent" md-button
(click)="fileUpload.click()">Upload</button>
<input hidden #fileUpload type="file" accept="image/*"
(change)="OnImageSelected(fileUpload.files)" />
```

添加图片预览很简单，只需要添加一个 img 标签，并将其绑定到成功读入图片时创建的预览图片：

```
<div>
  <img src="{{imageSource.Image}}" height="100" *ngIf="imageSource" />
</div>
```

最后，需要添加一些字段，用于读入标签和描述。我们将这些字段放到 mat-form-field 部分。matInput 告诉模板引擎为文本输入使用什么样式。[(ngModel)]="..." 是最值得注意的部分，它为我们应用模型绑定，并告诉绑定引擎使用底层 TypeScript 组件代码中的哪个字段：

```
<mat-form-field>
  <input type="text" matInput placeholder="Add tags" [(ngModel)]="tags" />
</mat-form-field>
<mat-form-field>
  <input matInput placeholder="Description" [(ngModel)]="description" />
</mat-form-field>
```

> **注意**　如果使用过 Angular 的早期版本（版本 6 之前的版本），那么很可能使用过 formControlName 来绑定值。在 Angular 6+ 中，不能再将 formControlName 和 ngModel 结合使用。更多信息请参见 https://next.angular.io/api/forms/ FormControlName#use-with-ngmodel。

mat-form-field 需要应用一点样式。在 fileupload.component.scss 中，我们添加了 .mat-form-field { display: block; } 来设置字段的样式，使字段显示在一个新行中。如果没有使用这个样式，则输入字段将并排显示在一起。

如果对话框不能关闭，或者不能将值返回给调用代码，那么这样的对话框就没有什么用处。对于这类操作，应该遵守的约定是将 **Save** 和 **Cancel** 按钮放到 mat-dialog-actions 部分。使用 mat-dialog-close 来标记 **Cancel** 按钮，使其能够关闭对话框，而不需要我们做任何操作。我们应该熟悉了 **Save** 按钮遵守的模式，当检测到单击按钮的操作时，它将调用组件代码中的 Save 方法：

```
<mat-dialog-actions>
  <button class="mat-raised-button mat-primary"
(click)="Save()">Save</button>
  <button class="mat-raised-button" mat-dialog-close>Cancel</button>
</mat-dialog-actions>
```

现在，我们应该考虑当用户选择图片后，把它们存储到什么地方，以及从什么地方检索这些图片。前一章使用了客户端数据库来存储数据。从现在开始，我们也将使用服务器端代码。数据将存储到一个 MongoDB 数据库中，所以现在需要了解如何使用 Node.js 和 Express 来连接 MongoDB 数据库。

4.5.6 在应用程序中引入对 Express 的支持

当使用 Node.js 开发客户端 / 服务器应用程序时，如果能够使用一个框架来开发服务器端部分，那么开发工作就会简单许多。如果这个框架具有一个丰富的插件生态系统，其提供的插件功能包括连接数据库和使用本地文件系统等功能，那就更好了。这些正是 Express 提供给我们的帮助；它是一个中间件框架，能够很好地与 Node.js 协同使用。

因为我们将完全从头编写服务器端代码，所以首先应该创建 tsconfig.json 和 package.json 文件。为此，在 Server 文件夹中运行下面的命令，这还将导入 Express 和 TypeScript Express 定义，从而添加对 Express 的支持：

```
tsc --init
npm init -y
npm install express @types/express parser @types/body-parser --save
```

在 tsconfig.json 文件中有一些不需要的选项。我们只需要使用最基本的选项，所以修改配置，使其如下所示：

```
{
  "compilerOptions": {
    "target": "es2015",
    "module": "commonjs",
    "outDir": "./dist",
    "strict": true,
    "allowSyntheticDefaultImports": true,
    "esModuleInterop": true
  },
}
```

服务器端代码将以类 Server 作为起点。该类将导入 express：

```
import express from "express";
```

为了创建 Express 应用程序的一个实例，我们将在构造函数中创建一个私有实例，命名为 app，并将其设为 express()。这将初始化 Express 框架。

构造函数还接受一个端口号，当我们在 Start 方法中告诉应用程序进行监听时，将用到这个端口号。显然，我们需要响应 Web 请求，所以当应用程序从 / 收到一个 get 请

求时，我们将使用 send 向 Web 页面发回一条消息。在本例中，如果导航到 http://
localhost:3000/，则该方法收到的 Web 页面 URL 将是根 URL，调用的函数将返回
Hello from the server 给客户端。如果浏览到 / 之外的地址，服务器将返回一个 404：

```
export class Server {
  constructor(private port : number = 3000, private app : any = express())
{
  }

  public Start() : void {
    this.OnStart();
    this.app.listen(this.port, () => console.log(`Express server running on
port ${this.port}`));
  }

  protected OnStart() : void {
    this.app.get(`/`, (request : any, response : any) => res.send(`Hello
from the server`));
  }
}
```

要启动服务器，必须提供用来返回内容的端口号，并调用 Start：

```
new Server(3000).Start();
```

> **注意**　我们之所以将 Server 类作为起点，而不是按照网上大部分 Node.js/Express 教程的
> 做法，是因为我们想搭建一个基础，供后面的章节重复利用。本章只是创建这个类
> 的基础部分，后面的章节将从这个基础出发，为服务器增添更多功能。

目前，服务器还不能处理 Angular 发送过来的任何请求。我们需要增强服务器，使其能
够处理客户端发送的请求。当客户端发送数据时，将把数据作为 JSON 格式的请求发送给服
务器。这意味着我们需要告诉服务器获取请求，并在请求体内展开数据。

当稍后介绍路由时，将看到一个获取完整 request.Body 的例子。需要注意的是，我
们将从 Angular 那里收到很大的请求，因为图片可能占据很大的空间。默认情况下，请求体
解析器的上限是 100KB，但这不够大。我们将把对请求大小的限制提高为 100MB，对于要
保存到相册的图片来说，这个大小足够了：

```
public Start(): void {
  this.app.use(bodyParser.json({ limit: `100mb` }));
  this.app.use(bodyParser.urlencoded({ limit: `100mb`, extended: true }));
  this.OnStart();
  this.app.listen(this.port, () => console.log(`Express server running on
port ${this.port}`));
}
```

既然讲到将会从 Angular 发送过来的数据，就需要考虑我们的应用程序是否接受请求。

在开始介绍服务器如何根据不同请求执行不同操作之前，需要介绍跨域请求共享（**Cross-Origin Request Sharing**，**CORS**）的问题。

启用 CORS 时，我们让已知的外部位置能够访问我们网站上的受限操作。因为 Angular 的站点与我们的服务器的站点不同（Angular 运行在 `localhost:4200`，而我们的服务器运行在 `localhost:3000`），所以需要启用 CORS 来允许提交请求；否则，从 Angular 发出请求时，我们不会返回任何东西。首先要做的是在 Node.js 服务器中添加 `cors` 中间件：

```
npm install cors @types/cors --save
```

添加 CORS 支持很简单，只需要告诉应用程序使用 CORS：

```
public WithCorsSupport(): Server {
    this.app.use(cors());
    return this;
}
```

> 🎯 提示 *CORS 支持提供了大量微调操作，但是我们用不到。例如，CORS 支持允许使用 `Access-Control-Allow-Methods` 来设置允许哪些类型的请求方法。*

现在就可以接受 Angular 发送的请求了，接下来我们需要实现一个机制来把请求路由到合适的请求处理程序。

4.5.7 提供路由支持

每当 Web 服务器收到请求后，我们需要确定发回什么响应。我们将要构建的功能将收到请求并响应 Post 提交，这与构建 REST API 类似。将收到的不同请求转交给不同响应的能力称为"路由"。我们的应用程序将处理 3 种类型的请求：

❑ 使用 add 作为 URL 的 POST 请求（即 `http://localhost:3000/add/`）。这将把一张图片和关联的详细信息添加到数据库。

❑ 在 URL 中包含 get 的 GET 请求（即 `http://localhost:3000/get/`）。这将获取所有已保存图片的 ID，并将一个包含这些 ID 的数组返回给调用代码。

❑ 在 URL 中包含 /id/ 的 GET 请求。通过 URL 中额外包含的参数，这将获取单个图片的 ID 来返回给客户端。

> 📷 注意 *之所以返回一个 ID 数组，是因为单独的图片可能很大。如果试图一次性返回所有图片，则会拖慢图片在客户端的显示，因为客户端可能在加载每个图片的时候显示它们。另外，还可能违反对传回客户端的响应大小的限制。对于大块数据，研究如何尽可能降低每个请求中发送的数据量总是有必要的。*

每个请求的目的地对应我们想要采取的一个独特的动作。这告诉我们，可以把每个路由拆分到一个单独的类中，让这种类只做一件事：服务一个动作。为了执行单独的动作，我们定义了路由类将使用的接口：

```
export interface IRouter {
  AddRoute(route: any): void;
}
```

我们将添加一个帮助类，让其负责实例化每个路由器实例。这个类一开始很简单，它创建一个 IRouter 数组，后面将把路由实例添加到这个数组中：

```
export class RoutingEngine {
  constructor(private routing: IRouter[] = new Array<IRouter>()) {
  }
}
```

用来添加实例的方法比较值得关注。我们将让这个方法接受一个泛型作为参数，并实例化该类型。为了实现这一点，需要利用 TypeScript 的一种功能，它允许我们接受一个泛型，并指定当调用 new 时，返回该类型的一个实例。

因为我们对类型指定了一个泛型约束，所以只会接受 IRouter 的实现：

```
public Add<T1 extends IRouter>(routing: (new () => T1), route: any) {
  const routed = new routing();
  routed.AddRoute(route);
  this.routing.push(routed);
}
```

注意　传入该方法的路由来自 Express。我们告诉应用程序使用这个路由实例。

添加了路由支持后，接下来需要编写与前面说明的路由请求相对应的类。首先来看接受 add post 的类：

```
export class AddPictureRouter implements IRouter {
  public AddRoute(route: any): void {
    route.post('/add/', (request: Request, response: Response) => {

    }
  }
}
```

这个方法规定，当收到 /add/ post 时，我们将接受请求，处理请求，然后发回响应。如何处理请求由我们自己来决定，但每当路由认为请求匹配到这个方法时，就将执行这个方法。在方法内，我们将创建图片的服务器端表示，然后保存到数据库中。

对于本章的应用程序，我们只引入了 Express 路由。Angular 有自己的路由引擎，但是本章的代码不需要使用它。第 5 章将介绍 Angular 路由。

1.MongoDB 简介

使用 MongoDB 时，需要用到流行的 Mongoose 包。要安装 Mongoose，需要添加 mongoose 和 @types/mongoose 包：

```
npm install mongoose @types/mongoose --save-dev
```

在操作数据库之前，需要创建一个架构（schema），用来代表要保存到数据库中的对象。遗憾的是，使用 MEAN 开发应用程序时，这部分工作可能会有点乏味。虽然表面看来，架构代表我们在 Angular 端创建的模型，但其实并不是相同的模型，所以我们必须自己键入架构。

更重要的是，这意味着如果我们修改了 Angular 模型，就必须重新生成 MongoDB 架构来适应 Angular 模型的变动：

```
export const PictureSchema = new Schema({
  Image: String,
  Name: String,
  Description: String,
  Tags: String,
});
```

> **注意** 对于这个应用程序，我们将在数据库的 Image 字段中保存图片，这样可以简化要创建的基础设施。商业应用程序将选择在数据库之外单独存储实际的图片，而让数据库的 Image 字段指向图片的物理位置。Web 应用程序必须能够访问图片的存储位置，并且必须有策略确保安全备份图片以及方便地恢复图片。

创建完架构后，需要创建一个模型来代表该架构。对于模型与架构的交互，可以这样理解：架构告诉我们数据是什么样子的，而模型告诉我们如何操纵数据库中的数据：

```
export const Picture = mongoose.model('picture', PictureSchema);
```

创建好模型后，需要建立与数据库的连接。MongoDB 数据库的连接字符串有自己的协议，以 mongodb:// 作为开头。对于我们的应用程序，MongoDB 将与服务器端代码在相同的服务器上运行。大型应用程序会把它们分离开，但是现在，我们将在连接字符串中使用 localhost:27017，因为 MongoDB 会监听端口 27017。

因为我们想要能够在 MongoDB 中托管多个数据库，所以要告诉引擎使用哪个数据库，需要在连接字符串中提供数据库的名称。如果数据库不存在，将创建该数据库。对于这个应用程序，数据库将被命名为 packt_atp_chapter_04：

```
export class Mongo {
  constructor(private url : string =
"mongodb://localhost:27017/packt_atp_chapter_04") {
  }
```

```
public Connect(): void {
  mongoose.connect(this.url, (e:any) => {
    if (e) {
      console.log(`Unable to connect ` + e);
    } else {
      console.log(`Connected to the database`);
    }
  });
}
}
```

只要在操作数据库之前调用了 Connect，数据库就是可用的。在内部，Connect 将使用连接字符串调用 mongooese.connect。

2. 回到路由

有了 Picture 模型，就可以在 add 路由中直接填充它。请求体包含的参数与架构相同，所以我们看不到映射。填充完 Picture 模型以后，就调用 save 方法。如果发生错误，就将错误发送给客户端；否则，将图片发送给客户端：

```
const picture = new Picture(request.body);
picture.save((err, picture) => {
  if (err) {
    response.send(err);
  }
  response.json(picture);
});
```

> 提示　在生产应用程序中，我们不想把错误发送给客户端，因为这会透露应用程序的内部工作方式。但对于我们自己使用的一个小型应用程序，这不是什么问题，反而有助于我们判断应用程序中出现了什么问题，因为这样做使我们能够在浏览器控制台窗口中查看错误。从专业角度来讲，建议净化错误，发回一个标准的 HTTP 响应。

现在，get 请求的处理程序就不那么复杂了。它一开始与 add 路由有些类似：

```
export class GetPicturesRouter implements IRouter {
  public AddRoute(route: any): void {
    route.get('/get/', (request: Request, response: Response) => {

    });
  }
}
```

> 注意　我们的路由中的 Request 和 Response 类型来自 Express，所以应该在类中使用 imports 添加它们。

使用这个调用，是为了获取用户已经上传的图片的无重复列表。在内部，每个架构会添加一个 _id 字段，所以我们将使用 Picture.distinct 方法来获取这些 ID 的完整列表，然后将其返回给客户端代码：

```
Picture.distinct("_id", (err, picture) => {
  if (err) {
    response.send(err);
  }
  response.send(pic);
});
```

要添加的最后一个路由接受一个 ID 请求，从数据库中检索出该 ID 对应的图片。这个类比前面的类稍微复杂一点，因为我们需要稍微调整架构，在把数据传回客户端之前删除 _id 字段。

如果不删除这个字段，客户端收到的数据将不会匹配它期望收到的类型，所以将无法自动填充实例。这样一来，除非我们在客户端手动填充实例，否则客户端虽然收到了数据，却不会显示这些数据：

```
export class FindByIdRouter implements IRouter {
  public AddRoute(route: any): void {
    route.get('/id/:id', (request: Request, response: Response) => {
    });
  }
}
```

注意　带：id 的语法说明将在这里收到一个 id 参数。请求包含一个 params 对象，其中将公开这个 id 参数。

收到的 id 参数将是唯一的，所以可以使用 Picture.findOne 方法来从数据库中检索匹配的条目。为了从发回客户端的结果中删除 _id 字段，必须在参数中使用 -_id：

```
Picture.findOne({ _id: request.params.id }, '-_id', (err, picture) => {
  if (err) {
    response.send(err);
  }
  response.json(picture);
});
```

现在需要对 Server 类做一些处理。我们已经创建了 RoutingEngine 和 Mongo 类，但是 Server 类中没有代码把它们关联起来。通过扩展构造函数来添加这些类的实现，可以解决这个问题。我们还需要调用 Start 来 Connect 数据库。如果将 Server 类改为一个抽象类，并添加一个 AddRouting 方法，则将阻止任何人直接实例化服务器。

我们的应用程序需要继承自这个类，并使用 RoutingEngine 类来添加自己的路由实现。这是将服务器分解为小的、离散的单元，让它们承担不同职责的第一步。我们在 Start

方法中做了一些重要修改，其中之一是在添加了路由后，告诉应用程序使用路由引擎所使用的 `express.Router()`，这样任何请求将被自动关联：

```
constructor(private port: number = 3000, private app: any = express(),
private mongo: Mongo = new Mongo(), private routingEngine: RoutingEngine =
new RoutingEngine()) {}

protected abstract AddRouting(routingEngine: RoutingEngine, router: any):
void;

public Start() : void {
  ...
  this.mongo.connect();
  this.router = express.Router();
  this.AddRouting(this.routingEngine, this.router);
  this.app.use(this.router);
  this.OnStart();
  this.app.listen(this.port, () => console.log(`Express server running on
port ${this.port}`));
}
```

现在就可以创建一个具体的类，让它继承 `Server` 类，并添加刚才创建的路由。当我们运行应用程序时，将启动这个类：

```
export class AdvancedTypeScriptProjectsChapter4 extends Server {
  protected AddRouting(routingEngine: RoutingEngine, router: any): void {
    routingEngine.Add(AddPictureRouter, router);
    routingEngine.Add(GetPicturesRouter, router);
    routingEngine.Add(FindByIdRouter, router);
  }
}
```

🎯 提示 不要忘记删除原来的 `new Server(3000).Start();` 调用。

现在，服务器端代码就完成了。我们不再对其添加更多功能，可以回过头继续看客户端代码。

4.5.8 显示图片

我们做了许多工作来编写服务器端代码，让用户能够选择上传什么图片，现在需要能够实际显示这些图片。我们将创建一个 PageBody 组件，把它作为主导航的一个元素显示出来。同样，我们将让 Angular 完成困难的工作，替我们创建基础设施：

```
ng g c components/PageBody
```

创建了 **PageBody** 组件后，我们将用它来更新 `app.component.html`，如下所示：

```
...
    <span>Advanced TypeScript</span>
  </mat-toolbar>
  <atp-page-body></atp-page-body>
 </mat-sidenav-content>
</mat-sidenav-container>
```

安装 Material 支持时，我们添加了 Flex Layout 功能，它为 Angular 提供了弹性布局支持。我们将在应用程序中利用弹性布局，使卡片一开始按照一行 3 个的方式进行布局，在需要时换到下一行显示。在内部，布局引擎使用 **Flexbox**（一个弹性盒子）进行布局。

引擎将按照自己认为合适的方式调整宽高，以利用好屏幕空间。前面我们设置过 Bootstrap，它也使用了 Flexbox，所以你应该已经熟悉了这种行为。因为 Flexbox 默认在一行中布局项目，所以我们首先创建一个 div 标签，将行为修改为在具有 1% 间距的行上换行：

```
<div fxLayout="row wrap" fxLayout.xs="column" fxLayoutWrap fxLayoutGap="1%"
fxLayoutAlign="left">
</div>
```

创建了布局容器后，现在需要设置卡片来保存图片及相关详细信息。因为卡片的数量可能是动态的，所以我们希望 Angular 能够允许将卡片定义为类似模板的东西，然后在其中添加各个元素。我们将使用 mat-card 添加卡片，并且通过使用 Angular 的魔法（其实是另外一个绑定）来迭代图片：

```
<mat-card class="picture-card-layout" *ngFor="let picture of Pictures">
</mat-card>
```

这段代码使用 ngFor 设置卡片。ngFor 是 Angular 中用来迭代底层数组（在这里是 Pictures）的指令，对于创建能够在卡片体内使用的变量十分有效。然后，我们将添加一个卡片标题，将其绑定到 picture.Name，再添加一个图片，将其来源绑定到 picture.Image。最后，我们在图片下方的一个段落内显示 picture.Description：

```
<mat-card-title fxLayout.gt-xs="row" fxLayout.xs="column">
  <span fxFlex="80%">{{picture.Name}}</span>
</mat-card-title>
<img mat-card-image [src]="picture.Image" />
<p>{{picture.Description}}</p>
```

为完整起见，我们对 picture-card-layout 添加了一点样式：

```
.picture-card-layout {
  width: 25%;
  margin-top: 2%;
  margin-bottom: 2%;
}
```

查看图片样式的效果会很有帮助，如图 4-4 所示。

图　4-4

页面主体的 HTML 就是这样，但是我们还需要在页面后台的 TypesScript 中添加代码，以便真正开始提供卡片将要绑定到的数据。特别是，必须提供要填充的 Pictures 数组：

```
export class PageBodyComponent implements OnInit {
  Pictures: Array<IPictureModel>;
  constructor(private addImage: AddImageService, private loadImage:
LoadImageService,
    private transfer: TransferDataService) {
    this.Pictures = new Array<IPictureModel>();
  }

  ngOnInit() {
  }
}
```

这里有一些之前没有遇到过的服务。接下来首先介绍应用程序如何知道 IPictureModel 的实例什么时候可用。

1. 使用 RxJS 监视图片

如果不能在页面主体中显示图片，那么让应用程序能够通过对话框选择图片，或者在加载过程中从服务器获取图片，并没有什么实际价值。这个应用程序的功能之间的关系并不紧密，所以我们不想引入事件机制来控制图片的加载，因为使用事件会在页面主体组件和加载服务等功能之间引入紧密耦合。

我们需要在处理交互（如加载数据）的代码和页面主体之间使用服务，当发生某些事情时，让这些服务在双方之间传递通知。Angular 为实现这种服务提供了 JavaScript 反应式扩展（**Reactive Extensions for JavaScript，RxJS**）。

反应式扩展是所谓的观察者模式（我们又看到"模式"这个词了）的一种实现。这种模式理解起来很简单。虽然你可能没有意识到，但实际上已经使用了一段时间的观察者模式。观察者模式的思想是在类中有一个 `Subject` 类型，它在内部维护一个依赖列表，并在需要的时候，通知这些依赖它们需要作出反应，可能还会传入这些依赖需要反应的状态。

你可能模糊地意识到，这不就是事件的行为吗？为什么我们还要使用观察者模式？你的理解是正确的，事件其实是观察者模式的一种非常特别的形式，但是事件有一些缺点，设计 RxJS 等技术就是为了克服这些缺点。假设我们有一个实时的股票交易应用程序，每秒钟将数万个股价变化发送给客户端。显然，我们不想让客户端处理全部这些股价变化，所以必须在事件处理程序内编写代码来过滤通知。这样的代码量会很大，并且很可能会在不同的事件中发生重复。使用事件时，类之间也将存在紧密的关系，因为一个类必须知道另一个类，才能绑定到事件。

随着应用程序变得更大、更复杂，获取股价变化的类和显示股价变化的类之间的距离可能变得很大。这样一来，我们将建立起复杂的事件层次，让类 A 监听类 B 上的事件，当类 B 引发该事件时，类 A 还必须再次引发该事件，以便类 C 能够做出反应。代码在内部的分布性越强，我们就越不鼓励建立这种紧密的耦合关系。

通过使用 RxJS 这样的库，我们能够不再与事件耦合，从而解决这些问题和其他一些问题。我们可以使用 RxJS 创建复杂的订阅机制，控制我们反应的通知数量，或者只订阅满足特定条件的数据和变化。在运行时添加新组件时，它们可以查询 Observable 类来查看可用的值，以便用已经接收的数据预先填充屏幕。这个应用程序不需要使用这些功能，但是后面章节的应用程序会用到，所以知道这些功能的存在是有帮助的。

我们需要对应用程序中的两个动作做出反应：

❑ 当页面加载时，会从服务器加载图片，所以我们需要对加载每张图片的行为做出反应。

❑ 当用户在对话框中选择一张图片并选择 `Save` 时，对话框将会关闭，而我们需要触发保存到数据库的操作，并在页面上显示该图片。

可能你已经猜到，我们将创建服务来满足这两个需求。因为这两个服务在内部执行相同的操作，所以唯一的区别就是在做出反应后，订阅者需要做什么。我们首先创建一个简单的基类，让这些服务继承自该基类：

```
export class ContextServiceBase {
}
```

在这个类中，我们首先定义 Observable 将会使用的 `Subject`。RxJS 中有不同的 `Subject` 特化。因为我们只想让 `Subject` 将最新的值通知给其他类，所以将使用 `BehaviorSubject`，并将其当前的值设为 `null`：

```
private source = new BehaviorSubject(null);
```

我们不会将 Subject 公开给外部类，而是将创建一个新的 Observable，将这个 Subject 作为其 source。这样一来，如果我们愿意，就可以定制订阅逻辑，一个例子就是我们控制对多少个通知做出反应：

```
context: this.source.asObservable();
```

> **注意** 我们将这个属性命名为 context，是因为它保存了变化的上下文。

现在，外部类能够访问 Observable 的 source，所以每当我们通知它们来做出反应时，它们就能够做出反应。因为我们想要执行的操作依赖于用户添加 IPictureModel，或者数据加载添加 IPictureModel，所以我们将调用一个方法来触发 Observable 的 add 链。add 方法的参数是想要发送给订阅代码的模型的实例：

```
public add(image: IPictureModel) : void {
  this.source.next(image);
}
```

前面指出，我们需要两个服务来处理接收 IPictureModel 的不同方式，第一个服务是 AddImageService，正如我们期望的，可以让 Angular 替我们生成这个服务：

```
ng generate service services/AddImage
```

因为我们已经为 Observable 编写了逻辑，所以服务很简单，如下所示：

```
export class AddImageService extends ContextServiceBase {
}
```

第二个服务叫作 LoadImageService：

```
ng generate service services/LoadImage
```

同样，这个类将继承 ContextServiceBase：

```
export class LoadImageService extends ContextServiceBase {
}
```

> **注意** 为什么我们要创建两个看起来做相同工作的服务？理论上，我们可以让这两个类执行完全相同的操作。之所以选择实现两个版本，原因在于每当通过 AddImageService 触发一个通知的时候，我们要做的工作之一是显示图片，并触发保存图片的操作。假设我们在页面加载时也使用 AddImageService，那么每当页面加载时，也将触发保存操作，使得我们重复保存图片。当然，我们可以添加过滤条件，防止发生重复保存的情况，但是因为这是我们刚刚接触 RxJS，所以选择进行简单处理，使用两个单独的类。在后面的章节中，我们将看到如何编写更加复杂的订阅。

2. 传输数据

我们已经介绍了客户端 / 服务器交互的一端，现在是时候介绍另一端，也就是实际调用服务器公开的路由的代码。我们将添加一个服务来处理这种通信。首先来创建这个服务：

```
ng g service services/TransferData
```

我们的服务将用到 3 个实例。首先，它依赖于一个 HttpClient 实例来管理 get 和 post 操作。我们还添加了刚才创建的 AddImageService 和 LoadImageService 类：

```
export class TransferDataService {
  constructor(private client: HttpClient, private addImage:
AddImageService,
    private loadImage: LoadImageService) {
  }
}
```

服务器与客户端的第一个交互点，是用户在对话框中选择图片时我们使用的代码。当用户单击 **Save** 时，将触发一个动作链，把数据保存到服务器。我们将通过设置 HTTP 头，把内容类型设为 JSON：

```
private SubscribeToAddImageContextChanges() {
  const httpOptions = {
    headers: new HttpHeaders({
      'Content-Type': 'application/json',
    })
  };
}
```

回想 RxJS 类可知道，我们有两个不同的订阅可用。这里想要使用的订阅在 AddImageService 被推送出来的时候做出反应，所以我们将把这个订阅添加到 Subscribe ToAddImageContextChanges 中：

```
this.addImage.context.subscribe(message => {
});
```

在这个订阅中收到消息时，我们将把消息 post 到服务器，服务器则把数据保存到数据库中：

```
if (message === null) {
  return;
}
this.client.post<IPictureModel>('http://localhost:3000/add/', message,
httpOptions)
.subscribe(callback => { });
```

post 的格式是传递端点地址、消息和任何 HTTP 选项，其中端点地址与我们前面编写的服务器端代码很好地关联起来。因为消息的内容在语义上与服务器端收到的模型相同，所以将在服务器端被自动解码。因为我们能够从服务器接收内容，所以可以使用订阅来解码 Express 代码库传回的消息。这部分代码如下所示：

```
private SubscribeToAddImageContextChanges() {
  const httpOptions = {
    headers: new HttpHeaders({
      'Content-Type': 'application/json',
    })
  };
  this.addImage.context.subscribe(message => {
    if (message === null) {
      return;
    }
    this.client.post<IPictureModel>('http://localhost:3000/add/', message,
httpOptions)
      .subscribe(callback => {
    });
  });
}
```

传输服务的另一端负责从服务器取回图片。在介绍 Express 代码的时候提到，我们将分两个阶段取回数据。在第一个阶段，我们收到可用图片的 ID 数组。为了获取这个数组，我们调用 `HttpClient` 的 `get` 方法，通过指向 `/get/` 端点，告诉它获取一个字符串数组：

```
private LoadImagesWithSubscription() {
  const httpOptions = {
    headers: new HttpHeaders({
      'Content-Type': 'application/text',
    })
  };
  this.client.get<string[]>('http://localhost:3000/get/',
httpOptions).subscribe(pic => {
  });
}
```

得到这个字符串数组后，需要迭代其中的每个元素。我们再次调用 `get`，但是这次添加 `/id/…`，以告诉服务器我们感兴趣的图片。当收到数据后，就调用 `LoadImageService` 的 `add` 方法，并传入 `IPictureModel`。稍后将会看到，这与页面主体绑定在一起：

```
pic.forEach(img => {
  this.client.get<IPictureModel>('http://localhost:3000/id/' +
img).subscribe(pic1 => {
    if (pic1 !== null) {
      this.loadImage.add(pic1);
    }
  });
});
```

最后，我们将添加一个 `Initialize` 方法，用它来初始化服务：

```
public Initialize(): void {
  this.SubscribeToAddImageContextChanges();
  this.LoadImagesWithSubscription();
}
```

3. 回到页面主体组件

现在我们已经编写了 LoadImageService、AddImageService 和 TransferDataService，可以在 ngOnInit 中的 PageBodyComponent 初始化代码中使用它们。当初始化组件时，会调用 ngOnInit。在这个方法中，首先调用 TransferDataService 的 Initialize 函数：

```
ngOnInit() {
  this.transfer.Initialize();

}
```

为了完成这个组件，以及实际填充 Pictures 数组，需要绑定到两个 RxJS 服务的上下文：

```
this.addImage.context.subscribe(message => {
  if (!message) {
    return;
  }
  this.Pictures.push(message);
});
this.loadImage.context.subscribe(message => {
  if (!message) {
    return;
  }
  this.Pictures.push(message);
});
```

4.5.9　显示对话框

你可能已经注意到，我们到现在还没有编写代码来显示对话框，或者在用户关闭对话框时触发 AddImageService。为了实现这些功能，我们将在 app.component.ts 中添加代码，并稍稍调整相关的 HTML。

添加一个构造函数来接受一个 Material 对话框和 AddImageService：

```
constructor(private dialog: MatDialog, private addImage: AddImageService) {
}
```

我们需要添加一个公共方法，供 HTML 模板绑定。我们将其命名为 ImportImage：

```
public ImportImage(): void {
}
```

对 HTML 模板要做的相关修改是在 app.component.html 的菜单列表项中，通过 (click) 事件绑定来添加对 ImportImage 的调用，以响应 click 事件。同样，我们用到了 Angular 绑定：

```
<a mat-list-item (click)="ImportImage()">Import image</a>
```

我们将配置对话框，使其行为符合一定要求。我们不希望用户通过按 Esc 键自动关闭对话框。我们想让对话框自动获得焦点，并且宽度为 500 像素：

```
const config = new MatDialogConfig();
config.disableClose = true;
config.autoFocus = true;
config.width = '500px';
```

现在，就可以使用这个配置来显示对话框了：

```
this.dialogRef = this.dialog.open(FileuploadComponent, config);
```

我们希望能够知道对话框什么时候关闭，从而自动调用添加图片的服务（即 add 方法），该服务将通知传输数据服务将数据发送到服务器，并通知页面主体显示一张新图片：

```
this.dialogRef.afterClosed().subscribe(r => {
  if (r) {
    this.addImage.add(r);
  }
});
```

这是我们要添加的最后一段代码。客户端代码现在已经把服务和组件干净地分隔开，并在 Material 对话框中协同使用它们。图 4-5 展示了正在使用的对话框的例子：

图　4-5

我们已经成功地将对话框与 Angular 代码关联了起来。现在，我们有了一个能够工作的应用程序，可以用来把图片保存到数据库。

4.6　小结

本章使用 MEAN 栈开发了一个应用程序，允许用户从磁盘加载图片，添加关于图片的信息，以及将数据从客户端传输到服务器。我们编写了代码来创建服务器，使其能够响应收到的请求，以及在数据库中保存及检索数据。我们介绍了 Material Design，以及如何使用 Angular Material 和导航元素来布局界面。

下一章将拓展我们对 Angular 的认识，创建一个使用 GraphQL 来可视化数据的待办事项应用程序。

习题

1. 当我们说自己在使用 MEAN 栈开发应用程序时，指的是这个栈中的哪些主要技术？
2. 我们在创建 Angular 客户端时，为什么提供了一个前缀？
3. 如何启动一个 Angular 应用程序？
4. 我们说 Material 是一种设计语言。这是什么意思？
5. 如何让 Angular 创建一个服务？
6. 什么是 Express 路由？
7. RxJS 实现了什么模式？
8. 什么是 CORS？为什么我们需要使用它？

延伸阅读

- 要了解有关完整的 MEAN 栈的更多信息，可以阅读 Packt 出版的这本图书：Paul Oluyege 撰写的 *MongoDB, Express, Angular, and Node, js Fundamentals*（https://www.packtpub.com/web-development/mongodb-express-angular-andnodejs-fundamentals）。
- 关于使用 JavaScript 进行反应式编码，Packt 出版了这本图书：Erich de Souza Oliveira 撰写的 *Mastering Reactive JavaScript*（https://www.packtpub.com/in/web-development/masteringreactive-javascript）。

使用 GraphQL 和 Apollo 创建 Angular 待办事项应用程序

有许多不同的方式可在客户端和服务器之间传输数据。本章将介绍如何使用 GraphQL 来获取服务器的数据，然后在 Angular 客户端发送和修改数据。还将介绍如何使用 GraphQL 中的计算值。我们将前一章的内容作为基础，再次使用 Angular Material 创建 UI，以说明如何使用 Angular 路由来响应不同的内容。

本章将介绍以下主题：
- 理解 GraphQL 与 REST 的关系。
- 创建可重用的数据库类。
- 预填充数据和使用单例。
- 创建 GraphQL 架构。
- 使用 type-graphql 设置 GraphQL 类型。
- 使用查询和修改创建 GraphQL 解析器。
- 使用 Apollo Server 作为应用程序服务器。
- 创建一个 GraphQL Angular 客户端应用程序。
- 在客户端添加对 Apollo 的支持。
- 使用 Angular 路由。
- 使用 Angular 验证控制输入。
- 从客户端向服务器发送 GraphQL mutation。
- 从客户端服务器发送 GraphQL 查询。
- 在只读模板和可编辑模板之间进行切换。

5.1 技术需求

完成后的项目可从 https://github.com/PacktPublishing/Advanced-TypeScript-3-
Programming-Projects/tree/master/Chapter05 下载。

下载项目后，需要使用 npm install 安装必要的包。

5.2 理解 GraphQL 与 REST 的关系

基于 Web 的技术有一点特别好：对于经常出现的问题，总是有许多不同的方式来解决它们。对于在客户端与服务器之间进行通信，REST 为我们提供了一种简单但强大的方式，但它并不是唯一的方式。REST 解决了许多问题，但也引入了新的问题，所以新的技术被开发出来，以解决这些新的问题。需要解决的三个问题如下：

□ 为了构建复杂的信息，可能需要对 REST 服务器进行多个 REST 调用。例如，对于一个购物应用程序，我们可能使用一个 REST 调用来获取用户的姓名，使用另一个 REST 调用来获取用户的地址，使用第三个调用来获取用户的购物车信息。

□ 随着时间推移，REST API 可能有了多个版本。让客户端跟踪版本的局限性比较大，所以在创建 API 时，我们还必须定义版本体验是什么样子的。除非 API 遵守相同的版本标准，否则就会导致令人困惑的代码。

□ 这些 REST 调用取回的信息可能远远超出了我们的需要。在发出这些详细的调用时，可能只需要二三十个字段中的三四项信息。

需要理解的是，REST 实际上并不是一种技术。可以把 REST 理解成为一种双方同意的架构标准，它可以使用几乎任何传输机制作为通信方式。需要说明的是，虽然它是一种标准，但是实践中，很少有人遵守最初的 REST 概念，这意味着我们还需要理解开发人员的意图。例如，当我们通过 REST 进行更新时，是使用 PUT 还是 POST HTTP 动词？想要使用第三方 API 时，了解这种程度的细节至关重要。

GraphQL 是解决这类问题时的一种很好的机制，它最初由 Facebook 开发，但现在由 GraphQL 基金会维护（(https://foundation.graphql.org/)。与纯粹的 REST 不同，GraphQL 只是一个提供支持工具的查询语言。GraphQL 的基础思想是代码将与字段交互，所以只要定义了如何获取这些字段，我们就可以编写任意复杂程度的查询，一次性地从多个位置检索数据，或者修改数据来进行更新。恰当设计的 GraphQL 系统能够处理好版本化需求，并且能够根据需要添加或者弃用字段。

使用 GraphQL 时，我们可以使用一个查询只检索需要的信息，这就在客户端级别避免了过度订阅信息。类似的，查询能够把来自多个位置的结果合并起来，避免多次在客户端与服务器之间往返。我们在客户端发送查询，让 GraphQL 服务器检索相关的数据项。客户端也不必关心 REST 端点。我们只需与 GraphQL 服务器通信，让查询负责处理数据。

本章将介绍如何使用 Apollo GraphQL 引擎（https://www.apollographql.com/),

以及极为有用的 TypeGraphQL 库（`https://typegraphql.ml/`），后者为在 TypeScript 中使用 GraphQL 提供了一种很便捷的方式。通过使用 Apollo，我们就有了一个完整的前端到后端架构，能够用来全面管理 GraphQL 行为。除了提供客户端库，我们还可以在服务器上使用 Apollo，以及把它用在 iOS 和 Android 应用程序中。

注意　GraphQL 的目的并不是完全取代 RESTful 服务。在许多场合，我们可能想要同时使用 REST 和 GraphQL。例如，可能我们有一个 REST 服务，它与我们的 GraphQL 实现进行通信，并为我们缓存信息。不过，对于本章的内容，我们将只关注创建一个 GraphQL 实现。

5.3　项目概述

本章的项目将在服务器端和客户端创建 GraphQL 应用程序。我们还将开始探索 TypeScript 3 中引入的一些功能，以创建一个待办事项应用程序。我们将在前一章介绍 Angular 概念的基础上，介绍客户端路由，它使我们能够显示不同的内容，并在页面之间有效地进行导航。我们还将介绍 Angular 验证。

通过参考 GitHub 上的代码，完成本章的项目需要大概 4 个小时。

完成后的应用程序如图 5-1 所示。

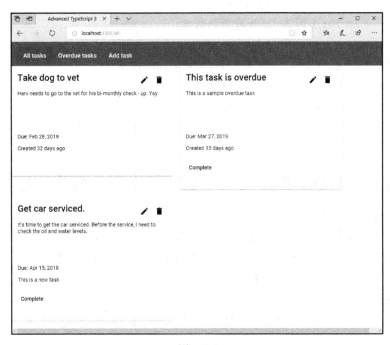

图　5-1

5.4 准备工作

与前一章一样，本章将使用 Node.js（可从 https://nodejs.org 下载）。还将使用下面的组件：

- ❏ Angular CLI（我使用版本 7.2.2）
- ❏ express（版本 4.16.4 或更高版本）
- ❏ Mongoose（版本 5.4.8 或更高版本）
- ❏ @types/cors（版本 2.8.4 或更高版本）
- ❏ @types/body-parser（版本 1.17.0 或更高版本）
- ❏ @types/express（版本 4.16.0 或更高版本）
- ❏ @types/mongodb（版本 3.1.19 或更高版本）
- ❏ @types/mongoose（版本 5.3.11 或更高版本）
- ❏ type-graphql（版本 0.16.0 或更高版本）
- ❏ @types/graphql（版本 14.0.7 或更高版本）
- ❏ apollo-server（版本 2.4.0 或更高版本 0
- ❏ apollo-server-express（版本 2.4.0 或更高版本）
- ❏ guid-typescript（版本 1.0.9 或更高版本）
- ❏ reflect-metadata（版本 0.1.13 或更高版本）
- ❏ graphql（版本 14.1.1 或更高版本）
- ❏ apollo-angular（版本 1.5.0 或更高版本）
- ❏ apollo-angular-link-http（版本 1.5.0 或更高版本）
- ❏ apollo-cache-inmemory（版本 1.4.3 或更高版本）
- ❏ apollo-client（版本 2.4.13 或更高版本）
- ❏ graphql-tag（版本 2.10.1 或更高版本）

除了使用 MongoDB，我们还将使用 Apollo 来提供 GraphQL 数据。

5.5 使用 GraphQL 和 Angular 创建待办事项应用程序

我们照例先来定义需求：

- ❏ 用户能够添加待办事项。待办事项包括标题、描述和事项日期。
- ❏ 通过验证确保设置了事项，并且事项日期不能为今天之前的日期。
- ❏ 用户能够查看所有事项的列表。
- ❏ 用户能够删除事项。
- ❏ 用户能够看到逾期的事项（逾期是指在预定日期过后没有完成的事项）。
- ❏ 用户能够编辑事项。

❑ 使用 GraphQL 将数据传输到服务器，或者从服务器传输到客户端。

❑ 传输的数据将被保存到 MongoDB 数据库。

5.5.1　创建应用程序

对于这个待办事项应用程序，我们首先来创建服务器实现。与前一章一样，我们将创建客户端与服务器分离的文件夹结构，并在服务器代码中添加 Node.js 代码。

我们将创建数据库代码作为创建 GraphQL 服务器的第一步。客户端的全部数据将来自数据库，所以首先实现我们需要的功能很合理。与前一章一样，我们将安装 mongoose 包，通过它来使用 MongoDB：

```
npm install mongoose @types/mongoose --save-dev
```

> 注意　选择使用哪个命令来安装包时，需要记住 –save 和 –save-dev 之间的区别。这两个命令都用于安装包，但是使用它们时，应用程序的部署方式存在区别。使用 –save 时，必须下载对应的包，应用程序才能运行，即使在另外一个计算机上安装应用程序也是如此。如果要把应用程序部署到一个已经全局安装了该包的正确版本的计算机上，这么做就有些浪费。与之相对，可以使用 –save-dev 下载包，并将包安装为开发依赖。换句话说，将为该开发人员局部安装包。

然后，我们将开始编写前一章介绍的 Mongo 类的一个变体。我们不使用前一章的实现，因为这里将开始介绍 TypeScript 3 新提供的功能，然后添加一个泛型数据库框架。

对该类做的最大修改是 mongoose.connect 方法的签名发生了变化。修改之一告诉 Mongoose 使用新格式的 URL 解析器，但是另一处修改则是用作回调的事件的签名：

```
public Connect(): void {
  mongoose.connect(this.url, {useNewUrlParser: true}, (e:unknown) => {
    if (e) {
      console.log(`Unable to connect ` + e);
    } else {
      console.log(`Connected to the database`);
    }
  });
}
```

在前一章看到，回调的签名为 e:any。我们现在将其改为使用 e:unknown。这是 TypeScript 3 引入的一种新类型，可以添加额外一层类型安全。在很大程度上，可以认为 unknown 类型类似于 any，因为我们也可以为其赋值任何类型。但不能在不使用类型断言的情况下，将它赋值给另外一个类型。我们将开始在代码中把 any 类型改为 unknown 类型。

到现在为止，我们使用了大量接口来提供类型的形状。这种技术也可以用于 Mongo 架构，从而将待办事项架构的形状描述为一个标准的 TypeScript 接口，然后将其映射到一个架构。这个接口十分简单：

```
export interface ITodoSchema extends mongoose.Document {
  Id: string,
  Title: string,
  Description: string,
  DueDate: Date,
  CreationDate: Date,
  Completed: boolean,
}
```

我们将创建一个 mongoose 架构，将其映射到数据库。架构使用 MongoDB 期待的类型，说明了将存储什么信息。例如，ITodoSchema 将 Id 作为一个 string 类型，但这不是 MongoDB 期待的类型；MongoDB 期望看到的是 String 类型。知道了这一点，创建一个 ITodoSchema 到 TodoSchema 的映射就很简单了：

```
export const TodoSchema = new Schema({
  Id: String,
  Title: String,
  Description: String,
  DueDate: Date,
  CreationDate: Date,
  Completed: Boolean,
});
```

现在，我们就有了一个架构模型，可以用来查询、更新等。当然，MongoDB 不限制我们只使用一个架构。如果想要使用更多架构，完全可以这么做。

我们来看一下架构中包含的字段。Title 和 Description 字段相当直观，因为它们包含的是待办事项的详细信息。DueDate 代表事项的过期日期，CreationDate 代表记录的创建日期。另外还有一个 Completed 标志，用户触发该标志，说明自己已经完成了事项。

Id 字段比较值得注意，它与 Mongo Id 字段不同，而且在内部仍然将生成后者。架构的 Id 字段被赋值一个全局唯一 ID（Globally Unique IDentifier，GUID），这是一个唯一字符串标识符。之所以想让 UI 添加这个字段，是因为我们将把它用作数据库查询中的一个已知字段，并且让客户端知道 Id 的值之后再从服务器请求信息。介绍 Angular 端的时候，我们将看到这个值字段是如何填充的。

我们需要创建一个数据库模型，将 ITodoSchema 的 mongoose.Document 实例映射到 TodoSchema。使用 mongoose.model 时，这个工作很简单：

```
export const TodoModel = mongoose.model<ITodoSchema>('todo', TodoSchema,
'todoitems', false);
```

注意 创建 mongoose.model 时，大小写十分重要。除了 mongoose.model，还可以使用 mongoose.Model，但需要使用 new 语句实例化后者。

现在就可以编写一个相对泛型的数据库类了。但存在一个约束：架构需要有一个 Id 字段。这个约束方便我们将注意力放到演示应用程序的逻辑上。

首先，我们创建一个泛型基类，它接受 mongoose.Document 作为类型。我们最终将为其使用 ITodoSchema 类型。构造函数接受的模型可以用于各种数据库操作。我们已经创建了这个模型，即 TodoModel：

```
export abstract class DataAccessBase<T extends mongoose.Document> {
  private model: Model;
  constructor(model: Model) {
    this.model = model;
  }
}
```

这个类的具体实现十分直观：

```
export class TodoDataAccess extends DataAccessBase<ITodoSchema> {
  constructor() {
    super(TodoModel);
  }
}
```

我们现在开始为 DataAccessBase 添加功能。首先创建一个方法，使其获取与架构匹配的所有记录。到了这个阶段，我们应该已经很熟悉 Promise 了，所以很自然，我们返回了一个 Promise 类型。在本例中，Promise 将是一个 T 数组，它映射到 ITodoSchema。

我们在内部调用模型的 find 方法来获取所有记录，并在完成后回调结果：

```
GetAll(): Promise<T[]> {
  return new Promise<T[]>((callback, error) => {
    this.model.find((err: unknown, result: T[]) => {
      if (err) {
        error(err);
      }
      if (result) {
        callback(result);
      }
    });
  });
}
```

添加一条记录同样很简单。唯一真正的区别是：我们将调用 model.create 方法，并返回一个 boolean 值表示添加成功：

```
Add(item: T): Promise<boolean> {
  return new Promise<boolean>((callback, error) => {
    this.model.create(item, (err: unknown, result: T) => {
      if (err) {
        error(err);
      }
      callback(!result);
```

```
      });
    });
  }
```

除了检索所有记录，还可以选择只检索一条记录。与 GetAll 方法的区别在于，find 方法使用了搜索条件：

```
Get(id: string): Promise<T> {
  return new Promise<T>((callback, error) =>{
    this.model.find({'Id': id}, (err: unknown, result: T) => {
      if (err) {
        error(err);
      }
      callback(result);
    });
  });
}
```

最后，还可以删除或者更新记录。这些方法编写起来十分相似：

```
Remove(id: string): Promise<void> {
  return new Promise<void>((callback, error) => {
    this.model.deleteOne({'Id': id}, (err: unknown) => {
      if (err) {
        error(err);
      }
      callback();
    });
  });
}
Update(id: string, item: T): Promise<boolean> {
  return new Promise<boolean>((callback, error) => {
    this.model.updateOne({'Id': id}, item, (err: unknown)=>{
      if (err) {
        error(err);
      }
      callback(true);
    });
  })
}
```

编写了实际的数据库代码后，我们将注意力转到访问数据库。有一点需要考虑，随着时间推移，我们可能积聚了大量的待办事项，如果每次需要查看待办事项时都从数据库中读取它们，那么随着在数据库中添加的待办事项越来越多，系统会越来越慢。考虑到这个问题，我们将创建一个基本的缓存机制，当数据库在服务器启动过程中完成加载时，将填充缓存。

因为我们将预先填充缓存，所以想在 GraphQL 和服务器中使用类的同一个实例，因此，我们将创建单例。单例的含义是在内存中只会有类的一个实例，每个类都将使用同一个实例。为了阻止其他类创建自己的实例，我们将使用几个小技巧。

首先，我们创建的类有一个私有构造函数。私有构造函数意味着只能在类自身内实例化该类：

```
export class Prefill {
  private constructor() {}
}
```

只能从类自身内实例化该类，这听起来有点不符合我们的直觉。毕竟，如果不能实例化该类，我们如何访问任何成员呢？这里的技巧是添加一个字段来保存对类实例的引用，然后提供一个公有静态属性来访问该实例。如果类的实例还不可用，则该公有属性将实例化该类，使我们总是能够访问类的实例：

```
private static prefill: Prefill;
public static get Instance(): Prefill {
  return this.prefill || (this.prefill = new this());
}
```

现在就能够访问我们将要编写的方法。首先编写一个方法来填充可用事项列表。因为这个操作可能耗时较长，所以我们让其异步操作：

```
private items: TodoItems[] = new Array<TodoItem>();
public async Populate(): Promise<void> {
  try
  {
    const schema = await this.dataAccess.GetAll();
    this.items = new Array<TodoItem>();
    schema.forEach(item => {
      const todoItem: TodoItem = new TodoItem();
      todoItem.Id = item.Id;
      todoItem.Completed = item.Completed;
      todoItem.CreationDate = item.CreationDate;
      todoItem.DueDate = item.DueDate;
      todoItem.Description = item.Description;
      todoItem.Title = item.Title;
      this.items.push(todoItem);
    });
  } catch(error) {
    console.log(`Unfortunately, we couldn't retrieve all records
${error}`);
  }
}
```

这个方法调用 GetAll 来从 MongoDB 数据库检索全部记录。有了记录后，我们将迭代记录并创建它们的副本，以便添加到数组中。

注意　TodoItem 类是一个特殊的类，我们将使用它来把类型映射到 GraphQL。稍后在编写 GraphQL 服务器功能的时候，将介绍这个类。

填充事项数组固然很好，但是如果在代码中的其他位置无法访问事项，那么这个类的用途就不大。好在访问元素很简单，只需要添加一个 Items 属性：

```
get Items(): TodoItem[] {
  return this.items;
}
```

5.5.2 创建 GraphQL 架构

创建了数据库代码后，我们把注意力转到编写 GraphQL 服务器。为本章编写示例代码的时候，尽可能简化代码编写过程。如果查看 Facebook 提供的参考示例，会发现代码特别冗长：

```
import {
  graphql,
  GraphQLSchema,
  GraphQLObjectType,
  GraphQLString
} from 'graphql';

var schema = new GraphQLSchema({
  query: new GraphQLObjectType({
    name: 'RootQueryType',
    fields: {
      hello: {
        type: GraphQLString,
        resolve() {
          return 'world';
        }
      }
    }
  })
});
```

这个示例取自 https://github.com/graphql/graphql-js。可以看到，我们十分依赖一些特殊类型，但是它们不能一对一映射到 TypeScript 类型。

因为我们想让自己的代码对 TypeScript 友好，所以将使用 type-graphql。我们将通过 npm 安装 type-graphql，以及 graphql 类型定义和 reflect-metadata：

```
npm install type-graphql @types/graphql reflect-metadata --save
```

现在，应该把 tsconfig 文件配置为如下所示：

```
{
  "compileOnSave": false,
  "compilerOptions": {
    "target": "es2016",
    "module": "commonjs",
    "lib": ["es2016", "esnext.asynciterable", "dom"],
    "outDir": "./dist",
```

```
    "noImplicitAny": true,
    "esModuleInterop": true,
    "experimentalDecorators": true,
    "emitDecoratorMetadata": true,
  }
}
```

> **注意**　在这个 tsconfig 文件中，最值得注意的地方是 type-graphql 使用了只有 ES7 才提供的功能，所以我们需要在库中使用 ES2016（ES7 即 ES2016）。

设置 GraphQL 类型

刚才看到，设置 GraphQL 类型可能有点复杂。通过使用 type-graphql 和一些方便的装饰器，我们将创建一个架构来代表一个事项。

现在还不需要关心如何创建一个类型来代表多个事项。我们的事项将包含以下字段：

☐ Id（默认为空字符串）

☐ Title

☐ Description（我们暂时将其设置为一个可为 null 的值。创建 UI 时，我们将添加验证，保总是提供一个描述）

☐ 事项的到期日期（也可为 null）

☐ 事项的创建日期

☐ 创建事项后经过的天数（查询数据时将自动计算这个值）

☐ 事项是否已经完成

如果稍加留意，会发现这里的字段很好地映射到 MongoDB 架构中定义的那些字段。这是因为我们将使用数据库填充 GraphQL 类型，以及使用这些类型直接更新数据库。

首先来编写一个简单的类：

```
export class TodoItem {
}
```

前面提到，我们将为这个类使用装饰器。我们将使用 @ObjectType 装饰这个类的定义，从而能够创建复杂的类型。作为优秀的开发人员，我们还将提供一个描述，让类型的消费者能够得到一个文档，了解它代表的含义。现在，类定义如下所示：

```
@ObjectType({description: "A single to do"})
export class TodoItem {
}
```

我们将把字段添加到类型中，一次添加一个。首先添加 Id 字段，它将匹配数据库中的 Id 字段：

```
@Field(type=>ID)
Id: string="";
```

同样，我们为这个字段提供了一个装饰器，告诉 `type-graphql` 如何将我们的类转换成为 GraphQL 类型。通过使用 `type=>ID`，我们使用了 GraphQL 的 ID 类型。这个类型是一个字符串，映射到一个唯一值。它毕竟是一个 ID 字段，而约定要求 ID 字段必须是唯一的。

接下来添加 3 个可为 null 的字段：`Description`、`DueDate` 和 `CreationDate` 字段。我们并不会真的允许这 3 个字段的值为 null，这在本章后面添加 Angular 验证的时候会看到，但是知道如何为将来创建的任何 GraphQL 类型添加可为 null 的类型是十分重要的：

```
@Field({ nullable: true, description: "The description of the item." })
Description?: string;
@Field({ nullable: true, description: "The due date for the item" })
DueDate?: Date;
@Field({ nullable: true, description: "The date the item was created" })
CreationDate: Date;
```

另外还需要提供几个简单的字段：

```
@Field()
Title: string;
@Field(type => Int)
DaysCreated: number;
@Field()
Completed: boolean;
```

我们的查询类型将完全由架构构成，而代表这个架构的 `TodoItem` 现在如下所示：

```
@ObjectType({ description: "A single to do" })
export class TodoItem {
  constructor() {
    this.Completed = false;
  }
  @Field(type=>ID)
  Id: string = "";
  @Field()
  Title: string;
  @Field({ nullable: true, description: "The description of the item." })
  Description?: string;
  @Field({ nullable: true, description: "The due date for the item" })
  DueDate?: Date;
  @Field({ nullable: true, description: "The date the item was created" })
  CreationDate: Date;
  @Field(type => Int)
  DaysCreated: number;
  @Field()
  Completed: boolean;
}
```

我们将使用数据来修改后续查询的状态，以及更新数据库，所以除了为查询创建一个类，还需要为数据创建一个类。

修改状态就是指改变状态。我们希望在服务器重启后，这些修改仍然存在，使它们能够更新数据库和运行时缓存的状态。

用于修改的类看起来与 `TodoItem` 类十分相似。关键区别在于我们使用 `@InputType`，而不是 `@ObjectType`，并且该类实现了泛型 `Partial TodoItem`。另外一个区别是这个类没有 `DaysCreated` 字段，因为这个值是查询计算出来的，我们不需要添加字段来保存它：

```
@InputType()
export class TodoItemInput implements Partial<TodoItem> {
  @Field()
  Id: string;
  @Field({description: "The item title"})
  Title: string = "";
  @Field({ nullable: true, description: "The item description" })
  Description?: string = "";
  @Field({ nullable: true, description: "The item due date" })
  DueDate?: Date;
  @Field()
  CreationDate: Date;
  @Field()
  Completed: boolean = false;
}
```

> **注意**　如果不知道 `Partial` 的作用，可以这么理解：它使得 `TodoItem` 的所有属性变为可选属性。这使得新 mutation 类可以绑定到原来的类，而不必提供每一个属性。

5.5.3　创建 GraphQL 解析器

`TodoItem` 和 `TodoItemInput` 类的目的是提供描述了字段、类型和实参的架构。它们是我们的 GraphQL 拼图的重要部分，但是我们还缺少一块拼图：针对 GraphQL 服务器执行函数的能力。

我们需要有一种方式来解析类型的字段。使用 GraphQL 时，解析器代表单个字段。它获取我们需要的数据，实际上为 GraphQL 服务器提供了详细的指令，告诉它如何把查询转换为数据项（可以把这一点理解为我们为修改数据和查询数据创建单独架构的原因之一——我们不能使用查询字段的逻辑来修改字段）。从这一点可以看到，字段和解析器之间是一对一映射的关系。

使用 `type-graphql` 时，可以轻松创建复杂的解析器关系和操作。我们首先来定义类。

`@Resolver` 装饰器告诉我们，这个类的行为与 REST 类型中的控制器类相同：

```
@Resolver(()=>TodoItem)
export class TodoItemResolver implements ResolverInterface<TodoItem>{
}
```

严格来说，我们的类并不需要实现 `ResolverInterface`，但是我们将把它作为向 `DaysCreated` 字段添加字段解析器时的防护网。`DaysCreated` 字段将返回今天的日期与创建待办事项的日期之间的差。因为我们要创建一个字段解析器，ResolverInterface 将检查字段是否将对象类型的 @Root 装饰器作为参数，以及返回类型是否是正确的类型。

我们使用 @FieldResolver 装饰 DaysCreated 字段解析器，如下所示：

```
private readonly milliSecondsPerDay = 1000 * 60 * 60 * 24;
@FieldResolver()
DaysCreated(@Root() TodoItem: TodoItem): number {
  const value = this.GetDateDifference(...[new Date(),
TodoItem.CreationDate]);
  if (value === 0) {
    return 0;
  }
  return Math.round(value / this.milliSecondsPerDay);
}
private GetDateDifference(...args: [Date, Date]): number {
  return Math.round(args[0].valueOf() - args[1].valueOf());
}
```

虽然看起来复杂，但这些方法实际上很简单。DaysCreated 方法接收当前的 TodoItem，并使用 GetDateDifference 计算出今天和 CreationDate 值之间的差。

type-graphql 解析器也可以定义我们想要执行的查询和修改。定义一种方式来检索全部待办事项会很有用。我们将创建一个方法，并使用 @Query 来装饰该方法，以指出它是一个查询操作。因为查询有可能返回多个事项，所以我们告诉解析器，返回类型是 TodoItem 类型的一个数组。前面创建的 Prefill 类完成了复杂的工作，所以现在方法非常简单：

```
@Query(() => [TodoItem], { description: "Get all the TodoItems" })
async TodoItems(): Promise<TodoItem[]> {
  return await Prefill.Instance.Items;
}
```

我们想允许用户执行的操作之一是只查询已经过期的记录。可以使用在很大程度上与上一个查询类似的逻辑，但是我们将过滤出那些已经过期、但没有完成的记录：

```
@Query(() => [TodoItem], { description: "Get items past their due date" })
async OverdueTodoItems(): Promise<TodoItem[]> {
  const localCollection = new Array<TodoItem>();
  const testDate = new Date();
  await Prefill.Instance.Items.forEach(x => {
    if (x.DueDate < testDate && !x.Completed) {
      localCollection.push(x);
    }
  });
  return localCollection;
}
```

严格来说，对于这样一个改变数据形状的操作，一般会把过滤逻辑放到数据层，使其只返回合适的记录。本例在解析器中进行过滤，以便说明我们能够用自己需要的任意方式来改变相同数据源的形状。毕竟，检索的数据可能来自一个不允许我们改变其形状的数据源。

注
意

必须强调在执行任何查询或修改之前，必须先导入 reflect-metadata。之所以如此，是因为使用装饰器时会依赖反射。如果不导入 reflect-metadata，就无法使用装饰器，因为装饰器在内部使用反射。

能够查询数据固然很好，但解析器还应该能够对数据执行修改。为此，我们将添加解析器来添加、更新和删除待办事项，以及在用户认为已经完成事项时设置 Completed 标志。首先添加 Add 方法。

因为这是一个修改操作，所以需要使用 type-graphql 提供的 @Mutation 装饰器。该方法将接受一个 TodoItemInput 参数，这是通过 @Arg 装饰器传入的。我们需要显式提供这个 @Arg 装饰器，因为 GraphQL 期望修改将参数作为实参。通过使用 @Arg，我们就提供了必要的上下文。在提供修改时，我们也期望提供一个返回类型，所以让修改和方法的实际返回类型之间具有正确的映射十分重要：

```
@Mutation(() => TodoItem)
async Add(@Arg("TodoItem") todoItemInput: TodoItemInput): Promise<TodoItem>
{
}
```

我们修改方法的功能之一是除了更新 Prefill 事项，还会更新数据库，这意味着必须将方法中的输入转换为 ITodoSchema 类型。

我们将使用下面的简单方法来帮助自己：

```
private CreateTodoSchema<T extends TodoItem | TodoItemInput>(todoItem: T):
ITodoSchema {
  return <ITodoSchema>{
    Id: todoItem.Id,
    CreationDate: todoItem.CreationDate,
    DueDate: todoItem.DueDate,
    Description: todoItem.Description,
    Title: todoItem.Title,
    Completed: false
  };
}
```

注
意

我们既接受 TodoItem，也接受 TodoItemInput，因为我们将使用相同的方法来创建数据库层可以接受的记录。因为该记录可能是在 Prefill 事项中找到的特定记录，也可能是从 UI 传入的值，所以需要确保能够处理这两种情况。

Add 方法的第一部分将创建一个 TodoItem 事项，并将其存储到 Prefill 集合中。把该项添加到集合中之后，我们将把记录添加到数据库中。完整的 Add 方法如下所示：

```
@Mutation(() => TodoItem)
async Add(@Arg("TodoItem") todoItemInput: TodoItemInput): Promise<TodoItem>
{
  const todoItem = <TodoItem> {
    Id : todoItemInput.Id,
    CreationDate : todoItemInput.CreationDate,
    DueDate : todoItemInput.DueDate,
    Description : todoItemInput.Description,
    Title : todoItemInput.Title,
    Completed : todoItemInput.Completed
  };
  todoItem.Completed = false;
  await Prefill.Instance.Items.push(todoItem);
  await this.dataAccess.Add(this.CreateTodoSchema(todoItem));
  return todoItem;
}
```

了解了如何添加记录后，我们把注意力转到使用修改来更新记录。我们已经完成了基础设施的大部分代码，所以编写更新代码就简单多了。Update 方法首先在缓存中搜索修改过的事项的 Id，以获取已经缓存的条目。如果找到该记录，就用相关的 Title、Description 和 DueDate 来更新该记录，然后更新对应的数据库记录：

```
@Mutation(() => Boolean!)
async Update(@Arg("TodoItem") todoItemInput: TodoItemInput):
Promise<boolean> {
  const item: TodoItem = await Prefill.Instance.Items.find(x => x.Id ===
todoItemInput.Id);
  if (!item) return false;
  item.Title = todoItemInput.Title;
  item.Description = todoItemInput.Description;
  item.DueDate = todoItemInput.DueDate;
  this.dataAccess.Update(item.Id, this.CreateTodoSchema(item));
  return true;
}
```

删除记录并不比 Update 方法复杂。要删除记录，我们只需要提供 Id 值，所以方法签名从使用一个复杂类型作为输入变为使用一个简单类型（在本例中为字符串）作为输入。我们在缓存条目中搜索与指定 Id 匹配的记录的索引，找到后就使用 splice 方法删除缓存的条目。对数组应用 splice 时，其实就是删除从相关索引开始的指定数量的条目。因此，要删除一条记录，就用 1 作为这个方法的第二个参数。我们需要确保数据库的一致性，所以也需要从数据库中删除对应的记录：

```
@Mutation(() => Boolean!)
async Remove(@Arg("Id") id: string): Promise<boolean> {
  const index = Prefill.Instance.Items.findIndex(x => x.Id === id);
  if (index < 0) {
    return false;
  }
  Prefill.Instance.Items.splice(index, 1);
```

```
await this.dataAccess.Remove(id);
return true;
}
```

我们感兴趣的最后一个修改是将 Completed 标志设为 true，这个方法在很大程度上是 Remove 和 Update 方法的组合，因为它使用相同的逻辑来找到并更新记录。但是，与 Remove 方法相同，它只需要将 Id 作为输入实参。因为我们只想更新 Completed 字段，所以它是这个方法中修改的唯一字段：

```
@Mutation(() => Boolean!)
async Complete(@Arg("Id") id: string) : Promise<boolean> {
  const item: TodoItem = await Prefill.Instance.Items.find(x => x.Id ===
id);
  if (!item) return false;
  item.Completed = true;
  await this.dataAccess.Update(item.Id, this.CreateTodoSchema(item));
  return true;
}
```

> 提示　也可以选择重用客户端的 Update 方法，将 Completed 设为 true，但那样是在用一个复杂的调用来实现一个简单的目的。通过使用一个单独的方法，我们确保了代码做并且只做一件事。这样一来，我们就遵守了单一职责原则。

创建了解析器和架构后，我们把注意力转到添加代码来实际创建 GraphQL 服务器。

5.5.4　使用 Apollo Server 作为服务器

我们将为这个项目创建一个新的服务器实现，而不是重用前一章的服务器基础设施。Apollo 提供了自己的服务器实现，叫作 Apollo Server，我们将使用它来代替 Express。同样，首先引入必要的类型，然后创建类的定义。在构造函数中，我们将添加对 Mongo 数据库类的引用。

> 注意　Apollo Server 是提供 GraphQL 支持的 Apollo GraphQL 策略的一部分。这个服务器可以独立工作，也可以与其他服务器框架（如 Express）共同工作，生成自我说明的 GraphQL 数据。我们之所以选择使用 Apollo Server，是因为它内置了对使用 GraphQL 架构的支持。如果我们自行添加对 GraphQL 架构的支持，那只不过是重复开发 Apollo Server 免费提供给我们的功能。

首先导入类型：

```
npm install apollo-server apollo-server-express --save
```

然后，编写 Server 类：

```
export class MyApp {
  constructor(private mongo: Mongo = new Mongo()) { }
}
```

服务器将提供一个 Start 方法，用于连接数据库和启动 Apollo Server：

```
public async Start(): Promise<void> {
  this.mongo.Connect();
  await Prefill.Instance.Populate();
  const server = new ApolloServer({ schema, playground: true });
  await server.listen(3000);
}
```

创建 Apollo Server 实例时，我们指出想要使用 GraphQLSchema，但是没有定义该架构的任何东西。我们将使用 buildSchema 函数，它接受一系列选项，并使用它们创建 Apollo Server 将使用的架构。resolvers 接受一个 GraphQL 解析器数组，所以我们将提供 TodoItemResolver 作为想要使用的解析器。当然，数组的意思是我们能够使用多个解析器。

validate 标志指出我们是否想要验证传入解析器参数的对象。因为我们使用的是简单的对象和类型，所以把这个标志设为 false。

对于验证自己创建的 GQL，建议使用 emitSchemaFile 来传递架构。这将使用路径操作建立一个完全限定的路径名。在本例中，我们将解析到 dist 文件夹，在其中输出 apolloschema.gql 文件：

```
const schema: GraphQLSchema = await buildSchema({
  resolvers: [TodoItemResolver],
  validate: false,
  emitSchemaFile: path.resolve(__dirname, 'apolloschema.gql')
});
```

现在就完成了服务器端编码，接下来将添加 new MyApp().Start(); 来启动和运行应用程序。生成并运行服务器端时，将在 http://localhost:3000 启动启用 Apollo 的 GraphQL 服务器。我们还有一点没有讲到，即提供给 Apollo Server 选项的最后一个参数 playground: true。playground 是一个可视编辑器区域，允许运行 graphql 查询并查看其执行结果。

💡 提示　建议在生产代码中关闭 playground。不过在测试应用程序时，它是测试查询的一个很有价值的助手。

为了确认我们正确创建了各项功能，试着在查询窗口中输入一个 GraphQL 查询。在输入查询时，记住虽然与 JavaScript 对象表面上相似，但是并不需要使用不同的条目。下面给出了一个示例查询，它使用了 TodoItemResolver 中创建的 TodoItems 查询：

```
query {
  TodoItems {
    Id
    Title
    Description
    Completed
    DaysCreated
  }
}
```

5.5.5　GraphQL Angular 客户端

与前一章相同，我们将创建一个使用 Angular Material 作为 UI 的 Angular 客户端。同样，我们将使用 ng new 命令创建一个新应用程序，并且将前缀设为 atp。因为我们想在应用程序中添加对路由的支持，所以还将在命令行添加 --routing 参数。之所以这么做，是因为它将在 app.module.ts 中添加必要的 AppRoutingModule 条目，并为我们创建 app-routing.module.ts 路由文件：

```
ng new Chapter05 --style scss --prefix atp --routing true
```

在前一章，虽然我们使用了 Material，但是并没有使用路由。我们将在这个项目中最后一次使用 Material——后面的章中将回到使用 Bootstrap，所以我们需要在应用程序中添加对 Material 的支持（在看到提示时，不要忘了添加对浏览器动画的支持）：

```
ng add @angular/material @angular/cdk @angular/animation @angular/flex-layout
```

现在，app.module.ts 文件应该如下所示：

```
import { BrowserModule } from '@angular/platform-browser';
import { NgModule } from '@angular/core';
import { AppRoutingModule } from './app-routing.module';
import { AppComponent } from './app.component';
import { BrowserAnimationsModule } from '@angular/platform-browser/animations';
@NgModule({
  declarations: [
    AppComponent
  ],
  imports: [
    BrowserModule,
    AppRoutingModule,
    BrowserAnimationsModule
  ],
  providers: [],
  bootstrap: [AppComponent]
})
export class AppModule { }
```

我们需要把 Material 模块添加到 imports 中：

```
HttpClientModule,
HttpLinkModule,
BrowserAnimationsModule,
MatToolbarModule,
MatButtonModule,
MatSidenavModule,
MatIconModule,
MatListModule,
FlexLayoutModule,
HttpClientModule,
MatInputModule,
MatCardModule,
MatNativeDateModule,
MatDatepickerModule,
```

> 注意 我们在 `MatDatepickerModule` 的旁边添加了 `MatNativeDateModule`，这是由 Material 日期选择器的构建方式决定的。它不对日期的实现方式做任何假定，所以我们需要导入合适的日期表示方式。虽然可以编写自己的日期处理模块实现，但是导入 `MatNativeDateModule` 能为我们提供很大的帮助。如果不这么做，会得到一个运行时错误，告诉我们找不到 `DateAdapter` 的提供程序 (`No provider found for DateAdapter`)。

1. 在客户端添加 Apollo 支持
在创建 UI 之前，先来设置 Apollo 集成的客户端。虽然可以使用 npm 安装 Apollo 的各个部分，但是我们选择再次利用 ng 的强大能力：

```
ng add apollo-client
```

回到 AppModule，我们将设置 Apollo 来与服务器交互。AppModule 构造函数是注入 Apollo 来创建服务器连接的理想位置。构造函数一开始如下所示：

```
constructor(httpLink: HttpLink, apollo: Apollo) {
}
```

我们通过 `apollo.create` 命令来创建服务器连接。该命令有多个选项，但是我们只关注其中的 3 个。我们需要有一个链接，用来建立到服务器的连接。如果想要缓存交互的结果，还需要一个缓存。还需要覆盖默认的 Apollo 选项，设置一个监听查询不断从网络获取数据。如果不从网络获取数据，则在不刷新数据时，可能遇到缓存数据不新鲜的问题：

```
apollo.create({
  link: httpLink.create({ uri: 'http://localhost:3000' }),
  cache: new InMemoryCache(),
  defaultOptions: {
    watchQuery: {
      // To get the data on each get, set the fetchPolicy
```

```
    fetchPolicy: 'network-only'
    }
  }
});
```

提示　不要忘记，要注入组件，需要在 @NgModule 模块的 imports 部分添加相应的模块。在本例中，如果想在其他地方自动使用 HttpLinkModule 和 ApolloModule，则需要添加它们。

要让客户端与工作中的 Apollo Server 进行通信，这就是需要创建的全部代码。当然，在生产系统中，我们会从其他地方获取服务器地址，而不是使用硬编码的 localhost。但是对于本书的示例，使用硬编码就足够了。现在我们来添加界面以及使用路由导航到界面的能力。

2. 添加路由支持

需求决定了应用程序需要 3 个界面。主界面将显示全部待办事项，包括完成的和未完成的事项；第二个界面将显示过期的事项；最后一个界面将允许用户添加新事项。每个界面将作为单独的组件创建。我们现在先添加这些界面的假实现，以便能够设置路由：

```
ng g c components/AddTask
ng g c components/Alltasks
ng g c components/OverdueTasks
```

我们将在 app-routing.module.ts 文件中配置和管理路由，在该文件中定义希望 Angular 遵守的一套规则。

在开始添加路由之前，应该先弄明白术语“路由”的含义。路由对应于 URL，或者说路由对应于 URL 中基础地址之外的部分。因为我们的页面将在 localhost:4000 上运行，完整的 URL 将是 http://localhost:4000/。如果我们想让 AllTasks 组件映射到 http://localhost:4000/all，那么就认为路由是 all。

理解了什么是路由之后，需要将上述 3 个组件映射到各自的路由。首先来定义一个路由数组：

```
const routes: Routes = [
];
```

我们通过在模块定义中提供路由，将路由与路由模块关联起来，如下所示：

```
@NgModule({
  imports: [RouterModule.forRoot(routes)],
  exports: [RouterModule]
})
export class AppRoutingModule { }
```

我们想把 AllTasks 组件映射到 all，所以将其添加为路由内的数组元素：

```
{
  path: 'all',
  component: AlltasksComponent
},
```

现在，当启动 Angular 应用程序时，如果键入 `http://localhost:4000/all`，就可以显示 all 事项页面。虽然这个效果很不错，但是如果不为网站提供一个默认着陆页面，那么用户会感到不满意。用户的期望一般是不需要知道任何页面名称，就可以进入网站，而我们会给他们提供指示，让他们能够从着陆页面导航到其他合适的页面。好消息是实现这种功能很简单。我们将添加另外一个包含空路径的路由。当遇到空路径时，就把用户重定向到 all 页面：

```
{
  path: '',
  redirectTo: 'all',
  pathMatch: 'full'
},
```

现在，当用户导航到 `http://localhost:4000/` 时，就会被重定向，看到所有未完成事项。

我们还想让用户能够导航到另外两个组件：`AddTask` 页面和 `OverdueTasks` 页面。同样，我们将通过新的路由支持导航到这些页面。添加了这些路由后，就添加了我们需要的所有核心路由支持，所以就可以关闭这个文件了：

```
{
  path: 'add',
  component: AddTaskComponent
},
{
  path: 'overdue',
  component: OverduetasksComponent
}
```

3. 路由 UI

在应用程序中添加路由支持的最后一个部分是设置 `app.component.html` 的内容。我们将在该文件中添加一个工具栏，其包含指向所有页面的链接，还将在该文件中添加一个位置来显示页面组件自身。工具栏包含 3 个导航列表项。每个链接的关键部分是 `routeLink`，它将链接绑定到我们之前添加的地址。这部分的作用实际上是告诉代码，当链接该路由时，我们想让内容渲染到特殊的 `router-outlet` 标签中，它是实际组件内容的一个占位符：

```html
<mat-toolbar color="primary">
  <mat-nav-list><a mat-list-item routerLink="all">All tasks</a></mat-nav-list>
  <mat-nav-list><a mat-list-item routerLink="overdue">Overdue tasks</a></mat-nav-list>
  <mat-nav-list><a mat-list-item routerLink="add">Add task</a></mat-nav-list>
```

```
</mat-toolbar>
<div>
  <router-outlet></router-outlet>
</div>
```

现在，当运行应用程序时，单击不同的链接将显示合适的页面，虽然页面中只包含很少的内容。

5.5.6　向页面组件添加内容

创建路由后，就可以在页面中添加功能了。除了添加内容，我们还将在应用程序中使用 Angular 验证，以便为用户提供即时反馈。我们首先将创建 AddTask 组件。如果不能添加事项，就不会有要显示的事项，所以先创建这个组件来添加一些待办事项。

在开始添加 UI 元素之前，尽可能先完成组件背后的逻辑。这样一来，添加 UI 的工作就变得简单了。在一些情况中，甚至还没有考虑如何显示特定的界面部分，或者使用什么控件来显示该部分，就已经决定了 UI 约束。按照这种思想，我们知道待办事项中包含 DueDate。如果花点时间思考这个字段，会意识到在创建待办事项时，让其具有一个过期日期没有意义。因此，我们将把待办事项能够具有的最早过期日期设置为今天。无论使用什么控件来选择日期，都可以用这一点作为约束：

```
EarliestDate: Date;
ngOnInit() {
 this.EarliestDate = new Date();
}
```

为了创建待办事项，需要从用户那里获取 3 条信息，包括标题、描述和日期的过期日期。这说明，模型需要包含 3 项：

```
Title: string;
Description?: string;
DueDate: Date;
```

添加事项组件的模型端只需要这几条信息，但是现在还无法将任何信息实际保存到 GraphQL 服务器。我们需要在组件中引入对 Apollo 的支持，才能开始与服务器通信。为此，只需要在构造函数中添加 Apollo 的引用：

```
constructor(private apollo: Apollo) { }
```

要执行的操作必须与解析器的期望匹配。这意味着类型必须完全匹配，并且 GraphQL 代码必须是具有正确的格式。因为将要执行的操作是添加操作，所以将把用来添加数据的方法命名为 Add：

```
Add(): void {
}
```

添加操作将触发服务器上创建的解析器的 Add 修改。我们知道它接受一个 TodoItemInput 实例，所以需要将客户端模型转换成为一个 TodoItemInput 实例，如下所示：

```
const todo: ITodoItemInput = new TodoItemInput();
todo.Completed = false;
todo.Id = Guid.create.toString();
todo.CreationDate = new Date();
todo.Title = this.Title;
todo.Description = this.Description;
todo.DueDate = this.DueDate;
```

这段代码中的 Guid.create.toString() 调用是我们不熟悉的，它负责创建一个**唯一标识符**（**GUID，即全局唯一标识符**）。GUID 是一个 128 位的数字，在外部表示为字符串和数字格式，例如 **a14abe8b-3d9b-4b14-9a66-62ad595d4582**。因为 GUID 基于数学运算来确保唯一性，而不是调用一个中央存储库来获取一个唯一值，所以生成速度很快。通过使用 GUID，我们给待办事项提供了一个唯一值。如有需要，也可以选择在服务器上执行此操作，但是我选择在客户端生成整个消息。

为了使用 GUID，我们将使用 guid-typescript 组件：

```
npm install --save guid-typescript
```

现在可以添加将数据传输到 GraphQL 服务器的代码。如前所述，我们将使用 Add 修改，这意味着调用 apollo 客户端的 mutate：

```
this.apollo.mutate({
 ... logic goes here
})
```

mutation 是经过 gql 处理的特殊格式的字符串。如果能够看到完整的这段代码，就能够将其分解开：

```
this.apollo.mutate({
  mutation: gql`
    mutation Add($input: TodoItemInput!) {
      Add(TodoItem: $input) {
        Title
      }
    }
  `, variables: {
    input: todo
  }
}).subscribe();
```

我们已经知道将会调用修改，所以让 mutate 方法接受一个修改作为 MutationOption。

> 注意 可以提供给 MutationOption 一个 FetchPolicy 参数，用它来覆盖前面创建 Apollo 链接时设置的默认选项。

修改使用 gql 来创建这个特殊格式的查询。它分为两个部分：字符串文本和我们需要应用的任何变量。字符串文本告诉我们查询是什么，而变量部分则创建一个输入变量，它映

射到我们之前创建的 `TodoItemInput`。在 `gql` 字符串中用 `$` 表示变量，所以任何变量名在查询中必须有一个对应的 `$variable`。当修改完成后，我们告诉它返回标题。我们并不需要实际取回任何值，但是我在前面进行调试时，发现使用标题来判断是否从服务器那里得到了响应十分有用。

> **注意**　我们使用反引号 ` ，因为它允许我们将输入展开到多行中。

调用 `subscribe` 时将触发 `mutate` 方法。如果不提供 `subscribe`，则不会进行修改。为了方便起见，我还添加了一个 Reset 方法，从而能够在用户完成输入后在 UI 中清除值。之所以这么做，是为了让用户能够立即输入新值：

```
private Reset(): void {
  this.Title = ``;
  this.Description = ``;
  this.DueDate = null;
}
```

这就完成了组件内的逻辑。接下来要做的是添加在组件内显示的 HTML。在向组件添加任何元素之前，我们想要显示将会包含显示内容的卡片。该卡片将在界面中水平和垂直居中。Material 并没有直接提供这种样式，所以我们必须提供自己的局部样式。还需要设置另外几个样式来指定文本区域的大小和卡片的宽度，以及设置表单字段的显示方式，使每个字段显示在单独一行中。

首先设置让卡片居中的样式。卡片将显示在一个 `div` 标签内，所以我们对 `div` 标签应用样式，使其居中显示卡片：

```
.centerDiv{
  height: 100vh;
  display: flex;
  justify-content: center;
  align-items: center;
}
```

现在可以设置 Material 卡片和表单字段的样式：

```
.mat-card {
 width: 400px;
}
.mat-form-field {
 display: block;
}
```

最后，把 `textarea` 标签的高度设为 100 像素，用户将在这个区域输入事项描述：

```
textarea {
  height: 100px;
  resize: vertical;
}
```

回到显示部分，我们将设置卡片的容器，使卡片居中显示：

```
<div class="centerDiv" layout-fill layout="column" layout-align="center
none">
  .... content here
</div>
```

现在，我们想利用 Angular 的强大能力，对用户输入进行验证。为了处理用户输入，使其看起来彼此相关，我们将把输入部分放到一个 HTML 表单中：

```
<form name="form" (ngSubmit)="f.form.valid && Add()" #f="ngForm">
  .... the form content goes here.
</form>
```

我们需要稍微分解表单语句。首先来确定 #f="ngForm" 在做什么。这个语句将 ngForm 组件赋值给一个变量 f。当使用 ngForm 时，是在引用 FormsModule 内的组件（确保要在 app.module 的 imports 部分注册该组件）。之所以这么做，是因为这个赋值意味着我们能够访问组件自身的属性。使用 ngForm 意味着我们在使用顶层表单组，所以可以跟踪表单是否有效。

在 ngSubmit 内可以看到这种代码。我们在 ngSubmit 内订阅了事件，它会告诉我们用户已经触发了表单提交操作，这会导致检查验证逻辑；当数据有效时，就触发 Add 方法。这样一来，就不必在用户单击 **Save** 按钮时直接调用 Add 方法，因为提交事件会替我们处理相关操作。

在 ngSubmit 中也使用了短路逻辑。换句话说，如果表单无效，就不会调用 Add 方法。

现在就可以添加卡片了。卡片完全位于表单内。我们把标题部分放到 mat-card-title 部分，将按钮放到 mat-card-actions 部分，这会把按钮在卡片底部对齐排列。如刚才所述，我们不会为 **Save** 按钮提供一个单击事件处理程序，因为表单提交将会处理单击按钮的操作：

```
<div layout="row" layout-align="center none">
  <mat-card>
    <mat-card-title>
      <span class="mat-headline">Add ToDo</span>
    </mat-card-title>
  <mat-card-content>
  .... content here.
  <mat-card-content>
    <mat-card-actions>
      <button mat-button class="btn btn-primary">Save</button>
    </mat-card-actions>
  </mat-card>
</div>
```

现在可以添加字段，把它们绑定到底层模型的字段上。我们将首先介绍标题字段，因为描述字段在很大程度上也遵守这种格式。我们将首先添加字段及其相关的验证显示，然后分解操作：

```
<mat-form-field>
  <input type="text" matInput placeholder="Title" [(ngModel)]="Title"
name="title" #title="ngModel" required />
</mat-form-field>
<div *ngIf="title.invalid && (title.dirty || title.touched)" class="alert
alert-danger">
  <div *ngIf="title.errors.required">
    You must add a title.
  </div>
</div>
```

输入元素的第一个部分的含义很明显。我们把它创建为一个文本字段，并使用 matInput 来绑定标准输入，以便能够在 mat-form-field 中使用标准输入。然后，就可以将占位符文本设置为合适的文本。

我选择使用 [(ngModel)] 而不是 [ngModel]，是由绑定的工作方式决定的。使用 [ngModel] 时，得到的是单向绑定，底层属性的值将改变显示它的 UI 元素。因为我们将允许用户输入修改值，所以需要使用的绑定应该允许将信息从模板发送到组件。在这里，我们将值发送给元素的 Title 属性。

name 属性是必须设置的。如果不设置，Angular 将抛出内部警告，我们的绑定也将无法正确工作。我们在这里设置 name，然后使用 # 和给 name 设置的值来将其绑定到 ngModel。因此，如果 name="wibbly"，则我们将使用 #wibbly="ngModel"。

因为这是一个必要字段，所以需要提供 required 属性，表单验证将在这里开始工作。

我们已经把输入元素绑定到了验证，接下来需要有一种方式来显示错误。这就是下一个 div 语句的作用。这个 div 语句的开标签的意思是：*如果标题无效（例如，这是个必要字段，但还没有被设置），并且其中的值发生了变化，或者我们在某个时刻让该字段获得了焦点，则需要使用 alert 和 alert-danger 属性来显示内部内容。*

因为验证失败可能只是几种不同的失败之一，所以需要告诉用户实际的问题是什么。内部 div 语句的作用域为特定的错误，所以能够显示合适的文本。因此，执行到 title. errors.required 时，如果没有输入值，模板将显示 "**You must add a title**"。

> 注意　我们不介绍描述字段，因为它的格式在很大程度上与标题字段相同。建议阅读 Git 代码来了解其格式。

我们还需要向组件添加 DueDate 字段。我们将使用 Angular 日期选取器模块来添加这个字段。日期选取器实际上由 3 个部分组成。

其中包含一个输入字段，可供用户直接键入日期。这个字段上将配置一个 min 属性，把用户能够选择的最早日期绑定到组件背后的代码中创建的 EarliestDate 字段。与标题字段一样，我们将把这个字段设为必要字段，以便让 Angular 验证该字段，而且我们将应用 #datepicker="ngModel"，以便通过设置 name，将 ngModel 组件与这个输入字段关联起来：

```
<input matInput [min]="EarliestDate" [matDatepicker]="picker"
name="datepicker" placeholder="Due date"
 #datepicker="ngModel" required [(ngModel)]="DueDate">
```

我们使用 [matDatepicker]="picker" 来关联输入字段，并添加了 mat-datepicker 组件作为表单字段的一部分。我们使用 #picker 将这个组件命名为 picker，它将关联到输出字段的 matDatepicker 绑定上：

```
<mat-datepicker #picker></mat-datepicker>
```

最后要添加一个切换按钮，用户可以按下该切换按钮，在页面上显示日历。这是使用 mat-datepicker-toggle 实现的。通过使用 [for]="picker"，告诉它要将日历应用到什么日期选取器：

```
<mat-datepicker-toggle matSuffix [for]="picker"></mat-datepicker-toggle>
```

现在，表单字段如下所示：

```
<mat-form-field>
  <input matInput [min]="EarliestDate" [matDatepicker]="picker"
name="datepicker" placeholder="Due date"
    #datepicker="ngModel" required [(ngModel)]="DueDate">
  <mat-datepicker-toggle matSuffix [for]="picker"></mat-datepicker-toggle>
  <mat-datepicker #picker></mat-datepicker>
</mat-form-field>
```

我们还需要添加验证。因为我们已经定义了用户能够选择的最早日期是今天，所以不需要对最早日期添加任何验证。我们不需要关心最晚日期，所以只需要检查用户是否选择了一个日期：

```
<div *ngIf="datepicker.invalid && (datepicker.dirty || datepicker.touched)"
class="alert alert-danger">
  <div *ngIf="datepicker.errors.required">
    You must select a due date.
  </div>
</div>
```

现在，我们能够在待办事项列表中添加事项，并把它们保存到数据库中，但是如果不能查看这些事项，那么前面的工作将没有什么用。现在将把注意力转到 AllTasksComponent 和 OverdueTasksComponent 组件。

AllTasksComponent 和 OverdueTasksComponent 组件将显示相同的信息。这两个组件的区别在于所做的 GQL 调用。因为它们具有相同的显示，所以我们将添加一个新组件，使其显示待办事项的信息。AllTasksComponent 和 OverdueTasksComponent 都将使用这个组件：

```
ng g c components/Todo-Card
```

与添加事项组件一样，`TodoCardComponent` 首先添加一个 `EarliestDate` 字段，并导入 Apollo 客户端：

```
EarliestDate: Date;
constructor(private apollo: Apollo) {
  this.EarliestDate = new Date();
}
```

现在需要考虑这个组件要实际做什么工作。它从 `AllTasksComponent` 或者 `Overdue-TasksComponent` 接受一个 `ITodoItem` 作为输入，所以需要有一种方法来让组件传入此信息。还需要有一种方法在删除待办事项时通知组件，使其能够在显示的事项中删除该事项（我们只在客户端实现此操作，而不是通过 GraphQL 触发一个查询）。当用户编辑记录时，UI 将添加一个 **Save** 按钮，所以我们需要有一种方法来知道用户是否进入了编辑区域。

确定了组件的这些需求后，就可以添加必要的代码来支持这些需求。首先，我们来处理把一个值作为输入参数传递给组件的问题。换句话说，我们将添加一个容器可见并通过绑定设置其值的字段。好消息是，Angular 使得完成这项工作非常简单。通过使用 `@Input` 标记字段，就可以使该字段可进行数据绑定：

```
@Input() Todo: ITodoItem;
```

这处理了输入，但我们如何让容器知道发生了某件事情呢？当删除事项时，我们想引发一个事件，作为组件的输出。同样，Angular 允许使用 `@Output` 来公开某个东西，从而简化我们要做的工作。在这里，我们要公开的是 `EventEmitter`。当把它公开给容器时，容器就可以订阅事件，并且在我们发出事件时做出反应。创建 `EventEmitter` 时，我们将传回事项的 `Id`，所以需要 `EventEmitter` 是一个字符串事件：

```
@Output() deleted: EventEmitter<string> = new EventEmitter<string>();
```

添加了这些代码后，就可以更新将绑定到组件的 `AllTasksComponent` 和 `Overdue-TasksComponent` 模板了：

```
<div fxLayout="row wrap" fxLayout.xs="column" fxLayoutWrap
fxLayoutGap="20px grid" fxLayoutAlign="left">
  <atp-todo-card
    *ngFor="let todo of todos"
    [Todo]="todo"
    (deleted)="resubscribe($event)"></atp-todo-card>
</div>
```

在完成 `TodoCardComponent` 的逻辑之前，先回到 `AllTasksComponent` 和 `OverdueTasksComponent` 组件。它们在内部很相似，所以我们将主要关注 `OverdueTasksComponent` 中的逻辑。

这些组件的构造函数中接受一个 Apollo 客户端，不过这应该不会让你感到惊讶。前面在 `ngFor` 那里看到，组件还将公开一个 `ITodoItem` 数组，命名为 `todos`，我们的查询将填充这个数组：

```
todos: ITodoItem[] = new Array<ITodoItem>();
constructor(private apollo: Apollo) { }
```

查看存储库中的代码会注意到，我们没有把这段代码添加到组件中，而是使用了一个基类 SubscriptionBase，它为我们提供了一个 Subscribe 方法和一个重新订阅事件。

Subscribe 方法是一个泛型方法，将 OverdueTodoItemQuery 或 TodoItemQuery 作为类型，接受一个 gql 查询，并返回一个 Observable，我们可以订阅该 Observable 来取出底层数据。之所以添加一个基类，是因为 AllTasksComponent 和 OverdueTasksComponent 几乎完全相同，所以重用尽可能多的代码是很合理的。这种理念有时候被称为 "**不要重复自己**"（**Don't Repeat Yourself，DRY**）：

```
protected Subscribe<T extends OverdueTodoItemQuery |
TodoItemQuery>(gqlQuery: unknown): Observable<ApolloQueryResult<T>> {
}
```

这个方法使用 gql 创建查询，并将 fetch-policy 设置为 no-cache，以强制查询从网络读取数据，而不是依赖于 app-module 中设置的缓存。这是控制是否从内存缓存中读取数据的另外一种方式：

```
return this.apollo.query<T>({
  query: gqlQuery,
  fetch-policy: 'no-cache'
});
```

我们扩展两个接口，是因为它们都公开了相同的事项，但是使用了不同的名称。OverdueTodoItemQuery 公开了 OverdueTodoItems，而 TodoItemsQuery 公开了 TodoItems。我们扩展两个接口，而不是只使用一个接口，是因为字段必须匹配查询的名称。Apollo 客户端使用这一点来自动映射结果。

当用户在界面中单击删除按钮时将调用 resubscribe 方法（我们稍后将介绍如何构建 UI 模板）。我们看到，resubscribe 方法绑定到事件，并且以字符串类型接受事件，其中包含要删除的事项的 Id。为了删除记录，需要找到具有匹配 Id 的事项，然后通过 splice() 方法来删除该记录：

```
resubscribe = (event: string) => {
  const index = this.todos.findIndex(x => x.Id === event);
  this.todos.splice(index, 1);
}
```

回到 OverdueTasksComponent，我们需要调用 subscribe，传入 gql 查询，并订阅返回数据。当数据返回时，我们将填充 todos 数组，该数组的数据将显示在 UI 中：

```
ngOnInit() {
  this.Subscribe<OverdueTodoItemQuery>(gql`query ItemsQuery {
    OverdueTodoItems {
      Id,
      Title,
      Description,
```

```
    DaysCreated,
    DueDate,
    Completed
  }
}`).subscribe(todo => {
  this.todos = new Array<ITodoItem>();
  todo.data.OverdueTodoItems.forEach(x => {
    this.todos.push(x);
  });
});
}
```

> **注意**　关于订阅需要知道，因为我们在创建一个新的事项列表进行显示，所以需要先清空 this.todos，然后再把整个列表填入该数组。

完成了 AllTasksComponent 和 OverdueTasksComponent 后，我们将注意力转回 TodoCardComponent。在完成组件逻辑之前，需要看看模板是如何创建的。其逻辑中的一大部分与添加事项 UI 的逻辑相似，所以我们不必担心如何绑定到表单或者添加验证。这里要关注的地方是，当用户在编辑模式而不是只读或者基于标签的模式中时，事项组件的显示方式是不同的。首先来看标题。当事项在只读模式中时，我们只是显示 span 中的标题，如下所示：

```
<span>{{Todo.Title}}</span>
```

编辑事项时，我们想显示输入元素和验证，如下所示：

```
<mat-form-field>
  <input type="text" name="Title" matInput placeholder="Title"
[(ngModel)]="Todo.Title" #title="ngModel"
    required />
</mat-form-field>
<div *ngIf="title.invalid && (title.dirty || title.touched)" class="alert
alert-danger">
  <div *ngIf="title.errors.required">
    You must add a title.
  </div>
</div>
```

我们使用 Angular 的一个技巧来做到这一点。在后台，我们维护一个 InEdit 标志。当该标志为 false 时，我们显示 span。当该标志为 true 时，我们显示一个模板，其中包含输入逻辑。为此，首先把 span 放到一个 div 标签内。该标签有一个绑定到了 InEdit 的 ngIf 语句。ngIf 语句包含一个 else 子句，可选择并显示具有匹配名称的模板：

```
<div *ngIf="!InEdit;else editTitle">
  <span>{{Todo.Title}}</span>
</div>
```

```
<ng-template #editTitle>
  <mat-form-field>
    <input type="text" name="Title" matInput placeholder="Title"
[(ngModel)]="Todo.Title" #title="ngModel"
      required />
  </mat-form-field>
  <div *ngIf="title.invalid && (title.dirty || title.touched)" class="alert
alert-danger">
    <div *ngIf="title.errors.required">
      You must add a title.
    </div>
  </div>
</ng-template>
```

其他字段的显示方式类似。关于只读字段的显示方式，还有一点值得注意。我们需要设置 DueDate 的格式，以便将其显示为有意义的日期，而不是数据库中保存的原生的日期 / 时间格式。我们使用 | 将 DueDate 添加到一个特殊的日期格式化器，它控制着日期的显示格式。例如，使用下面的日期管道时，2018 年 3 月 21 日将显示为 Due: Mar 21st, 2019：

```
<p>Due: {{Todo.DueDate | date}}</p>
```

请花些时间查看 todo-card.component.html 的其余部分。切换模板是常见的操作，所以这是了解如何使相同的 UI 满足两种用途的好方法。

在组件中，还有 3 个操作需要了解。首先是 Delete 方法，当用户按下组件中的删除按钮时，将触发该方法。这个方法很简单，它调用 Remove 修改，传入要删除的 Id。当从服务器删除事项后，我们调用 deleted 事件的 emit。该事件把 Id 传回外围组件，其结果是从 UI 中删除该事项：

```
Delete() {
  this.apollo.mutate({
    mutation: gql`
    mutation Remove($Id: String!) {
      Remove(Id: $Id)
    }
    `, variables: {
      Id: this.Todo.Id
    }
  }).subscribe();
  this.deleted.emit(this.Todo.Id);
}
```

Completed 方法同样很简单。当用户单击 Complete 链接时，就调用 Complete 查询，传递当前 Id 作为匹配变量。因为此时可能处于编辑模式，所以调用 this.Edit(false) 来切换回到只读模式：

```
Complete() {
  this.apollo.mutate({
    mutation: gql`
```

```
    mutation Complete($input: String!) {
      Complete(Id: $input)
    }
    `, variables: {
      input: this.Todo.Id
    }
  }).subscribe();
  this.Edit(false);
  this.Todo.Completed = true;
}
```

Save 方法与添加事项组件中的 Add 方法非常类似。同样，当这个修改完成时，我们需要从编辑模式切换回到只读模式：

```
Save() {
  const todo: ITodoItemInput = new TodoItemInput();
  todo.Completed = false;
  todo.CreationDate = new Date();
  todo.Title = this.Todo.Title;
  todo.Description = this.Todo.Description;
  todo.DueDate = this.Todo.DueDate;
  todo.Id = this.Todo.Id;
  this.apollo.mutate({
    mutation: gql`
      mutation Update($input: TodoItemInput!) {
        Update(TodoItem: $input)
      }
    `, variables: {
      input: todo
    }
  }).subscribe();

  this.Edit(false);
}
```

现在，我们就有了一个完全可以工作的、基于客户端和服务器的 GraphQL 系统。

5.6　小结

本章通过将 GraphQL 视为 REST 服务的替代方法，用它来检索和更新数据，探索了 GraphQL 带来的优势。我们介绍了如何设置 Apollo 来作为服务器端的 GraphQL 引擎，并将 Apollo 添加到 Angular 客户端来与服务器交互，还介绍了 GQL 查询语言。为了充分利用 TypeScript 的强大功能，我们引入了 type-graphql 包来简化 GraphQL 架构和解析器的创建。

我们将前一章的内容作为基础，说明了如何构建一个可重用的 MongoDB 数据访问层。虽然能做的还有很多，但我们已经有了一个很好的起点，为移除一些应用程序约束（如需要使用 Id 来找到记录）留出了空间。

本章还介绍了如何使用 Angular 路由，根据用户选择的路由显示不同的视图。我们仍然使用 Material，以便了解如何将这种逻辑应用到第 4 章介绍的导航内容。还介绍了 Angular 提供的验证功能，以阻止用户提供错误的输入，以及如何对内联模板使用验证，从而为用户提供关于错误的一致反馈。

下一章将介绍另外一种与服务器通信的方法，即使用 Socket.IO 来维护客户端与服务器之间的开放连接。我们将构建一个 Angular 聊天应用程序，将对话自动转发到该应用程序的所有开放连接上。不止如此，我们还将介绍如何用 Bootstrap 代替 Material 用到 Angular 中，同时仍然使用路由等功能。我们还将介绍大部分专业应用程序都依赖的一项功能：用户身份验证。

习题

1. GraphQL 意图完全取代 REST 客户端吗？
2. 修改在 GraphQL 中的用途是什么？我们期待它们使用哪些类型的操作？
3. 在 Angular 中，如何将一个参数传递给子组件？
4. 架构与解析器之间有什么区别？
5. 如何创建一个单例？

现在的函数不会从过期事项页面删除已经完成的事项。你需要增强代码，在用户单击完成后，从该页面移除已经完成的事项。

延伸阅读

❑ 要 想 深 入 了 解 GraphQL，建 议 阅 读 Brian Kimokoti 撰 写 的 *Beginning GraphQL*（ https://www.packtpub.com/in/application-development/ beginning-graphql），这是一本很好的图书。

❑ 要了解在 React 中如何使用 GraphQL，建议阅读 Sebastian Grebe 撰写的 *Hands-on Full-Stack Web Development with GraphQL and React*（ https://www.packtpub.com/in/ webdevelopment/hands-full-stack-web-development-graphql-and-react）。

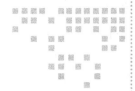

第 6 章 *Chapter 6*

使用 Socket.IO 构建一个聊天室
应用程序

　　本章将介绍如何使用 Socket.IO 创建一个 Angular 聊天室应用程序，从而不需要建立 REST API 或者使用 GraphQL 查询，就可以在客户端与服务器之间发送消息。我们将使用的技术会在客户端与服务器之间建立一个长期有效的连接，并且通过传递消息就可以在二者之间进行通信。

　　本章将介绍以下主题：

☐ 使用 Socket.IO 建立客户端 / 服务器之间的长时间通信。

☐ 创建一个 Socket.IO 服务器。

☐ 创建一个 Angular 客户端，并添加 Socket.IO 支持。

☐ 使用装饰器添加客户端日志。

☐ 在客户端使用 Bootstrap。

☐ 添加 Bootstrap 导航。

☐ 注册 Auth0 来验证客户端。

☐ 在客户端添加 Auth0 支持。

☐ 添加安全的 Angular 路由。

☐ 把 Socket.IO 消息绑定到客户端和服务器。

☐ 使用 Socket.IO 命名空间来隔离消息。

☐ 添加对房间的支持。

☐ 接收和发送消息。

6.1 技术需求

完成后的项目可从 `https://github.com/PacktPublishing/Advanced-TypeScript-3-Programming-Projects/tree/master/Chapter06` 下载。

下载项目后，需要使用 `npm install` 命令安装必要的包。

6.2 使用 Socket.IO 建立客户端/服务器之间的长时间通信

到目前为止，我们已经介绍了在客户端与服务器之间进行通信的几种不同的方式，但是这些方式之间有一个共同点：它们响应某种形式的交互来触发数据的传输。无论是单击链接还是按下按钮，都是某种用户输入触发了双方的通信。

但是，在一些情况中，我们想要让客户端与服务器之间的通信线路保持打开，使得数据一旦可用，就可以推送出去。例如，如果我们在玩一个网络游戏，那么不会想每次都按一个按钮，才能在屏幕上看到其他玩家的状态更新。我们需要有一种技术来保持连接，并允许传递消息。

多年来，有许多技术被开发出来，专门用于解决这个问题。其中一些技术（如 flash socket）依赖于专利系统，变得不再受欢迎。这些技术统称为**推送技术**。有一种叫作 **WebSocket** 的推送技术被开发出来并变得流行，得到了所有主流浏览器的支持。需要知道的是，WebSocket 是与 HTTP 协同工作的一种协议。

> 注意 这里介绍关于 WebSocket 的一点小知识。与 HTTP 不同的是，HTTP 使用 HTTP 或 HTTPS 来指代协议，而 WebSocket 的规范则将 **WS** 或 **WSS**（**WebSocket Secure** 的缩写）作为协议的标识符。

在 Node 的世界中，Socket.IO 已经成为启用 WebSocket 通信的事实上的标准。我们将使用 Socket.IO 构建一个聊天室应用程序，为所有建立连接的用户保持聊天的开放状态。

6.3 项目概述

聊天室是一个经典的基于套接字的应用程序，它几乎是套接字应用程序的 *Hello World*。聊天室之所以如此有用，是因为它允许我们探索如何向其他用户发送消息、如何响应其他用户的消息以及如何使用房间来区分向什么地方发送聊天等技术。

在前面的两章中，Material 设计扮演了重要的角色，现在是时候回归 Bootstrap 4，了解如何使用它来布局 Angular 应用程序的界面了。我们还将在客户端与服务器使用 Socket.IO 来启用双向通信。前面章节中没有提供验证用户的能力，但在本章中，我们将通过注册使用

Auth0（`https://auth0.com/`），引入对身份验证的支持。

参考 GitHub 中的代码时，完成本章的项目大概需要两个小时。完成后的应用程序如图 6-1 所示。

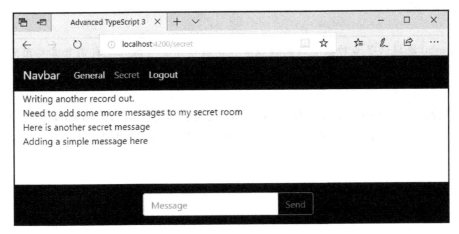

图 6-1

了解了我们想要构建什么类型的应用程序以及其显示效果后，就可以开始构建这个应用程序了。下一节将介绍如何使用 Auth0，在应用程序中添加外部身份验证。

6.4 开始使用 Socket.IO 和 Angular

大部分需求（如 Node.js 和 Mongoose）与前面的章节相同，所以这里不再列出额外的组件。在介绍本章内容的过程中，我们将指出需要使用的任何新组件。与前面一样，查看 GitHub 中的代码可了解我们使用了什么组件。

在本章中，我们将使用 Auth0（`https://auth0.com`）来验证用户的身份。Auth0 是进行身份验证时最流行的选择之一，能够处理基础设施的所有方面。我们只需要提供一个安全的登录和信息存储机制。我们选择使用 Auth0，是为了利用其 API，验证通过使用开放身份验证（**open authentication，OAuth**）框架来使用我们的应用程序的用户，并根据身份验证的结果，自动显示或隐藏应用程序的某些部分。使用 OAuth 或其新版本 OAuth 2 时，是在使用一种标准的授权协议，允许通过身份验证的用户访问应用程序的功能，而不必注册我们的网站并提供登录信息。

> 📷 注意　本章一开始打算使用 Passport 来提供身份验证支持，但是考虑到近期一些公司（如 Facebook）发生的备受关注的安全问题，我决定使用 Auth0 来管理身份验证。对于身份验证，我认为应该使用提供最佳安全功能的产品。

在编写代码之前，先来注册 Auth0，并创建单页面 Web 应用程序所需要的基础设施。单击 **Sign Up** 按钮，这将重定向到下面的 URL：`https://auth0.com/signup?signUpData=%7B%22category%22%3A%22button%22%7D`。我选择使用我的 GitHub 账户进行注册，但你可以选择任意可用的选项。

> 注意 Auth0 既提供了多种收费的高级服务，也提供了免费版本。我们只需要用到基本功能，所以免费版本就足以满足我们的需要。

注册后，需要按 **Create Application** 按钮，这将打开 **Create Application** 对话框。为其命名，然后选择 **Single Page Web App**，最后单击 **CREATE** 按钮创建 Auth0 应用程序，如图 6-2 所示。

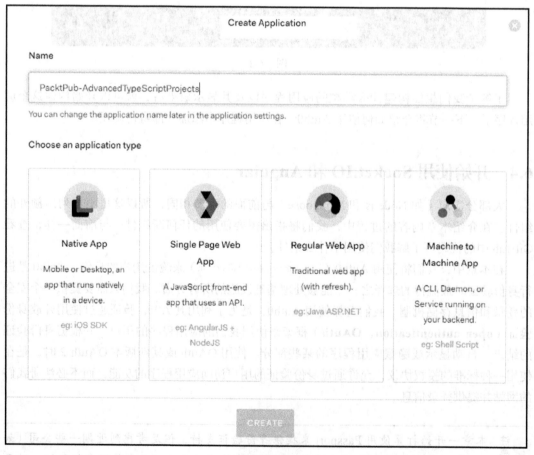

图 6-2

如果单击 **Settings** 选项卡，会看到如图 6-3 所示的页面。

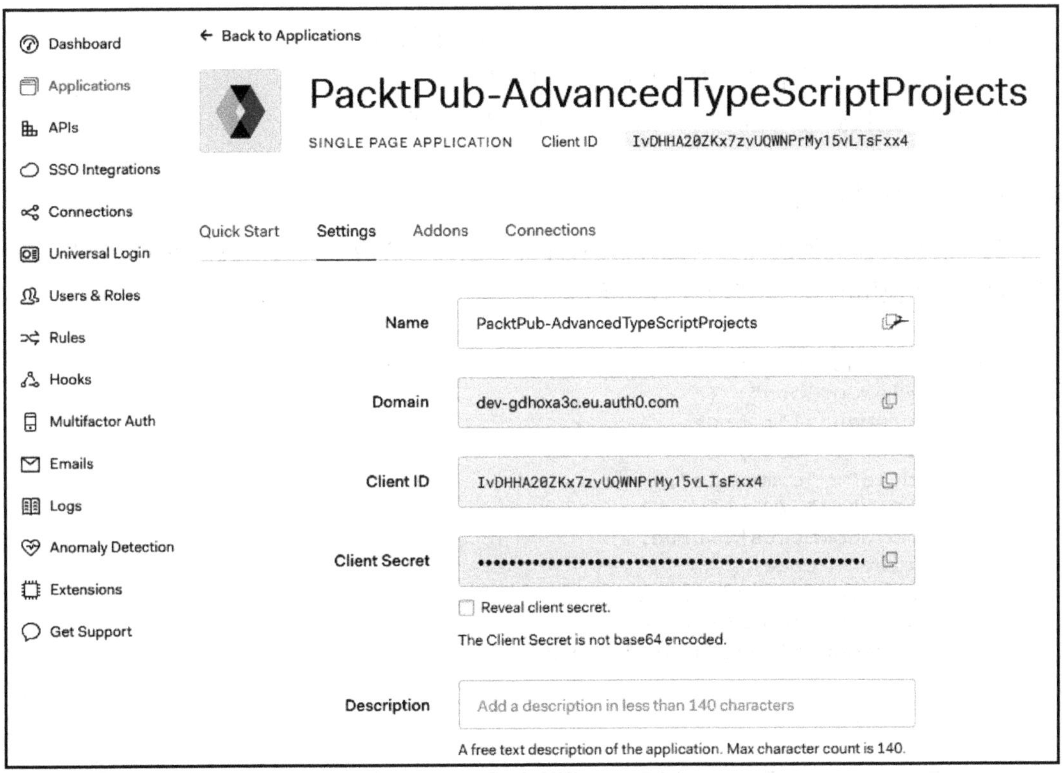

图　6-3

其中包含用于回调 URL、允许的 Web 源、布局 URL 和 CORS 等的选项。

本书不介绍 Auth0 的完整功能，不过建议阅读其文档，为你自己创建的应用程序进行合适的设置。

> 提示　关于安全性，有一点需要注意：虽然我在本书中的一些地方提供了关于客户端 ID 或类似唯一标识符的信息，但这只是为了演示代码。考虑到安全，任何在用 ID 都会被禁用。建议采用类似的良好实践，不要把在用标识符或密码提交到公共位置，如 GitHub。

6.5　使用 Socket.IO、Angular 和 Auth0 创建一个聊天室应用程序

在进行开发之前，应该先确定我们要构建什么。因为聊天室是一种很常见的应用程序，所以很容易确定一组标准需求，帮助我们使用 Socket.IO 的不同方面。我们将要构建的应用

程序的需求如下：

❑ 用户能够在公共聊天页面发送消息，让所有用户看到。

❑ 用户能够登录应用程序，此时一个安全页面将变得可用。

❑ 登录用户发送的消息只能被其他登录用户看到。

❑ 当用户连接到应用程序时，将获取并显示历史消息。

6.5.1 创建应用程序

到了现在，你对创建一个 Node 应用程序应该已经得心应手，所以我们不再介绍相关内容。我们需要使用的 tsconfig 文件如下所示：

```
{
  "compileOnSave": true,
  "compilerOptions": {
    "incremental": true,
    "target": "es5",
    "module": "commonjs",
    "outDir": "./dist",
    "removeComments": true,
    "strict": true,
    "esModuleInterop": true,
    "inlineSourceMap": true,
    "experimentalDecorators": true,
  }
}
```

> 注意 设置中的 incremental 标志是 TypeScript 3.4 中引入的一个新功能，允许我们执行增量生成。该功能在编译代码时生成所谓的工程图（project graph）。下一次生成代码时，将使用工程图来识别没有发生变化的代码，也就是不需要重新生成的代码。在较大的应用程序中，这可以节省大量编译时间。

我们将把消息保存到数据库中，所以首先来创建数据库连接代码。在这里，我们将把数据库连接移动到一个类装饰器中，它将数据库的名称作为装饰器工厂的参数：

```
export function Mongo(connection: string) {
  return function (constructor: Function) {
    mongoose.connect(connection, { useNewUrlParser: true}, (e:unknown) => {
      if (e) {
        console.log(`Unable to connect ${e}`);
      } else {
        console.log(`Connected to the database`);
      }
    });
  }
}
```

提
示　在创建之前，不要忘记安装 mongoose 和 @types/mongoose。

然后，当创建 Server 类时，就只需为其使用装饰器，如下所示：

```
@Mongo('mongodb://localhost:27017/packt_atp_chapter_06')
export class SocketServer {
}
```

当实例化 SocketServer 时，将自动连接数据库。必须承认，我真的很喜欢这种简单的方法。它是一种优雅的技术，可以应用到其他应用程序中。

前一章构建了 DataAccessBase 类来简化使用数据的方式。我们将使用该类，但是从中移除这个应用程序中不需要使用的一些方法。同时，我们将看到如何移除严格的模型约束。首先来看类的定义：

```
export abstract class DataAccessBase<T extends mongoose.Document>{
  private model: Model;
  protected constructor(model: Model) {
    this.model = model;
  }
}
```

Add 方法与前一章类似，所以看起来应该很熟悉：

```
Add(item: T): Promise<boolean> {
  return new Promise<boolean>((callback, error) => {
    this.model.create(item, (err: unknown, result: T) => {
      if (err) {
        error(err);
      }
      callback(!result);
    });
  });
}
```

在前一章有一个约束，即寻找的记录必须有一个 Id 字段。虽然在前一章，这是一个可以接受的限制，但是我们其实不希望强制应用程序有一个 Id 字段。这里将提供一个更加开放的实现，允许为检索记录指定任何需要的条件，并能够选择返回哪些字段：

```
GetAll(conditions: unknown, fields: unknown): Promise<unknown[]> {
  return new Promise<T[]>((callback, error) => {
    this.model.find(conditions, fields, (err: unknown, result: T[]) => {
      if (err) {
        error(err);
      }
      if (result) {
        callback(result);
      }
    });
  });
}
```

与前一章一样，我们将创建一个基于 `mongoose.Document` 的接口和一个 `Schema` 类型。这将构成消息契约，并存储房间信息、消息文本以及收到消息的日期。这些信息将被合并起来，创建一个物理模型，用作我们的数据库。方法如下：

①首先，定义 `mongoose.Document` 实现：

```
export interface IMessageSchema extends mongoose.Document{
  room: string;
  messageText: string;
  received: Date;
}
```

②对应的 `Schema` 类型如下所示：

```
export const MessageSchema = new Schema({
  room: String,
  messageText: String,
  received: Date
});
```

③最后，创建一个 `MessageModel` 实例，用它来创建用于保存和检索数据的数据访问类：

```
export const MessageModel =
mongoose.model<IMessageSchema>('message', MessageSchema,
'messages', false);
export class MessageDataAccess extends
DataAccessBase<IMessageSchema> {
  constructor() {
    super(MessageModel);
  }
}
```

6.5.2 为服务器添加 Socket.IO 支持

现在，我们可以在服务器中添加 Socket.IO，并创建一个可运行的服务器实现。运行下面的命令来安装 Socket.IO 和相关的 `DefinitelyTyped` 定义：

```
npm install --save socket.io @types/socket.io
```

有了这些定义后，就可以在服务器中添加 Socket.IO 支持并开始运行它，以便开始接收和传输消息：

```
export class SocketServer {
  public Start() {
    const appSocket = socket(3000);
    this.OnConnect(appSocket);
  }
  private OnConnect(io: socket.Server) {
  }
}
new SocketServer.Start();
```

`OnConnect` 方法的参数是在 Socket.IO 中接收和响应消息的起点。我们使用它来监听连接消息，收到连接消息说明客户端已经连接。当客户端连接时，它会打开一个相当于套接字的东西，开始在上面接收和发送消息。当我们想要把消息直接发送到特定客户端时，将使用下面的代码段返回的 `socket` 提供的方法：

```
io.on('connection', (socket:any) => {
});
```

> **注意** 需要理解的是，虽然这种技术的名称是 Socket.IO，但它不是一种 WebSocket 实现。虽然它可以使用 Web 套接字，但是不保证它实际上会使用 Web 套接字。例如，公司政策可能阻止使用套接字。那么，Socket.IO 如何工作呢？Socket.IO 是由许多不同的、相互协作的技术构成的，其中一种叫作 Engine.IO，它提供了底层传输机制。在连接时，它接受的第一种连接类型是 HTTP 长轮询，这是一种可以快速高效打开的传输机制。在空闲时段，Socket.IO 试图判断是否可以将传输机制改为套接字，如果可以，则以不可见的方式无缝地将传输机制升级为使用套接字。在客户端看来，它们能够快速连接，并且即使存在防火墙和负载均衡器，Engine.IO 也能建立连接，所以传输的消息也是可靠的。

我们想要为客户端提供已经发生的对话的历史记录。这意味着我们想要在数据库中保存和读取消息。在连接中，我们将读取用户当前所在的聊天室房间的所有消息，然后把它们返回给用户。如果用户还未登录，则只能看到没有设置房间的那些消息：

```
this.messageDataAccess.GetAll({room: room}, {messageText: 1, _id:
0}).then((msgs: string[]) =>{
  socket.emit('allMessages', msgs);
});
```

语法看上去有些奇怪，所以我们一步步讲解。调用 `GetAll` 是在调用 `DataAccessBase` 类中的通用的 `GetAll` 方法。我们创建其实现时，讨论过需要让它比较通用，并允许调用代码指定要过滤的字段以及要返回的字段。`{room: room}` 告诉 Mongo 我们想要基于房间过滤结果。我们可以认为其等价的 SQL 子句是 `WHERE room = roomVariable`。我们还想指定返回哪些结果。在这里，我们只想要不带 `_id` 字段的 `messageText`，所以使用 `{messageText: 1, _id:0}` 语法。收到结果时，需要使用 `socket.emit` 将消息数组发送给客户端。该命令使用 `allMessages` 作为键，把这些消息发送给打开连接的客户端。如果客户端有代码来接收 `allMessages`，则可以对这些消息做出反应。

> **注意** 我们为消息使用的事件名称，引出了 Socket.IO 的一个局限。有一些事件名称是不能用作消息的，因为它们在 Socket.IO 中有特殊意义，所以被限制使用。这些名称包括 `error`、`connect`、`disconnect`、`disconnecting`、`newListener`、`removeListener`、`ping` 和 `pong`。

如果客户端不能接收消息，那么创建服务器并发送消息并没有什么意义。虽然我们还没有创建好所有的消息，但是已经创建了足够的基础设施，可以开始编写客户端了。

6.5.3 创建聊天室客户端

同样，我们将使用 ng new 命令来创建 Angular 应用程序。我们将提供路由支持，并且在介绍路由时，将说明如何确保用户无法绕过身份验证：

```
ng new Client --style scss --prefix atp --routing true
```

因为我们的 Angular 客户端将正常使用 Socket.IO，所以将使用专门针对 Angular 的 Socket.IO 模块来引入对 Socket.IO 的支持：

```
npm install --save ngx-socket-io
```

在 app.module.ts 中，我们将通过创建一个指向服务器 URL 的配置，创建到 Socket.IO 服务器的连接：

```
import { SocketIoModule, SocketIoConfig } from 'ngx-socket-io';
const config: SocketIoConfig = { url: 'http://localhost:3000', options: {}}
```

导入模块时，将把这个配置传入静态的 SocketIoModule.forRoot 方法，它将为我们配置客户端套接字。当客户端启动时，将建立一个连接，触发我们在服务器代码中描述的连接消息序列：

```
imports: [
  BrowserModule,
  AppRoutingModule,
  SocketIoModule.forRoot(config),
```

1. 使用装饰器来添加客户端日志

我们想在客户端代码中记录方法调用和传递给方法的参数。前面在介绍如何创建装饰器时，看到过这类功能。在这里，我们想要创建一个 Log 装饰器：

```
export function Log() {
  return function(target: Object,
                  propertyName: string,
                  propertyDesciptor: PropertyDescriptor):
PropertyDescriptor {
    const method = propertyDesciptor.value;
    propertyDesciptor.value = function(...args: unknown[]) {
      const params = args.map(arg => JSON.stringify(arg)).join();
      const result = method.apply(this, args);
      if (args && args.length > 0) {
        console.log(`Calling ${propertyName} with ${params}`);
      } else {
        console.log(`Calling ${propertyName}. No parameters present.`)
      }
      return result;
```

```
    };
    return propertyDesciptor;
  }
}
```

Log 装饰器首先复制 propertyDescriptor.value 中的方法。然后，我们创建一个函数来替换该方法，这个函数接受传递给该方法的任何参数。在内部的这个函数中，我们使用 args.map 来创建参数和值的字符串表示，然后把它们连接起来。当调用 method.apply 来运行该方法后，我们把与该方法及其参数相关的信息写出到控制台。前面的代码提供了一种简单的机制，使我们能够通过使用 @Log 来自动记录方法及其参数。

2. 在 Angular 中设置 Bootstrap

除了在 Angular 中使用 Material，还可以选择使用 Bootstrap 来设置页面的样式。添加对 Bootstrap 的支持很简单。与前面一样，我们首先安装相关的包。在这里将安装 Bootstrap：

```
npm install bootstrap --save
```

安装了 Bootstrap 之后，只需在 angular.json 的 styles 部分添加对 Bootstrap 的引用，如下所示：

```
"styles": [
  "src/styles.scss",
  "node_modules/bootstrap/dist/css/bootstrap.min.css"
],
```

然后，我们将创建一个 navigation 栏，它将显示在页面的顶部：

```
ng g c components/navigation
```

在添加 navigation 组件体之前，需要替换 app.component.html 文件的内容，使其在每个页面上都显示导航栏：

```
<atp-navigation></atp-navigation>
<router-outlet></router-outlet>
```

3.Bootstrap 导航

我们可以把 navigation 添加到 Bootstrap 提供的 nav 组件。我们将在该组件内创建一系列链接。与前一章一样，我们将使用 routerLink 来告诉 Angular 路由到什么地方：

```
<nav class="navbar navbar-expand-lg navbar-dark bg-dark">
  <a class="navbar-brand" href="#">Navbar</a>
  <div class="collapse navbar-collapse" id="navbarNavAltMarkup">
    <div class="navbar-nav">
      <a class="nav-item nav-link active" routerLink="/general">General</a>
      <a class="nav-item nav-link" routerLink="/secret"
*ngIf="auth.IsAuthenticated">Secret</a>
      <a class="nav-item nav-link active" (click)="auth.Login()"
routerLink="#" *ngIf="!auth.IsAuthenticated">Login</a>
```

```
        <a class="nav-item nav-link active" (click)="auth.Logout()"
routerLink="#" *ngIf="auth.IsAuthenticated">Logout</a>
    </div>
  </div>
</nav>
```

对于路由，值得关注的地方是如何使用身份验证来显示和隐藏链接。如果用户通过验证，我们想让他们看到 **Secret** 和 **Logout** 链接。如果用户没有通过验证，我们想让他们看到 **Login** 链接。

在导航中，可以看到许多 **auth** 引用。它们在后台都映射到 OauthAuthorizationService。在本章前面注册 Auth0 时，简单使用了该服务。现在，我们需要添加授权服务，以便使用 Auth0 来验证用户。

6.5.4 使用 Auth0 授权和验证用户

授权将包含两个部分：一个执行授权的服务，以及一个让使用授权变得简单的模型。我们首先创建 Authorization 模型，它包含我们从成功登录收到的信息。注意，构造函数引入了 Socket 实例：

```
export class Authorization {
  constructor(private socket: Socket);
  public IdToken: string;
  public AccessToken: string;
  public Expired: number;
  public Email: string;
}
```

可以使用这个模型来创建一系列有用的帮助方法。首先来创建一个帮助方法，用来在用户登录时设置公共属性。我们将在结果中收到一个访问令牌和一个 ID 令牌的情况视为成功登录：

```
@Log()
public SetFromAuthorizationResult(authResult: any): void {
  if (authResult && authResult.accessToken && authResult.idToken) {
    this.IdToken = authResult.idToken;
    this.AccessToken = authResult.accessToken;
    this.Expired = (authResult.expiresIn * 1000) + Date.now();
    this.Email = authResult.idTokenPayload.email;
    this.socket.emit('loggedOn', this.Email);
  }
}
```

当用户登录时，我们将把一个 loggedOn 消息发送给服务器，并传递 Email 地址。稍后在介绍如何把消息发送给服务器以及如何处理从服务器收到的响应时，将继续介绍这个消息。注意，我们记录了方法及属性。

当用户登出时，我们想要清除值，并向服务器发送一个 loggedOff 消息：

```
@Log()
public Clear(): void {
  this.socket.emit('loggedOff', this.Email);
  this.IdToken = '';
  this.AccessToken = '';
  this.Expired = 0;
  this.Email = '';
}
```

最后一个方法通过检查 AccessToken 字段是否存在，以及票据的过期日期是否在执行检查的时间之后，来告诉我们用户是否通过了身份验证：

```
public get IsAuthenticated(): boolean {
  return this.AccessToken && this.Expired > Date.now();
}
```

在创建 OauthAuthorizationService 服务之前，需要一种方法来与 Auth0 进行通信，所以我们来引入对这种通信的支持：

```
npm install --save auth0-js
```

然后，在一个 script 标签中添加对 auth0.js 的引用：

```
<script type="text/javascript" src="node_modules/auth0-
js/build/auth0.js"></script>
```

现在就完成了必要的准备工作，可以创建服务了：

```
ng g s services/OauthAuthorization
```

服务的开始部分很直观。当构造服务时，我们实例化刚才创建的帮助类：

```
export class OauthAuthorizationService {
  private readonly authorization: Authorization;
  constructor(private router: Router, private socket: Socket) {
    this.authorization = new Authorization(socket);
  }
}
```

现在就可以绑定到 Auth0 了。回忆一下，当注册 Auth0 时，我们获得了一系列设置。我们需要使用设置中的客户端 ID 和域。在 auth0-js 中实例化 WebAuth 时，将使用它们来唯一标识我们的应用程序。responseType 告诉我们在成功登录后，需要获得用户的身份验证令牌和 ID 令牌。scope 告诉用户在登录后我们想要访问的功能。例如，如果我们想要访问配置文件，则可以把 scope 设为 openid email profile。最后，我们提供 redirectUri，告诉 Auth0 我们在成功登录后想要回到的页面：

```
auth0 = new auth0.WebAuth({
  clientID: 'IvDHHA2OZKx7zvUQWNPrMy15vLTsFxx4',
  domain: 'dev-gdhoxa3c.eu.auth0.com',
  responseType: 'token id_token',
  redirectUri: 'http://localhost:4200/callback',
  scope: 'openid email'
});
```

🎯 提示   redirectUri 必须与 Auth0 的 settings 部分中包含的位置精确匹配。我喜欢将其设为一个网站上不存在的页面，然后手动控制重定向，所以回调对我很有用，因为必要时我可以应用条件逻辑来决定将用户重定向到什么页面。

现在可以添加 Login 方法。它使用 authorize 方法来加载身份验证页面：

```
@Log()
public Login(): void {
  this.auth0.authorize();
}
```

登出很简单，只需要调用 logout，以及帮助类的 Clear 方法来重置过期标志以及清除其他属性：

```
@Log()
public Logout(): void {
  this.authorization.Clear();
  this.auth0.logout({
    return_to: window.location.origin
  });
}
```

显然，我们需要一种方法来检查身份验证。下面的方法获取 URL 哈希中的身份验证，并使用 parseHash 方法来进行解析。如果身份验证不成功，则将用户重定向到不需要登录的公共页面。另一方面，如果用户成功通过身份验证，则将其重定向到一个私密页面，该页面只对通过身份验证的用户可用。注意，我们调用前面编写的 SetFromAuthorizationResult 方法来设置访问令牌和过期时间等：

```
@Log()
public CheckAuthentication(): void {
  this.auth0.parseHash((err, authResult) => {
    if (!err) {
      this.authorization.SetFromAuthorizationResult(authResult);
      window.location.hash = '';
      this.router.navigate(['/secret']);
    } else {
      this.router.navigate(['/general']);
      console.log(err);
    }
  });
}
```

当用户再次回到网站时，不要求他们再次验证，就可以访问网站，是一种比较好的做法。下面的 Renew 方法检查用户的会话，如果成功，就重置他们的身份验证状态：

```
@Log()
public Renew(): void {
  this.auth0.checkSession({}, (err, authResult) => {
    if (authResult && authResult.accessToken && authResult.idToken) {
```

```
    this.authorization.SetFromAuthorizationResult(authResult);
  } else if (err) {
    this.Logout();
  }
});
}
```

这段代码很好，但是用在什么地方呢？在 `app.component.ts` 中，我们引入授权服务，并检查用户的身份验证状态：

```
constructor(private auth: OauthAuthorizationService) {
  this.auth.CheckAuthentication();
}

ngOnInit() {
  if (this.auth.IsAuthenticated) {
    this.auth.Renew();
  }
}
```

不要忘记添加对 `NavigationComponent` 的引用，以绑定到 `OauthAuthorizationService`：

```
constructor(private auth: OauthAuthorizationService) {
}
```

6.5.5 使用安全路由

创建了身份验证后，需要确保用户不能通过直接输入页面的 URL 来绕过身份验证。如果用户能够轻松绕过安全机制，那么我们投入精力提供的安全授权就没有价值了。为了应对这种情况，我们将创建另外一个服务，路由器将使用该服务来决定是否激活路由。首先创建这个服务，如下所示：

```
ng g s services/Authorization
```

这个服务将实现 `CanActivate` 接口，路由器将使用该接口实现来决定是否激活路由。该服务的构造函数将接受路由器及 `OauthAuthorizationService` 服务作为参数：

```
export class AuthorizationService implements CanActivate {
  constructor(private router: Router, private authorization:
OauthAuthorizationService) {}
}
```

`canActivate` 签名的样板代码看起来比我们需要的功能复杂得多。我们在这里要做的是检查身份验证状态，如果用户没有通过验证，就将用户重新路由到公共页面。如果用户通过验证，则返回 `true`，用户将前进到安全页面：

```
canActivate(route: ActivatedRouteSnapshot, state: RouterStateSnapshot):
  Observable<boolean | UrlTree> | Promise<boolean | UrlTree> | boolean |
UrlTree {
  if (!this.authorization.IsAuthenticated) {
    this.router.navigate(['general']);
```

```
    return false;
  }
  return true;
}
```

从导航链接可以看到，这里有两个路由。在添加路由之前，首先来创建我们将会显示的组件：

```
ng g c components/GeneralChat
ng g c components/SecretChat
```

最后来绑定路由。在前一章看到，添加路由很简单。这里要添加的关键代码是 canActivate。在路由中添加了 canActivate 之后，用户就无法绕过身份验证：

```
const routes: Routes = [{
  path: '',
  redirectTo: 'general',
  pathMatch: 'full'
}, {
  path: 'general',
  component: GeneralchatComponent
}, {
  path: 'secret',
  component: SecretchatComponent,
  canActivate: [AuthorizationService]
}];
```

> **注意** 尽管我们必须在 Auth0 配置中提供一个回调 URL，但是不在路由中包含该 URL，因为我们想要控制页面，从而能够导航到授权服务以及从授权服务重定向到其他页面。

现在，我们想要开始编写消息，从客户端发送到服务器，以及从服务器接收消息。

6.5.6　添加客户端聊天功能

编写身份验证代码时，我们依赖于创建服务来处理身份验证。类似地，我们将提供一个聊天服务，为客户端套接字消息传输提供一个中心点：

```
ng g s services/ChatMessages
```

这个服务也将在构造函数中包含 Socket：

```
export class ChatMessagesService {
  constructor(private socket: Socket) { }
}
```

当从客户端发送消息给服务器时，会使用套接字的 emit 方法。我们想要发送的用户文本将通过 message 键发送出去：

```
public SendMessage = (message: string) => {
```

```
    this.socket.emit('message', message);
};
```

1. 使用房间分隔消息

在 Socket.IO 中，我们使用房间来分隔消息，以便只将消息发送给特定的用户。当客户端加入一个房间时，任何发送给该房间的消息都对该客户端可用。为了理解这一点，可以把聊天室的房间想象成一栋房子中的房间，但是房间的门是关闭的。当有人想要告诉你一件事情时，他们必须进入你所在的房间来与你对话。

我们的公共链接和私密链接都将绑定到房间。公共页面将使用一个空房间名，它相当于默认的 Socket.IO 房间。私密链接将进入一个名字叫作 *secret* 的房间，使得任何发送给 *secret* 的消息都将自动显示给该页面上的任何用户。为了方便工作，我们将提供一个帮助方法来把 joinRoom 方法从客户端 emit 到服务器：

```
private JoinRoom = (room: string) => {
    this.socket.emit('joinRoom', room);
};
```

当进入一个房间时，使用 socket.emit 发送的任何消息将自动发送到正确的房间。我们不需要执行什么巧妙的操作，因为 Socket.IO 会自动替我们完成处理。

2. 获取消息

对于公共和私密消息页面，我们将获取相同的数据。我们将使用 RxJS 来创建一个 Observable，将从服务器获取一条消息以及从服务器获取所有当前已发送消息的操作封装起来。

取决于传入的房间字符串，GetMessages 方法会加入一个私密房间（只针对已登录用户开放）或者公共房间（对所有用户开放）。加入房间后，我们将返回一个 Observable 实例，在发生特定事件时作出反应。当收到一条消息时，我们调用 Observable 实例的 next 方法。客户端组件将订阅该方法并写出消息。类似地，我们还在套接字上订阅 allMessages，以便在加入房间时收到之前发送的全部消息。同样，我们迭代消息并使用 next 来写出消息。

在这里，我最喜欢的是 fromEvent。它与 userLogOn 消息的 socket.on 方法具有相同的效果，允许写出在该会话中登录的用户的详细信息：

```
public GetMessages = (room: string) => {
    this.JoinRoom(room);
    return Observable.create((ob) => {
this.socket.fromEvent<UserLogon>('userLogOn').subscribe((user:UserLogon) =>
{
        ob.next(`${user.user} logged on at ${user.time}`);
    });
    this.socket.on('message', (msg:string) => {
        ob.next(msg);
    });
```

```
this.socket.on('allMessages', (msg:string[]) => {
    msg.forEach((text:any) => ob.next(text.messageText));
  });
});
}
```

到现在为止，我在使用术语"*消息*"和"*事件*"时并没有做严格区分，以方便你阅读和理解本章的内容。它们在这里指的是相同的东西。

3. 完成服务器套接字

在添加实际的组件实现之前，我们来添加剩余的服务器端套接字行为。你可能还记得，我们添加了读取全部历史记录并把它们发送回新连接的客户端的能力：

```
socket.on('joinRoom', (room: string) => {
  if (lastRoom !== '') {
    socket.leave(lastRoom);
  }
  if (room !== '') {
    socket.join(room);
  }
  this.messageDataAccess.GetAll({room: room}, {messageText: 1, _id:
0}).then((msgs: string[]) =>{
    socket.emit('allMessages', msgs);
  });
  lastRoom = room;
});
```

这里是让服务器响应客户端发送过来的 joinRoom。当收到这个事件时，我们离开上一个房间（如果设置了该房间），然后加入客户端传递过来的房间（同样，前提是设置了该房间）。这允许我们获取全部记录，然后把它们 emit 到当前的套接字连接上。

当客户端发送 message 事件给服务器时，我们将把消息写入数据库，以便以后能够检索该消息：

```
socket.on('message', (msg: string) => {
  this.WriteMessage(io, msg, lastRoom);
});
```

这个方法首先把消息保存到数据库。如果设置了房间，则使用 io.sockets.in 把消息 emit 给正在该房间中的所有客户端。如果还没有设置房间，就使用 io.emit 把消息发送给公共页面上的所有客户端：

```
private WriteMessage(io: socket.Server, message: string, room: string) {
  this.SaveToDatabase(message, room).then(() =>{
    if (room !== '') {
      io.sockets.in(room).emit('message', message);
      return;
    }
    io.emit('message', message);
  });
}
```

在这里可以看到 io. 和 socket. 的主要区别。当我们只想把消息发送给当前连接的客户端时，使用 socket 部分。当需要把消息发送给更广泛的客户端时，使用 io 部分。

保存消息很简单，只需要执行下面的代码：

```
private async SaveToDatabase(message: string, room: string) {
  const model: IMessageSchema = <IMessageSchema>{
    messageText: message,
    received: new Date(),
    room: room
  };
  try{
    await this.messageDataAccess.Add(model);
  }catch (e) {
    console.log(`Unable to save ${message}`);
  }
}
```

> 🎯 提示　你可能有一个疑问：为什么在服务器上设置日期，而不是使用在客户端创建消息时的日期？当我们在同一台计算机上运行客户端和服务器时，两种方式都是可以的，但是当我们构建分布式系统时，总是应该使用一个中央时间。使用中央日期和时间意味着来自全世界的事件都将被协调到同一个时区。

在客户端，我们对一个稍微复杂一些的登录事件作出反应。当收到 loggedOn 事件时，我们像下面这样创建对应的服务器端事件，并将其传递给任何在私密房间监听的人：

```
socket.on('loggedOn', (msg: any) => {
  io.sockets.in('secret').emit('userLogOn', { user: msg, time: new Date()
});
});
```

现在就创建好了客户端基础设施，也完成了服务器。接下来需要添加服务器端组件。从功能的角度来看，GeneralChat 和 SecretChat 组件几乎完全相同（唯一的区别在于它们监听的房间），所以我们将只关注其中一个组件。

4.Socket.IO 的命名空间

假设我们编写的服务器可被任意数量的客户端应用程序使用，并且这些客户端应用程序可能使用其他任意数量的 Socket.IO 服务器。如果我们使用的消息名称与其他 Socket.IO 服务器的消息名称相同，就可能在客户端应用程序中引入 bug。为了绕过这个问题，Socket.IO 使用了**命名空间**，允许我们分隔自己的消息，从而不会与其他应用程序的消息发生冲突。

命名空间是一种便捷的方式，可用来提供唯一的端点供连接使用，我们使用如下所示的代码来连接这种端点：

```
const socket = io.of('/customSocket');
socket.on('connection', function(socket) {
```

```
    ...
  });
```

这段代码看起来应该很熟悉，因为除了 io.of(...) 部分，它就是我们之前用来连接
到套接字的代码。你可能感到意外的是，尽管我们并没有自己指定命名空间，但我们的代码
已经在使用命名空间。除非自己指定命名空间，否则套接字将连接到默认命名空间，相当于
io.of('/')。

> 🎯 提示　为自己的命名空间起名字时，应该使用独特且有意义的名称。我在过去看到的
> 一种标准是使用公司名称加上项目名称来创建命名空间。即如果你的公司叫作
> WonderCompany，而你在参与 Antelope 项目，则可以使用 /wonderCompany_
> antelope 作为命名空间。不要简单地使用随机字符，因为那会让人们很难记住，从
> 而导致他们更容易出现拼写错误，使套接字无法连接。

6.5.7　使用 GeneralchatComponent 完成我们的应用程序

我们首先添加用来显示消息的 Bootstrap 代码。我们将 row 消息封装到一个 Bootstrap
容器内，在本例中为 container-fluid。在组件中，我们将读取从套接字收到的消息数组
中的消息：

```html
<div class="container-fluid">
  <div class="row">
    <div *ngFor="let msg of messages" class="col-12">
      {{msg}}
    </div>
  </div>
</div>
```

我们还将在屏幕底部的 navigation 栏中添加一个文本框，并把它绑定到组件中的
CurrentMessage 字段。我们使用 SendMessage() 来发送消息：

```html
<nav class="navbar navbar-dark bg-dark mt-5 fixed-bottom">
  <div class="navbar-expand m-auto navbar-text">
    <div class="input-group mb-6">
      <input type="text" class="form-control" placeholder="Message" aria-
label="Message"
        aria-describedby="basic-addon2" [(ngModel)]="CurrentMessage" />
      <div class="input-group-append">
        <button class="btn btn-outline-secondary" type="button"
(click)="SendMessage()">Send</button>
      </div>
    </div>
  </div>
</nav>
```

在这段 HTML 代码背后的组件中，我们需要绑定到 ChatMessageService。我们将接

受一个 Subscription 实例，并在稍后使用它来填充 messages 数组：

```
export class GeneralchatComponent implements OnInit, OnDestroy {
  private subscription: Subscription;
  constructor(private chatService: ChatMessagesService) { }

  CurrentMessage: string;
  messages: string[] = [];
}
```

当用户键入消息并按下 **Send** 按钮时，我们将使用聊天服务的 SendMessage 方法，把消息发送给服务器。前面做的基础工作在这里发挥了作用：

```
SendMessage(): void {
  this.chatService.SendMessage(this.CurrentMessage);
  this.CurrentMessage = '';
}
```

现在只剩下两段代码了。在初始化组件时，我们将从 GetMessages 获得 Observable 实例并订阅它。当这个订阅收到消息时，我们把它推送到 messages 中，让 **Angular** 绑定发挥作用，使用最新的消息更新界面：

```
ngOnInit() {
  this.subscription = this.chatService.GetMessages('').subscribe((msg:
string) =>{
    this.messages.push(msg);
  });
}
```

注意，我们在 GetMessages 方法中链接房间。在 SecretchatComponent 中，代码将变成 this.chatService.GetMessages('secret')。

我们获取了订阅的引用。当销毁当前页面时，将清理订阅，以避免内存泄漏：

```
ngOnDestroy() {
  if (this.subscription) {
    this.subscription.unsubscribe();
  }
}
```

🎯 提示　关于这个实现，最后需要注意一点。当我们开始编写代码时，需要有意识地决定在用户按下 **Send** 按钮时，如何使用消息填充当前界面。基本上，我们有两种选择。既可以选择直接把当前消息添加到消息数组的末尾，而不是把它从服务器发回客户端，也可以选择将其发送到客户端，然后让客户端把它发送回来。我们有这两种方法可以选择，那么我为什么选择把消息发送到服务器，然后再从服务器发送回客户端？这个问题的答案与消息顺序有关。在我使用过的大部分聊天应用程序中，每个用户看到的消息顺序是完全相同的。要实现这种效果，最简单的方法是让服务器为我们协调消息。

6.6　小结

本章介绍了如何编写代码，在客户端与服务器之间建立长久连接，从而能够在客户端与服务器之间来回传递消息。还介绍了如何注册 Auth0，并使用它作为应用程序的身份验证机制。然后，我们介绍了如何编写客户端身份验证。前面两章介绍了如何在 Angular 中使用 Material，本章回到使用 Bootstrap，展示了在 Angular 中使用 Bootstrap 是多么简单。

下一章将介绍如何应用必应地图来创建一个自定义的基于地图的应用程序，它允许我们在地图上选择感兴趣的地点，并把这个地点保存到云数据库中，并且可以使用基于位置的搜索来检索企业信息。

习题

1. 如何向所有用户发送消息？
2. 如何只向特定房间中的用户发送消息？
3. 当一个用户发送消息时，如何向除该用户之外的所有用户发送消息？
4. 我们为什么不应该将消息命名为 connect？
5. Engine.IO 是什么？

这个应用程序中只使用了一个房间。你需要添加其他一些房间，其中一些房间不要求用户通过身份验证，另一些房间要求用户通过身份验证。应用程序也没有存储消息发送者的信息。你需要增强应用程序来存储这些信息，并把它们作为消息的一部分在客户端与服务器之间进行传递。

延伸阅读

❑ 如果想了解如何使用 Socket.IO 的特定功能，建议阅读 Tyson Cadenhead 撰写的 *Socket.IO Cookbook*（https://www.packtpub.com/web-development/socketio-cookbook）。

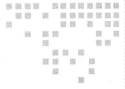

使用必应地图和 Firebase 创建基于云的 Angular 地图应用程序

前面几章中，我们编写自己的后台系统来把信息返回给客户端。在过去几年出现了一种趋势，即使用第三方的云系统。云系统可以帮助降低编写应用程序的成本，因为其他公司提供了我们需要的全部基础设施，并能够处理测试、升级等。本章将介绍如何使用必应地图团队和 Firebase 提供的云基础设施来提供数据存储。

本章将介绍以下主题：

❑ 注册必应地图。

❑ 收费云功能的影响。

❑ 注册 Firebase。

❑ 添加地图组件。

❑ 使用地图搜索功能。

❑ 使用 EventEmitter 将子组件的事件通知给父组件。

❑ 响应地图事件来添加和删除兴趣点。

❑ 在地图上覆盖地图搜索结果。

❑ 清理事件处理程序。

❑ 将数据保存到 Cloud Firestore。

❑ 配置 Cloud Firestore 身份验证。

7.1　技术需求

完成后的项目可从 https://github.com/PacktPublishing/Advanced-TypeScript-3-
Programming-Projects/tree/master/Chapter07 下载。

下载项目后，需要使用 npm install 安装必要的包。

7.2　现代应用程序及使用云服务的趋势

在本书中，我们一直自己编写应用程序的基础设施，让应用程序运行在这个基础设施
上，并把数据物理存储到这个基础设施中。过去几年的趋势是从这种类型的应用程序走向另
外一种模型，即让其他公司通过所谓的基于云的服务来提供基础设施。云服务已经成为一个
全能的营销用语，用来描述下面这种趋势：使用其他公司提供的按需服务，依赖其他公司来
提供应用程序的功能、安全机制、扩展、备份功能等。其思想是通过让其他公司开发这些功
能，而我们则混合搭配使用这些功能来编写应用程序，从而降低开发成本。

本章将介绍如何使用 Microsoft 和 Google 提供的基于云的服务，所以将解释如何注册
这些服务，使用它们有什么影响，以及如何在 Angular 应用程序中使用它们。

7.3　项目概述

在这个 Angular 应用程序中，将使用必应地图服务显示我们日常习惯于使用的地图，并
使用这个地图来搜索地理位置。不止如此，还将使用 Microsoft 的 Local Insights 服务来搜索
当前可见地图区域内存在的特定企业类型。我在准备撰写这本书时，这是最令我兴奋的两个
应用程序之一，因为我十分喜欢基于地图的系统。

除了显示地图，我们还将能够通过在地图上直接单击来选择兴趣点。这些兴趣点将
用彩色图钉表示。我们将在 Google 提供的一个基于云的数据库中存储这些兴趣点的位置
及名称。

参考 GitHub 中的代码时，完成本章的项目大概需要一个小时。

本章不再详细说明如何使用 npm 安装包，以及如何创建 Angular 应用程序和组件等，因
为到了现在，你应该已经熟悉了如何完成这些操作。

完成后的应用程序如图 7-1 所示（不过你可能不会放大到泰恩河畔纽卡斯尔）。

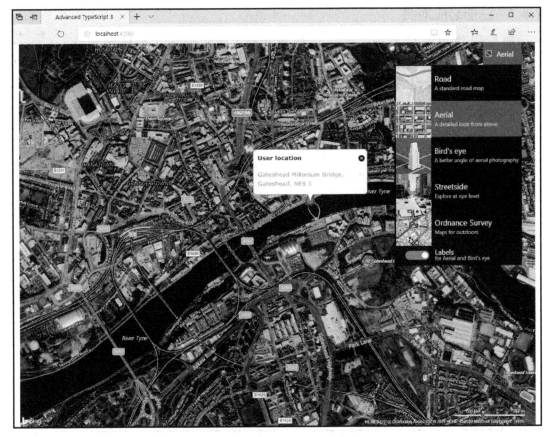

图　7-1

7.4　在 Angular 中使用必应地图

这个应用程序是我们要开发的最后一个 Angular 应用程序，所以首先，我们采用与前面章节相同的方式来创建这个应用程序。本章同样使用 Bootstrap 而不是 Angular Material。

本章将关注的包如下所示：

❑ bootstrap

❑ bingmaps

❑ firebase

❑ guid-typescript

因为我们将在代码中使用基于云的服务，所以必须先注册这些服务。本节将介绍如何注册。

7.4.1　注册必应地图

如果想使用必应地图，就必须注册 Bing Map Services。导航到 https://www.bingmapsportal.com，然后单击 **Sign in** 按钮。注册这个服务需要有 Windows 账户，如果你还没有，就需要设置一个。现在，假定你有一个 Windows 账户，如图 7-2 所示。

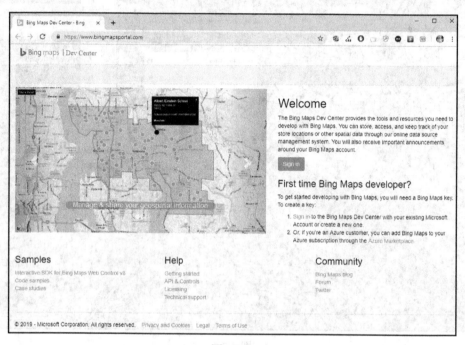

图　7-2

注册后，需要创建一个键，用来让 Bing Map Services 识别我们的应用程序，知道我们是谁，并可以跟踪我们的地图使用情况。在 **My account** 选项列表中，选择 **My Keys**，如图 7-3 所示。

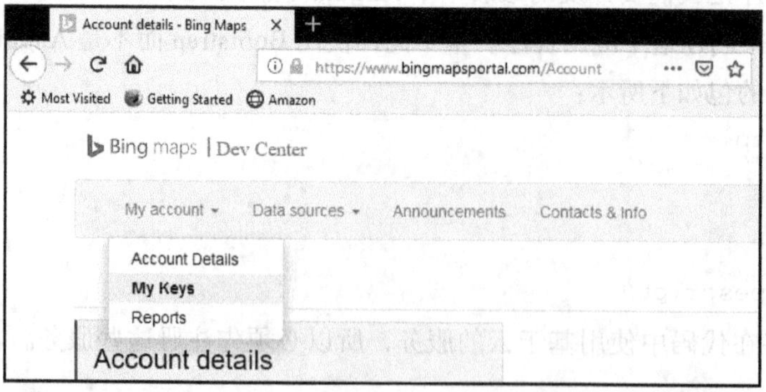

图　7-3

　　显示键界面后，可以看到一个 **Click here to create a new key** 链接。单击该链接将显示图 7-4 所示的界面。

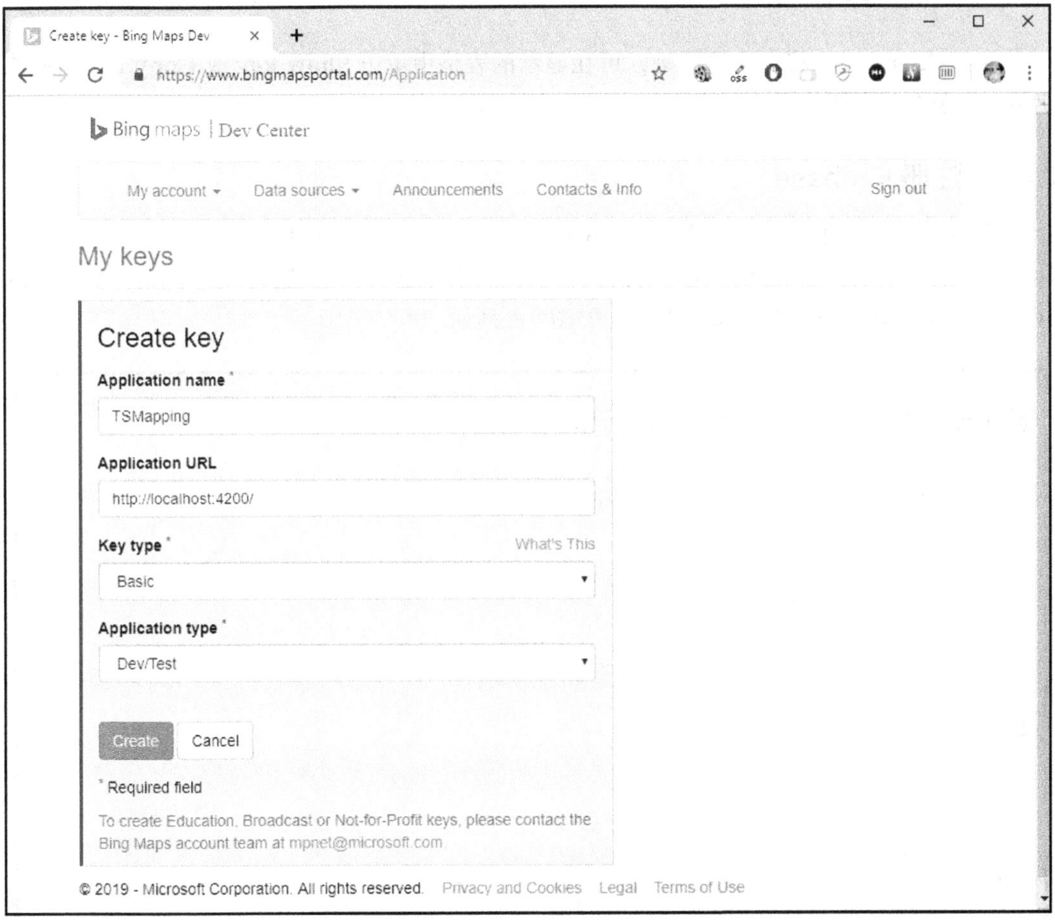

图　7-4

　　这个界面中的大部分信息都相当直观。如果我们有多个键，需要搜索它们，就可以使用应用程序的名称。URL 部分不必设置，不过如果我要部署到不同的 Web 应用程序，就会设置它。这便于记住哪个键与哪个应用程序关联在一起。因为我们不使用付费企业服务，所以可用的键类型只有 **Basic**。从我们的角度来看，这个界面中最重要的字段可能是 **Application type**。可供选择的应用程序类型有许多，每种类型都对可以接受的事务数做了限制。我们将使用 **Dev/Test**，它允许我们在一年的时间内总共使用 125 000 个可收费的事务。

> 注意 当本章中使用 Local Insights 代码时，将会产生可收费事务。如果你不想承担付费的风险，建议禁用执行这种搜索的代码。

单击 **Create** 时，将创建地图键，可在显示的表格中单击 **Show key** 或 **Copy key** 链接来使用它。现在就设置好了地图键，接下来注册数据库。

7.4.2 注册 Firebase

Firebase 要求使用 Google 账户。假设你有一个 Google 账户，就可以在 `https://console.firebase.google.com/` 访问 Firebase 的功能。看到这个界面时，单击 **Add project** 按钮来开始添加 Firebase 支持，如图 7-5 所示。

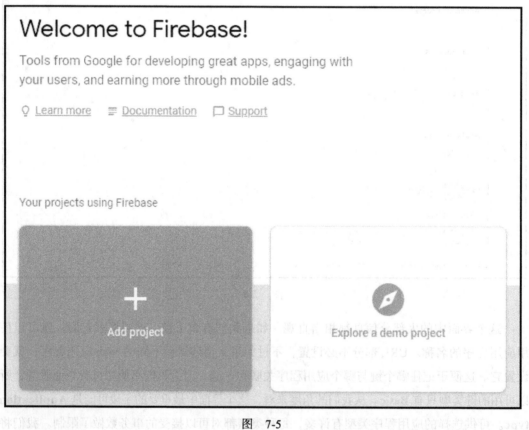

图 7-5

为项目选择一个有意义的名称。在创建项目之前，应该阅读 Firebase 的使用条款，如果同意，就勾选复选框。注意，如果选择将使用统计数据分享给 Google Analytics，就还应该阅读相应的使用条款并选中 **controller-controller terms** 复选框，如图 7-6 所示。

图　7-6

单击 **Create project** 后，就可以访问 Firebase 项目了。作为一个云服务提供商，Firebase 并不只是一个数据库，它还提供存储、托管等服务，但是我们只使用 **Database** 选项。单击 **Database** 链接时，将看到 **Cloud Firestore** 界面，在这里单击 **Create database** 来开始创建数据库，如图 7-7 所示。

图　7-7

> 📷 **注**
> **意** 本章中提到 Firebase 时，指的是 Firebase 云平台的 Firestore 功能。

　　创建数据库时，需要选择对数据库应用什么级别的安全。这里有两个选项。我们可以让数据库一开始处于锁定状态，从而禁用读写。此时，必须通过编写规则，让数据库检查并判断是否允许写入操作，来启用对数据库的访问。

　　不过，出于我们的目的，我们将首先进入测试模式，这允许对数据库进行无限读写，如图 7-8 所示。

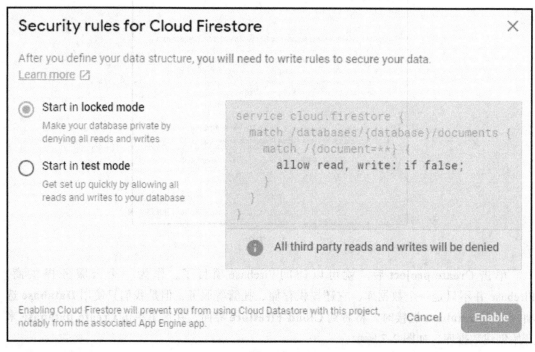

图　7-8

> 📷 **注**
> **意** 与必应地图类似，Firebase 有使用限制，并且可能产生费用。我们创建的是一个 Spark 计划数据存储，这是 Firebase 的免费版本，施加了一些硬性限制，例如每月只能存储 1 GB 数据，每天只能读 50 000 次，写 20 000 次。关于其定价和限制的更多信息，请阅读：https://firebase.google.com/pricing/。

　　单击 **Enable** 按钮有了一个可用的数据库后，需要获得 Firebase 为我们创建的键和项目的详细信息。为此，单击菜单中的 **Project overview** 链接。**</>** 按钮将弹出一个界面，我们需要复制其中显示的项目信息，如图 7-9 所示。

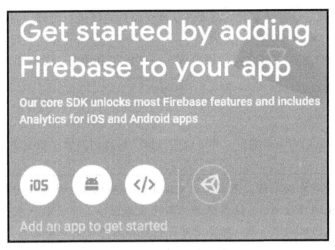

图　7-9

现在就创建好了云基础设施，并且获得了必要的键和详细信息。接下来就可以编写应用程序了。

7.5　使用 Angular 和 Firebase 创建必应地图应用程序

在过去几年中，地图应用程序成为一种快速增长的应用程序类型，例如车载卫星导航系统或者手机上运行的 Google 地图。在这些应用程序的底层是 Microsoft 或 Google 等公司开发的地图服务。我们将使用必应地图服务来为应用程序添加地图支持。

我们的地图应用程序的需求如下所示：

❑ 单击一个位置将把该位置添加为一个兴趣点。

❑ 添加一个兴趣点后，将显示一个信息框，显示关于该位置的详细信息。

❑ 再次单击一个兴趣点将删除它。

❑ 兴趣点将被保存到数据库中。

❑ 用户能够移动兴趣点，这将更新数据库中的详细信息。

❑ 当企业信息可用时，将自动检索和显示企业信息。

7.5.1　添加地图组件

我们将在这里创建两个 Angular 组件，一个叫作 MappingcontainerComponent，另一个叫作 MapViewComponent。

之所以分为两个组件，是因为我想要使用 MappingcontainerComponent 来包含 Bootstrap 基础设施，而让 MapViewComponent 只包含地图自身。如果愿意，你可以把这些组件合并到一起，但是为了建立一个清晰的界限，以描述每个部分发生了什么，对我来说创建两个组件更加方便。这意味着我们需要在这两个组件之间进行协调，而这种协调会强化我们在第 5 章介绍的 EventEmitter 行为。

在为这两个组件添加主体之前，需要编写一些模型和服务，以提供地图和数据访问需要使用的基础设施。

7.5.2 兴趣点

每个兴趣点将显示为一个图钉，并可以用纬度、经度以及其名称来表示。

注意 纬度和经度是地理术语，用来标识地球上的精确位置。纬度指的是赤道向北或向南多远，赤道的纬度为 0。这意味着正数代表赤道以北，负数代表赤道以南。经度指的是在地球的纵向中心线（约定为穿过伦敦格林尼治的那条经线）向东或向西多远。如果向东，则数字为正；如果向西，则数字为负。

代表兴趣点的模型如下所示：

```
export class PinModel {
  id: string;
  lat: number;
  long: number;
  name: string;
}
```

注意 本节将提到图钉和兴趣点。它们代表相同的东西，所以可以互换使用它们。

创建模型的一个实例时，将使用一个 GUID 来代表它。因为 GUID 是唯一的，所以在移动或者删除兴趣点时，可以用来方便地找到该兴趣点。我们在数据库中存储模型时，并不会采用这种表示，因为这个标识符只是用来在地图上跟踪图钉，而不是在数据库中跟踪图钉。为了这个目的，我们将添加另外一个模型，用来在数据库中存储模型项：

```
export interface PinModelData extends PinModel {
  storageId: string;
}
```

我们把它创建为一个接口，是因为 Firebase 只期望收到数据，而不包括包含数据的类基础设施。也可以把 PinModel 创建为一个接口，但是其实例化语法会复杂一些，所以我们选择将其创建为一个类。

创建好了模型，就可以关联到 Firebase 了。我们不直接使用 Firebase npm，而是使用官方提供的 Angular Firebase 库，其名称为 AngularFire，其 npm 引用为 @angular/fire。

设置 Firebase 数据存储时，我们获得了一些设置，可用来创建该数据存储的唯一识别的

连接。我们将把这些设置复制到 environment.ts 和 environment.prod.ts 文件中。当把
一个应用程序发布到生产环境时，Angular 会把 environment.prod.ts 重新映射到环境文
件，使开发和生产设置分隔开：

```
firebase: {
  apiKey: "AIzaSyC0MzFxTtvt6cCvmTGE94xc5INFRYlXznw",
  authDomain: "advancedtypescript3-mapapp.firebaseapp.com",
  databaseURL: "https://advancedtypescript3-mapapp.firebaseio.com",
  projectId: "advancedtypescript3-mapapp",
  storageBucket: "advancedtypescript3-mapapp.appspot.com",
  messagingSenderId: "6102469443"
}
```

> 💿 提示　为开发和生产系统使用相同的端点通常不是好的做法，你可以创建一个单独的
> Firebase 实例来保存生产映射信息，并将其存储到 environment.prod.ts 中。

在 app.module 中，我们将导入 AngularFire 模块，然后在 imports 部分引用它
们。当引用 AngularFireModule 时，我们将调用 initializeApp 静态方法，它将使用
environment.firebase 设置来建立到 Firebase 的连接。

首先，import 语句如下所示：

```
import { AngularFireModule } from '@angular/fire';
import { AngularFirestoreModule } from '@angular/fire/firestore';
import { AngularFireStorageModule } from '@angular/fire/storage';
```

接下来，设置 Angular imports：

```
imports: [
  BrowserModule,
  HttpClientModule,
  AngularFireModule.initializeApp(environment.firebase),
  AngularFireStorageModule,
  AngularFirestoreModule
],
```

为了利用 Firebase 的功能，让一个服务作为单一实现位置来与数据库交互会有帮助。因
此，我们将创建一个 FirebaseMapPinsService：

```
export class FirebaseMapPinsService {
}
```

在这个类中，我们将使用 AngularFire 中的 AngularFirestoreCollection 功能。
Firebase 提供了 Query 和 CollectionReference 类型，用来对数据库中的底层数据执行
CRUD 操作。AngularFirestoreCollection 将这种行为包装成为一个方便的流。我们将
泛型类型设置为 PinModelData，指定在数据库中保存什么数据：

```
private pins: AngularFirestoreCollection<PinModelData>;
```

我们的服务将提供一个模型，它创建 PinModelData 数组的一个 Observable，并绑定到 pins 属性。我们在构造函数中把它们绑定起来，这个构造函数接受 AngularFirestore 作为参数。通过传入数据库中存储的集合的名称，将 pins 集合与底层集合关联起来（数据库将数据保存为 JSON 格式的文档）。Observable 将监听集合上的 valueChanges，如下所示：

```
constructor(private readonly db: AngularFirestore) {
  this.pins = db.collection<PinModelData>('pins');
  this.model = this.pins.valueChanges();
}
```

在设计这个应用程序时，我做了一个决定：从 UI 中删除一个图钉将导致在数据库中删除对应的兴趣点。因为没有其他东西引用它，所以我们不需要保留它来作为引用数据。删除数据很简单，只需要在 doc 中使用 storageId 来从数据存储获取底层文档记录，然后删除它：

```
Delete(item: PinModelData) {
  this.pins.doc(item.storageId).delete();
}
```

当用户添加兴趣点时，我们想在数据库中创建一个对应的条目，但是当用户移动图钉时，我们想要更新记录。我们不使用单独的 Add 和 Update 方法，而是将逻辑合并到一个方法中，因为我们知道，如果记录的 storageId 为空，说明它之前还没有被保存到数据库中。因此，我们使用 Firebase createId 方法来为它创建一个唯一 ID。如果存在 storageId，则我们更新记录：

```
Save(item: PinModelData) {
  if (item.storageId === '') {
    item.storageId = this.db.createId();
    this.pins.doc(item.storageId).set(item);
  }
  else {
    this.pins.doc(item.storageId).update(item);
  }
}
```

7.5.3 表示地图图钉

能够把图钉保存到数据库是很好的，但是我们还需要一种方式在地图上表示图钉，以便在地图会话中显示它们并根据需要移动它们。这个类还将作为数据服务的连接。我们要编写的这个类将演示 TypeScript 3 中引入的一个小技巧，叫作 **rest 元组**。这个类一开始如下所示：

```
export class PinsModel {
  private pins: PinModelData[] = [];
  constructor(private firebaseMapService: FirebaseMapService) { }
}
```

我们将添加的第一个功能是当用户在地图上单击时添加图钉的数据。这个方法的签名看起来有点奇怪，所以我们来加以说明。下面给出了该方法的签名：

```
public Add(...args: [string, string, ...number[]]);
```

当 ...args 作为最后的（或者唯一的）参数时，我们立即会想到这是在使用 REST 参数。如果把参数列表从头开始进行分解，则可以认为参数如下所示：

```
public Add(arg_1: string, arg_2: string, ...number[]);
```

这看起来几乎是可以理解的，但是其中还有另外一个 REST 参数。它的意思是在元素的末尾可以有任意数量的数字。之所以需要使用 ...，而不是直接使用 number[]，是因为我们需要展开元素。如果只是使用数组格式，则我们需要在调用代码中把元素加入这个数组。在元素中使用 REST 参数时，我们可以取出数据，将其保存到数据库，并添加到 pins 数组中，如下所示：

```
public Add(...args: [string, string, ...number[]]) {
  const data: PinModelData = {
    id: args[0],
    name: args[1],
    lat: args[2],
    long: args[3],
    storageId: ''
  };
  this.firebaseMapService.Save(data);
  this.pins.push(data);
}
```

> **注意**　使用这种元素的影响是，调用代码必须确保把值添加到正确的位置。

该方法的调用如下所示：

```
this.pinsModel.Add(guid.toString(), geocode, e.location.latitude,
e.location.longitude);
```

当用户在地图上移动图钉时，我们将使用一个类似的技巧来更新其位置。我们需要做的是在数组中找到模型，然后更新其值。我们甚至需要更新名称，因为移动图钉的操作会改变图钉的地址。与 Add 方法一样，我们调用数据服务的 Save 方法：

```
public Move(...args: [string,string, ...number[]]) {
  const pinModel: PinModelData = this.pins.find(x => x.id === args[0]);
  if (pinModel) {
    pinModel.name = args[1];
    pinModel.lat = args[2];
    pinModel.long = args[3];
  }
  this.firebaseMapService.Save(pinModel);
}
```

其他类也需要访问数据库中的数据。这里有两个选择：可以让其他类也使用 Firebase 地图服务，但可能会忘记调用这个类，也可以让这个类成为地图服务的唯一访问点。我们将把这个类作为 FirebaseMapPinsService 的唯一访问点，需要通过 Load 方法来公开 model：

```
public Load(): Observable<PinModelData[]>{
  return this.firebaseMapService.model;
}
```

相比添加或移动兴趣点，删除兴趣点的方法签名要简单得多。我们只需要获得记录的客户端 id，使用它找到 PinModelData 项，然后调用 Delete 从 Firebase 中删除兴趣点。删除记录后，我们找到这条记录的索引，并通过对数组使用 splice 来删除它：

```
public Remove(id: string) {
  const pinModel: PinModelData = this.pins.find(x => x.id === id);
  this.firebaseMapService.Delete(pinModel);
  const index: number = this.pins.findIndex(x => x.id === id);
  if (index >= 0) {
    this.pins.splice(index,1);
  }
}
```

7.5.4   使用地图搜索做一些有趣的操作

当用户在地图上放置一个图钉或者移动一个图钉时，我们希望能够自动获取图钉所在位置的名称。地图能够自动获取这些信息，所以我们不想要求用户来输入这个值。这意味着我们需要使用地图功能来获取这些信息。

必应地图有许多可选模块，我们可以选择使用这些模块来获得基于位置搜索等功能。为此，我们将创建一个 MapGeocode 类来进行搜索：

```
export class MapGeocode {
}
```

你可能注意到，对于一些类，我们没有创建服务。我们必须自己手动实例化这些类。这一点没有问题，因为我们可以手动控制自己的类的生存期。如果愿意，你可以在重新创建代码时将 MapGeocode 等类转换成服务并注入它们。

因为搜索是一项可选功能，所以我们需要把它加载进来。为此，我们将传入地图，使用 loadModule 来加载 Microsoft.Maps.Search 模块，并传入 SearchManager 的一个新实例作为选项：

```
private searchManager: Microsoft.Maps.Search.SearchManager;
constructor(private map: Microsoft.Maps.Map) {
  Microsoft.Maps.loadModule('Microsoft.Maps.Search', () => {
    this.searchManager = new Microsoft.Maps.Search.SearchManager(this.map);
  });
}
```

剩下要做的是编写一个方法来执行查找。因为这个操作可能需要较长的时间，所以需要使其成为 Promise 类型，它返回的字符串将填充名称。在这个 Promise 中，我们创建一个请求来包含位置和一个回调，当 reverseGeocode 方法执行它时，将使用位置的名称更新 Promise 中的回调。创建了这个请求后，我们调用 searchManager.reverseGeocode 来执行搜索：

```
public ReverseGeocode(location: Microsoft.Maps.Location): Promise<string> {
  return new Promise<string>((callback) => {
    const request = {
      location: location,
      callback: function (code) { callback(code.name); }
    };
    if (this.searchManager) {
      this.searchManager.reverseGeocode(request);
    }
  });
}
```

> 提示　在编码中，名称很重要。在地图中，当我们进行地理编码时，将一个物理地址转换成一个位置。将位置转换为地址的操作称为**逆地理编码**（**reverse geocoding**）。因此，我们的方法才被命名为 ReverseGeocode。

我们还需要考虑另外一种类型的搜索：使用可见地图区域（视口）找出该区域的咖啡店。为此，我们将使用 Microsoft 提供的 Local Insights API 来搜索给定地区的企业。这个实现现在还有一些局限，因为 Local Insights 只能用于美国地址，但是 Microsoft 计划把这个功能推向其他国家和大洲。

为了演示我们在服务中仍然能够使用地图，我们将创建一个 PointsOfInterestService，它接受一个 HttpClient，用于获取 REST 调用的结果：

```
export class PointsOfInterestService {
  constructor(private http: HttpClient) {}
}
```

REST 调用端点接受一个查询，它指定了我们感兴趣的企业类型、用来执行搜索的位置以及地图的键。同样，搜索功能的运行时间可能较长，所以我们返回一个 Promise，但这次返回的是一个自定义 PoiPoint 的 Promise，这个 PoiPoint 将返回经纬度和企业的名称：

```
export interface PoiPoint {
  lat: number,
  long: number,
  name: string
}
```

调用 API 时，我们将使用 http.get，它返回一个 observable。我们将使用 pipe 处理结果，并使用 MapData 来进行映射。我们将使用 subscribe 订阅结果，然后解析结果（注意，我们并不知道返回类型，所以使用了 any）。返回类型可以包含多个 resourceSets，主要对应于在这里同时使用多种类型的查询情况，但是我们只需要关心初始的 resourceSet，并使用它来提取资源。下面的代码显示了我们在这种搜索中感兴趣的元素的格式。解析完结果后，我们取消搜索订阅，然后使用我们添加的点来回调 Promise：

```typescript
public Search(location: location): Promise<PoiPoint[]> {
  const endpoint =
`https://dev.virtualearth.net/REST/v1/LocalSearch/?query=coffee&userLocatio
n=${location[0]},${location[1]}&key=${environment.mapKey}`;
  return new Promise<PoiPoint[]>((callback) => {
    const subscription: Subscription =
this.http.get(endpoint).pipe(map(this.MapData))
    .subscribe((x: any) => {
      const points: PoiPoint[] = [];
      if (x.resourceSets && x.resourceSets.length > 0 &&
x.resourceSets[0].resources) {
        x.resourceSets[0].resources.forEach(element => {
          if (element.geocodePoints && element.geocodePoints.length > 0) {
            const poi: PoiPoint = {
              lat: element.geocodePoints[0].coordinates[0],
              long: element.geocodePoints[0].coordinates[1],
              name: element.name
            };
            points.push(poi)
          }
        });
      }
      subscription.unsubscribe();
      callback(points);
    })
  });
}
```

> 📖 注意　在查询中，我们只是在一个点进行搜索，但是如果愿意，很容易扩展这个查询，在视图内的一个边界框中进行搜索。为此，只需要接受地图边界框，并将 userLocation 改为 userMapView=${boundingBox{0}},${boundingBox{1}},${boundingBox{2}},${boundingBox{3}}（其中 boundingBox 是一个矩形）。关于扩展搜索的更多信息，请参考 https://docs.microsoft.com/en-us/previous-versions/mt832854(v=msdn.10)。

完成了地图搜索功能和数据库功能后，接下来将地图实际显示到屏幕上。

7.5.5　将必应地图添加到屏幕上

如前所述，我们将使用两个组件来显示地图。首先来看 MapViewComponent。这个控件的 HTML 模板十分简单：

```
<div #myMap style='width: 100%; height: 100%;'>
</div>
```

我们的 HTML 就是这个样子。其背后的机制比较复杂，而我们将在这里了解 Angular 如何让我们绑定到标准的 DOM 事件。我们一般不展示完整的 @Component 元素，因为它基本上就是样板代码，但是在这里，我们需要做一点不同的处理。组件的第一部分如下所示：

```
@Component({
  selector: 'atp-map-view',
  templateUrl: './map-view.component.html',
  styleUrls: ['./map-view.component.scss'],
  host: {
    '(window:load)' : 'Loaded()'
  }
})
export class MapViewComponent implements OnInit {
  @ViewChild('myMap') myMap: { nativeElement: string | HTMLElement; };

  constructor() { }

  ngOnInit() {
  }
}
```

在 @Component 部分，我们把窗口加载事件绑定到 Loaded 方法。稍后将添加这个方法，但是现在，重要的是知道这就是我们把组件绑定到宿主事件的方式。在组件内，我们使用 @ViewChild 绑定到模板中的 div。基本上，这允许我们使用名称引用视图内的元素，从而能够以任意方式使用该元素。

之所以添加一个 Loaded 方法，是因为除非在 window.load 事件中绑定地图，否则必应地图在 Chrome 或 Firefox 等浏览器中不能正常工作。我们将使用一系列地图加载选项（其中包括地图凭据和默认缩放级别），在添加到模板的 div 语句中包含地图：

```
Loaded() {
  // Bing has a nasty habit of not working properly in browsers like
  // Chrome if we don't hook the map up
  // in the window.load event.
  const map = new Microsoft.Maps.Map(this.myMap.nativeElement, {
    credentials: environment.mapKey,
    enableCORS: true,
    zoom: 13
  });
  this.map.emit(map);
}
```

如果想选择显示特定类型的地图，就可以在地图加载选项中进行设置，如下所示：

```
mapTypeId:Microsoft.Maps.MapTypeId.road
```

我们将把 `MapViewComponent` 放到另外一个组件内，所以将创建一个 `EventEmitter`来通知父容器。我们已经在 `Loaded` 方法中添加了发射代码，将加载的地图传递给父容器：

```
@Output() map = new EventEmitter();
```

现在添加父容器。模板的大部分内容都在使用行和列来创建 **Bootstrap** 容器。在 `div` 列中，我们将包含刚才创建的子组件。同样，我们使用了 `EventEmitter`，所以当发射地图时，将触发 `MapLoaded` 事件：

```html
<div class="container-fluid h-100">
  <div class="row h-100">
    <div class="col-12">
      <atp-map-view (map)="MapLoaded($event)"></atp-map-view>
    </div>
  </div>
</div>
```

地图容器的大部分代码对我们来说已经很熟悉了。我们注入了 `FirebaseMapPinsService`和 `PointsOfInterestService`，并使用它们在 `MapLoaded` 方法中创建一个 `MapEvents`实例。换句话说，当 `atp-map-view` 组件运行到 `window.load` 时，将显示已填充的必应地图：

```typescript
export class MappingcontainerComponent implements OnInit {
  private map: Microsoft.Maps.Map;
  private mapEvents: MapEvents;
  constructor(private readonly firebaseMapPinService:
FirebaseMapPinsService,
              private readonly poi: PointsOfInterestService) { }

  ngOnInit() {
  }

  MapLoaded(map: Microsoft.Maps.Map) {
    this.map = map;
    this.mapEvents = new MapEvents(this.map, new
PinsModel(this.firebaseMapPinService), this.poi);
  }
}
```

关于地图显示，有一点需要注意：我们需要设置 `html` 和 `body` 的高度，使地图拉伸到浏览器窗口的整个高度。在 `styles.scss` 文件中完成此设置，如下所示：

```scss
html,body {
  height: 100%;
}
```

7.5.6 地图事件和图钉的设置

现在有了地图，也有了将兴趣点保存到数据库和在内存中移动兴趣点的逻辑，但还没

有代码来处理用户在地图上实际创建和管理图钉的操作。接下来就改变这种情况，添加一个
MapEvents 类来处理用户操作。与 MapGeocode、PinModel 和 PinsModel 类一样，这个类
是一个独立的实现。我们首先添加下面的代码：

```
export class MapEvents {
  private readonly geocode: MapGeocode;
  private infoBox: Microsoft.Maps.Infobox;

  constructor(private map: Microsoft.Maps.Map, private pinsModel:
PinsModel, private poi: PointsOfInterestService) {

  }
}
```

Infobox 代表在屏幕上添加兴趣点时显示的一个框。当添加每个兴趣点时，我们可
以添加一个新的框，但这将浪费资源。因此，我们将添加一个 Infobox，当在屏幕上添加
新兴趣点时重用它。为此，我们将添加一个帮助方法，检查 Infobox 是否已经在之前被
设置。如果之前没有设置，则实例化 Infobox 的一个新实例，接受图钉位置、标题和描
述。我们将把兴趣点的名称作为描述。我们将使用 setMap，设置在哪个地图实例上显示这
个 Infobox。当重用这个 Infobox 时，只需要设置选项中的相同值，然后将是否可见设为
true：

```
private SetInfoBox(title: string, description: string, pin:
Microsoft.Maps.Pushpin): void {
  if (!this.infoBox) {
    this.infoBox = new Microsoft.Maps.Infobox(pin.getLocation(), { title:
title, description: description });
    this.infoBox.setMap(this.map);
  return;
  }
  this.infoBox.setOptions({
    title: title,
    description: description,
    location: pin.getLocation(),
    visible: true
  });
}
```

在添加从地图中选择点的能力之前，还需要在这个类中添加另外两个帮助方法。第一
个帮助方法取出 Local Insights 搜索中的兴趣点添加到地图上。在这里可以看到，添加图钉
的方法是创建一个绿色的 Pushpin，然后将其添加到必应地图的正确的 Location。我们
还添加了一个事件处理程序，它响应单击图钉的操作，并使用我们刚才添加的方法来显示
Infobox：

```
AddPoi(pois: PoiPoint[]): void {
  pois.forEach(poi => {
    const pin: Microsoft.Maps.Pushpin = new Microsoft.Maps.Pushpin(new
```

```
Microsoft.Maps.Location(poi.lat, poi.long), {
    color: Microsoft.Maps.Color.fromHex('#00ff00')
  });
  this.map.entities.push(pin);
  Microsoft.Maps.Events.addHandler(pin, 'click', (x) => {
    this.SetInfoBox('Point of interest', poi.name, pin);
  });
})
}
```

下一个帮助方法比较复杂，所以我们分阶段添加。当用户在地图上单击时，将调用 AddPushPin 代码。其签名如下所示：

```
AddPushPin(e: any): void {
}
```

在这个方法中，首先要做的是创建一个在添加 PinsModel 条目时使用的 Guid，并在单击位置添加一个可拖动的 Pushpin：

```
const guid: Guid = Guid.create();
const pin: Microsoft.Maps.Pushpin = new Microsoft.Maps.Pushpin(e.location,
{
  draggable: true
});
```

然后，我们将调用前面编写的 ReverseGeocode 方法。得到该方法的结果后，我们将添加 PinsModel 条目，并把 Pushpin 添加到地图上，之后显示 Infobox：

```
this.geocode.GeoCode(e.location).then((geocode) => {
  this.pinsModel.Add(guid.toString(), geocode, e.location.latitude,
e.location.longitude);
  this.map.entities.push(pin);
  this.SetInfoBox('User location', geocode, pin);
});
```

我们还没有完成这个方法。除了添加 Pushpin，还需要使用户能够拖动图钉选择一个新位置。我们将使用 dragend 事件来移动图钉。之前做的工作到现在就有了回报，因为我们有一个简单的机制来移动 PinsModel 和显示 Infobox：

```
const dragHandler = Microsoft.Maps.Events.addHandler(pin, 'dragend', (args:
any) => {
  this.geocode.GeoCode(args.location).then((geocode) => {
    this.pinsModel.Move(guid.toString(), geocode, args.location.latitude,
args.location.longitude);
    this.SetInfoBox('User location (Moved)', geocode, pin);
  });
});
```

最后，当用户单击一个图钉时，我们想要从 PinsModel 中和地图上删除该图钉。添加 dragend 和 click 的事件处理程序的时候，把这些事件处理程序保存到了变量中，从而能够使用它们来从地图事件中删除事件处理程序。执行清理操作是一个很好的实践，在使用事件处理程序等方法后更应该如此：

```
const handler = Microsoft.Maps.Events.addHandler(pin, 'click', () => {
  this.pinsModel.Remove(guid.toString());
  this.map.entities.remove(pin);

  // Tidy up our stray event handlers.
  Microsoft.Maps.Events.removeHandler(handler);
  Microsoft.Maps.Events.removeHandler(dragHandler);
});
```

现在就创建好了帮助方法。接下来，只需要更新构造函数，使我们能够通过单击地图来设置兴趣点，以及在用户观看的视口发生变化时搜索 Local Insights。首先响应用户单击地图的操作：

```
this.geocode = new MapGeocode(this.map);
Microsoft.Maps.Events.addHandler(map, 'click', (e: any) => {
  this.AddPushPin(e);
});
```

> 提示　在这里不需要把处理程序保存到变量中，因为只要应用程序在浏览器中处于活动状态，它所关联的东西（也就是地图自身）就不会被移除。

当用户移动地图，从而看到其他区域时，我们需要执行 Local Insights 搜索，并基于返回的结果添加兴趣点。我们为地图的 viewchangeend 事件添加一个事件处理程序，以触发这种搜索：

```
Microsoft.Maps.Events.addHandler(map, 'viewchangeend', () => {
  const center = map.getCenter();
  this.poi.Search([center.latitude,
center.longitude]).then(pointsOfInterest => {
    if (pointsOfInterest && pointsOfInterest.length > 0) {
      this.AddPoi(pointsOfInterest);
    }
  })
})
```

我们不断看到，提前准备方法能够在以后节省许多时间。我们只是在使用 PointsOf-InterestService.Search 方法来替我们执行 Local Insights 搜索，如果得到任何结果，就把结果传递给 AddPoi 方法。如果不想执行 Local Insights 搜索，则只需移除这个事件处理程序，不做任何搜索。

剩下要做的是处理从数据库加载图钉的情况。这里的代码是前面添加 click 和 dragend 处理程序的代码的变体，但是我们不需要执行地理编码，因为我们已经知道每个兴趣点的名称。因此，我们不会重用 AddPushPin 方法，而是选择编写内联代码。加载订阅如下所示。

```
const subscription = this.pinsModel.Load().subscribe((data: PinModelData[])
=> {
  data.forEach(pinData => {
    const pin: Microsoft.Maps.Pushpin = new Microsoft.Maps.Pushpin(new
Microsoft.Maps.Location(pinData.lat, pinData.long), {
      draggable: true
    });
    this.map.entities.push(pin);
    const handler = Microsoft.Maps.Events.addHandler(pin, 'click', () => {
      this.pinsModel.Remove(pinData.id);
      this.map.entities.remove(pin);
      Microsoft.Maps.Events.removeHandler(handler);
      Microsoft.Maps.Events.removeHandler(dragHandler);
    });
    const dragHandler = Microsoft.Maps.Events.addHandler(pin, 'dragend',
(args: any) => {
      this.geocode.GeoCode(args.location).then((geocode) => {
        this.pinsModel.Move(pinData.id, geocode, args.location.latitude,
args.location.longitude);
        this.map.entities.push(pin);
    this.SetInfoBox('User location (moved)', geocode, pin);
      });
    });
  });
  subscription.unsubscribe();
  this.pinsModel.AddFromStore(data);
});
```

关于这段代码需要注意的是，因为我们在处理订阅，所以在完成订阅后，需要使用 unsubscribe 来取消订阅。订阅应该返回一个 PinModelData 数组，我们迭代这个数组，根据需要添加元素。

现在就有了一个可以工作的地图解决方案。这是我最喜欢撰写的章节之一，因为我特别喜欢地图应用程序。我希望你在编写这个应用程序的同时也享受到了乐趣。不过，在结束本章之前，如果你想阻止其他人在未获授权的情况下访问数据，就可以应用下一节介绍的技术。

7.5.7 保护数据库

本节概述如何保护数据库的安全。你可能还记得，我们在创建 Firestore 数据库的时候做了设置，使任何人都可以不受限制地进行访问。在开发小型测试应用程序的时候，这问题不大，但是商业应用程序一般不会这么设置。

我们将修改数据库的配置，使得只有具有授权 ID 的人才能读写数据库。为此，在 **Database** 中选择 **Rules** 选项卡，然后在规则列表中添加 if request.auth.uid != null;。match/{document=**} 意味着这条规则适用于列表中的所有文档。也可以设置只用于特定文档的规则，但是对于本章这样的应用程序，那么做没有太大意义。

　　注意，配置这种规则意味着我们需要添加身份验证，正如第 6 章所做的那样。本章不讨论如何设置身份验证，但是复制前一章的导航和登录功能应该很简单，如图 7-10 所示。

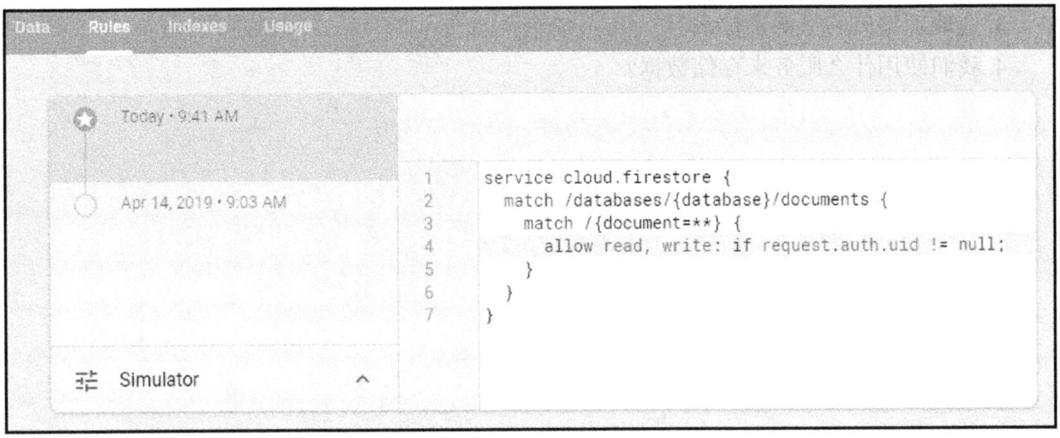

图　7-10

　　这段旅途并不容易。我们注册了不同的在线服务，并在代码中引入了地图功能。与此同时，我们看到了如何在 TypeScript 的支持下搭建一个 Angular 应用程序的框架，而不必生成和注册服务。现在，你可以使用这里的代码，添加你真正想要实现的地图功能。

7.6　小结

　　本章是我们使用 Angular 创建的最后一个项目。为创建这个项目，我们使用了 Microsoft 和 Google 提供的云服务，分别是必应地图和用来存储数据的 Firebase 云服务。我们注册了这些服务并获得了相关信息，以便设置客户端访问。在编写代码的过程中，我们创建了类来使用 Firestore 数据库以及与必应地图交互，从而执行多种操作，例如基于用户单击来搜索地址并在地图上添加图钉，以及使用 Local Insight 来搜索咖啡店。

　　本章还介绍了 TypeScript 中的 rest 元组，以及如何在 Angular 组件中添加代码来响应浏览器宿主事件。

　　下一章将重新使用 React。这一次，我们将创建一个功能有限的微服务 CRM，它使用 Docker 来包含不同的微服务。

习题

1. Angular 如何允许我们与宿主元素交互？
2. 纬度和经度是什么？
3. 逆地理编码的目的是什么？
4. 我们使用什么服务来存储数据？

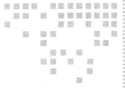

使用 React 和微服务来构建一个 CRM

前面的章节在使用 REST 服务时，关注用一个网站来处理 REST 调用。现代应用程序经常使用微服务，而这些微服务很可能托管在一个基于容器的系统（如 Docker）中。

本章将介绍如何创建一组托管在多个 Docker 容器中的微服务，并使用 Swagger 来设计 REST API。我们的 React 客户端应用程序将负责把这些微服务组合起来，从而创建一个简单的客户端关系管理（**Customer Relationship Management，CRM**）系统。

本章将讨论下面的主题：

❑ 理解 Docker 和容器。

❑ 微服务是什么，以及它们用于什么场景。

❑ 将整体式架构分解成为微架构。

❑ 共享公共的服务器端功能。

❑ 使用 Swagger 来设计 API。

❑ 在 Docker 中托管微服务。

❑ 使用 React 来连接到微服务。

❑ 在 React 中使用路由。

8.1　技术需求

完成后的项目可从 https://github.com/PacktPublishing/Advanced-TypeScript-

3-Programming-Projects/tree/master/Chapter08 下载。

下载项目后，需要使用 npm install 命令安装必要的包。因为服务包含在多个文件夹中，所以必须单独安装每个服务。

8.2 理解 Docker 和微服务

因为我们要构建的系统将会使用在 Docker 容器内托管的微服务，所以需要先理解一些术语和理论。

本节将介绍常用的 Docker 术语及其含义，然后介绍微服务是什么，它们用于解决什么问题，以及如何思考把整体式应用程序分解为更加模块化的服务的问题。

8.2.1 Docker 术语

如果新接触 Docker，会遇到大量术语。设置服务器时，了解这些术语会有帮助，所以我们先来介绍一些基本术语。

1. 容器

如果你在网上看到过任何有关 Docker 的介绍，很可能会见过这个术语。容器是一个运行实例，接受运行应用程序所需的各个软件部分。对我们来说，这是一个起点。容器是从镜像构建的，而你可以自己构建镜像，或者从一个集中的 Docker 数据库来下载镜像。通过使用端口和卷，容器可以对其他容器、宿主操作系统甚至外部系统开放。容器的一大卖点是它们易于设置和创建，并且可以快速停止和启动。

2. 镜像

如前一段所述，容器一开始是一个镜像。可用的镜像已经有很多，但是我们也可以创建自己的镜像。创建镜像时，创建步骤会被缓存，所以能够轻松地重用这些步骤。

3. 端口

你应该已经熟悉了端口。端口在 Docker 中的含义与在操作系统中相同，它们是宿主操作系统可见或者连接到外部世界的 TCP 或 UDP 端口。本章后面会创建一些有趣的代码，让应用程序在内部使用相同的端口号，但是使用不同的端口号把它们呈现给外部世界。

4. 卷

理解卷最简单的方法是把它视为与共享文件夹类似。当创建一个容器时，会初始化卷，无论容器的生命周期是多久，都允许我们在卷中持久化数据。

5. 注册表

实际上，可以把注册表视为 Docker 世界中的应用商店。它存储可以下载的 Docker 镜像，而类似于将应用上传到应用商店，也可以把本地镜像推送到注册表。

6.Docker Hub

Docker Hub 是最初的 Docker 注册表，由 Docker 自己提供。这个注册表存储了大量的 Docker 镜像，其中一些由 Docker 构建，另一些由其他软件团队为他们构建。

> 注意　本章不介绍 Docker 的安装，因为安装和设置 Docker 需要用一章的内容才能解释清楚，而且在 Windows 上安装 Docker 与在 macOS 或 Linux 上安装 Docker 的过程并不相同。不过，用来构建 Docker 应用程序及检查实例状态的命令不会变化，所以我们会在需要的时候介绍这些命令。

8.2.2　微服务

在开发企业软件时，大都听说过"微服务"这个术语。这是一种架构风格，将所谓的整体式系统分解成为一个服务集合。这种架构的本质是服务的作用域很严格，并且服务是可测试的。服务应该是松散耦合的，使它们之间只有有限的依赖，把这些服务组合起来应该是最终应用程序的责任。这种松散耦合推进了一种思想：服务可被独立部署，并且一般严格关注业务功能。

无论营销大师和咨询机构为了销售他们的服务而说些什么，微服务并不总适用于每个应用程序。有时候，使用一个整体式应用程序是更好的选择。如果我们不能使用前一段介绍的思想来分解一个应用程序，那么该应用程序很可能不适合用微服务来实现。

与本书介绍的许多内容（如模式）不同，微服务并没有一个官方认可的定义。你无法对照一个列表进行检查，然后说"这是一个微服务，因为它做了 a、b 和 c。"相反，随着人们看到什么可以工作、什么不能工作，对于什么构成一个微服务，人们认同的观念已经演化形成了一系列特征。对于我们的目的，微服务的重要属性包括：

- ❏ 服务可以独立于其他微服务进行部署。换句话说，服务不依赖于其他微服务。
- ❏ 服务基于一个业务过程。微服务应该是细粒度的，所以围绕单个业务领域来组织服务，有助于从小的、专注的组件创建大规模应用程序。
- ❏ 不同服务可以使用不同的语言和技术。这使我们可以根据需要使用最好的、最合适的技术。例如，我们可能在公司内部托管一个服务，而在一个云服务（如 Azure）中托管另一个服务。
- ❏ 服务应该是小型的。这并不是说服务中不能有很多代码，而是说服务应该只关注一个领域。

8.2.3 使用 Swagger 设计 REST API

当开发 REST 驱动的应用程序时，我发现使用 Swagger（**https://swagger.io**）很有用。Swagger 具有许多功能，使得在创建 API 文档、创建 API 代码以及测试 API 时，它成为首选的工具。

我们将使用 Swagger UI 来为人员列表检索功能创建原型。然后，我们可以生成 API 的文档。虽然可以使用原型来生成代码，但是我们将使用可用的工具来创建代码，以了解最终 REST 调用的形状。我们将使用最终的 REST 调用和之前创建的数据模型来完成自己的实现。我喜欢这样做的原因有两个。首先，我喜欢编写小的、整洁的数据模型，而原型让我能够看到模型是什么样子的。其次，生成的代码有很多，而我发现当自己编写代码时，将数据模型绑定到数据库变得简单多了。

在本章中，我们将自己编写代码，但是将使用 Swagger 来创建交付内容的原型。

首先，我们需要登录 Swagger：

① 在主页中，单击 **Sign In**。这将打开一个对话框，询问我们想登录哪个产品：**SwaggerHub** 还是 **Swagger Inspector**。**Swagger Inspector** 对测试 API 来说是一个很好的工具，但是我们是在开发 API，所以将登陆 **SwaggerHub**。图 8-1 显示了这个对话框：

图　8-1

② 如果你还没有 Swagger 账户，则可以在这里注册一个，也可以选择使用 GitHub 账户。要创建 API，需要选择 **Create New > Create New API**。在 **Template** 下拉列表中选择 **None**，然后填入信息，如图 8-2 所示。

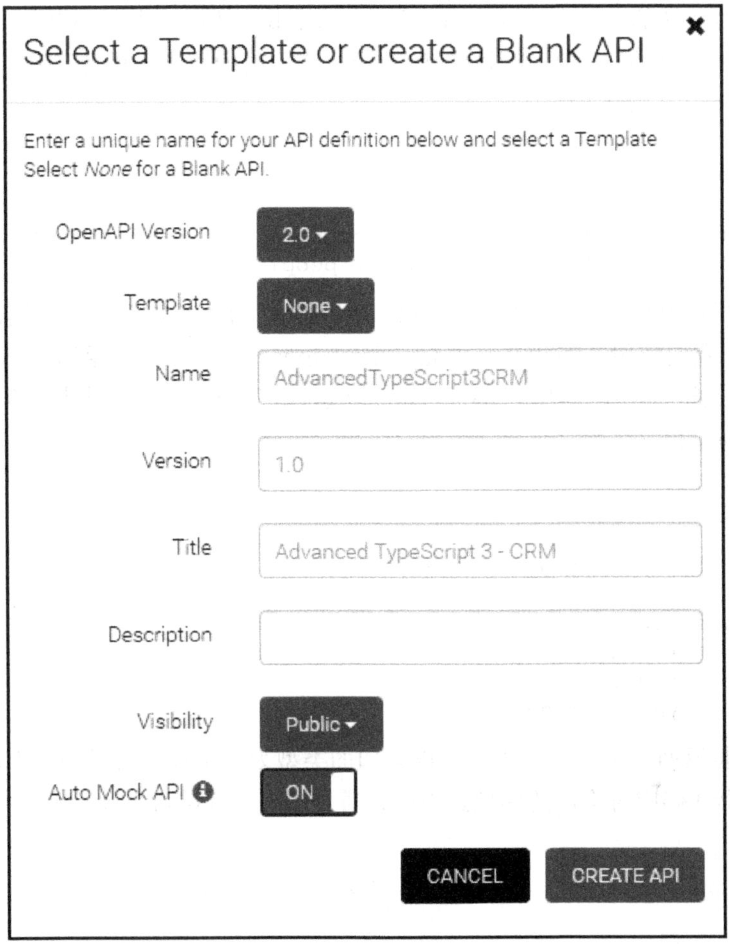

图　8-2

③现在就可以填入 API 了。默认提供给我们的内容如下所示:

```
swagger: '2.0'
info:
  version: '1.0'
  title: 'Advanced TypeScript 3 - CRM'
  description: ''
paths: {}
# Added by API Auto Mocking Plugin
host: virtserver.swaggerhub.com
basePath: /user_id/AdvancedTypeScript3CRM/1.0
schemes:
 - https
```

我们来开始构建这个 API。首先,我们来创建 API 路径的开头部分。我们需要创建的任何路径都将放到 paths 节点下。当我们构建 API 的时候,Swagger 编辑器会验证输入,所以如果在填写 API 的过程中，Swagger 编辑器给出验证错误，也不必担心。在这里的示例中，我们创建的 API 将检索添加到数据库中的全部人员的数组。因此，我们首先使用 API 端点替换 `paths: {}` 代码行：

```
paths:
  /people:
    get:
      summary: "Retrieves the list of people from Firebase"
      description: Returns a list of people
```

我们提到将使用 `GET` 动词来发出 REST 调用。我们的 API 将返回两个状态：`HTTP 200` 和 `HTTP 400`。我们使用这些状态来填充一个 `responses` 节点。当返回 400 错误时，需要创建一个架构来定义返回的响应。这个 `schema` 返回一个 `object`，其中包含一个 `message` 字符串，如下所示：

```
responses:
  200:
  400:
    description: Invalid request
    schema:
      type: object
      properties:
        message:
          type: string
```

因为 API 将返回一个人员数组，所以架构的类型为 `array`。构成一个人的 `items` 映射到我们在服务器代码中讨论过的模型。因此，通过填充 200 响应的 `schema`，我们得到了如下内容：

```
description: Successfully returned a list of people
schema:
  type: array
  items:
    type: object
    properties:
      ServerID:
        type: string
      FirstName:
        type: string
      LastName:
        type: string
      Address:
        type: object
        properties:
          Line1:
            type: string
          Line2:
            type: string
          Line3:
            type: string
```

```
Line4:
  type: string
PostalCode:
  type: string
ServerID:
  type: string
```

在编辑器中，架构如图 8-3 所示。

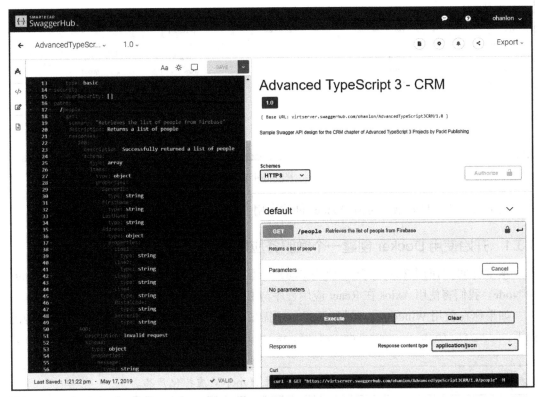

图　8-3

现在我们已经看到了如何使用 Swagger 来创建 API 的原型，接下来可以定义我们要构建的项目了。

8.3　使用 Docker 创建一个微服务应用程序

我们将编写的项目是一个 CRM 系统的一部分，可用来维护客户的详细信息，以及添加这些客户的潜在客户。该应用程序的工作方式是用户将创建地址，当他们填写联系人的详细信息时，可以从已经创建的地址列表中选择地址。最后，用户可以创建使用已添加联系人的潜在客户。这个系统背后的思想，是该应用程序之前使用了一个大数据库来保存这些信息，而我们将把它分解成为三个独立的服务。

参考 GitHub 中的代码时，完成本章的项目需要大概 3 个小时的时间。完成后的应用程序如图 8-4 所示。

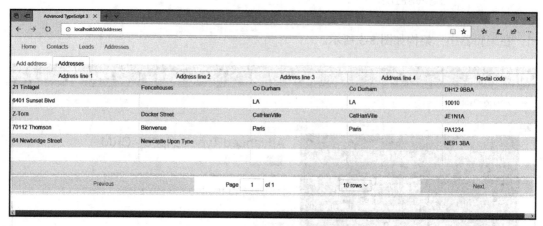

图 8-4

接下来，我们将介绍如何为 Docker 创建应用，以及这种应用如何补充我们的项目。

8.3.1 开始使用 Docker 创建一个微服务应用程序

本章将回归使用 React。除了使用 React，还将使用 Firebase 和 Docker，托管 Express 和 Node。我们将使用 Axios 在 React 应用程序与 Express 微服务之间进行 REST 通信。

如果你在使用 Windows 10 进行开发，则需要安装 Docker Desktop for Windows，地址如下：`https://hub.docker.com/editions/community/docker-cedesktop-windows`。

🎯 **提示** 要在 Windows 上运行 Docker，需要安装 Hyper-V 虚拟化产品。

如果想要在 macOS 上安装 Docker Desktop，则需要访问此地址：`https://hub.docker.com/editions/community/docker-ce-desktop-mac`。

🎯 **提示** Mac 上的 Docker Desktop 运行在 OS X Sierra 10.12 或更高版本上。

我们将要构建的 CRM 应用程序演示了如何把许多微服务组合成为一个应用程序，让最终用户不知道这个应用程序使用了来自多个数据源的信息。

应用程序的需求如下所示：

❑ CRM 系统将提供输入地址的能力。

❑ 系统允许用户输入关于一个人的详细信息。

❑ 当输入一个人的详细信息后，用户可以选择此前输入的地址。

❑ 系统允许用户输入关于潜在客户的详细信息。

❑ 数据将保存到一个云数据库中。

❑ 系统将从不同的服务检索人、潜在客户和地址信息。

❑ 这些单独的服务将托管在 Docker 中。

❑ UI 将创建为一个 React 系统。

我们一直致力于在应用程序中共享功能。微服务将更进一步，共享尽可能多的公共代码，然后加入必要的部分代码来定制收到并返回给客户端的数据。之所以可以这么做，是因为我们的服务在需求上是类似的，所以可以共享许多公共代码。

我们的微服务应用程序首先从一个整体式应用程序的视角出发。该应用程序用一个系统管理人员、地址和潜在客户。我们将把这个整体式应用程序分解成为较小的、分散的块，每个块独立于其他块存在。这里，潜在客户、地址和人员都存在于自己的自包含服务中。

首先来处理 tsconfig 文件。在前面的章节中，每一章使用一个服务，只有一个 tsconfig 文件。这里将使用一个根级别的 tsconfig.json 文件，让服务使用这个文件作为公共基础：

①首先创建一个文件夹，命名为 Services，作为其他服务的基础。在该文件夹下，我们将创建单独的 Addresses、Common、Leads 和 People 文件夹，以及作为基础的 tsconfig 文件。

②完成上个步骤后，Services 文件夹应该如图 8-5 所示。

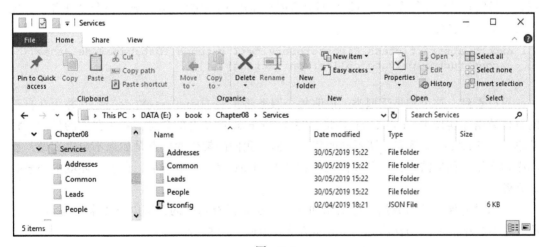

图　8-5

③现在添加 tsconfig 设置。我们托管的所有服务将共享这些设置：

```
{
  "compileOnSave": true,
  "compilerOptions": {
    "target": "es5",
    "module": "commonjs",
    "removeComments": true,
    "strict": true,
    "esModuleInterop": true,
    "inlineSourceMap": true,
    "experimentalDecorators": true,
  }
}
```

你可能已经注意到，我们还没有在这里设置输出目录。我们将在稍后进行设置。在那之前，先来添加微服务将会共享的公共功能。它们将被添加到 Common 文件夹中。在我们将要添加的功能中，有一部分你会感到很熟悉，因为前面的章节中构建过类似的服务器代码。

我们的服务将保存到 Firebase，所以先来编写数据库代码。为了使用 Firebase，需要安装的 npm 包有 firebase 和 @types/firebase。添加这些包时，还需要导入 guid-typescript 和之前安装的 node cors 和 express 包。

当每个服务把数据保存到数据库时，都将以相同的基本结构开始。我们需要使用 GUID 设置一个 ServerID。基本模型一开始如下所示：

```
export interface IDatabaseModelBase {
  ServerID: string;
}
```

我们将创建一个 abstract 基类来使用 IDatabaseModelBase 的实例，从而能够使用 Get 获取记录，使用 GetAll 获取全部记录，以及使用 Save 保存记录。使用 Firebase 的优点是，虽然它的功能很强大，但是我们只需编写简短的代码就可以完成上述每个任务。首先来看这个类的定义：

```
export abstract class FirestoreService<T extends IDatabaseModelBase> {
  constructor(private collection: string) { }
}
```

可以看到，这个类是泛型类，说明每个服务将扩展 IDatabaseModelBase 并用在自己的具体数据库实现中。collection 是将会写入 Firebase 的集合的名称。对于我们的目的，将共享一个 Firebase 实例来存储不同的集合，但是我们的架构的优点是如果不想这么做，就不必这么做。如果需要，也可以使用单独的 Firebase 存储；事实上，在生产环境中一般会这么做。

如果没有保存任何数据，那么添加 GET 方法是没有意义的，所以首先来编写 Save 方法。毫不奇怪，Save 方法将是一个异步方法，返回一个 Promise：

```
public Save(item: T): Promise<T> {
  return new Promise<T>(async (coll) => {
    item.ServerID = Guid.create().toString();
```

```
   await
firebase.firestore().collection(this.collection).doc(item.ServerID).set(ite
m);
    coll(item);
  });
}
```

async（coll）部分看起来可能有点奇怪。因为我们使用了箭头符号（=>），所以是在创建一个简化的函数。而因为这是一个函数，所以我们添加了 async 关键字，说明代码中可以使用一个 await 关键字。如果不将该函数标记为 async，则不能在函数中使用 await。

代码为 ServerID 分配一个 GUID，然后调用一个方法链来设置数据。我们来逐个部分介绍这段代码，以了解每个部分的作用。如第 7 章所述，Firebase 不只提供了数据库服务，所以我们首先需要访问数据库部分。如果不使用上面的方法链，则可以编写下面的代码：

```
const firestore: firebase.firestore.Firestore = firebase.firestore();
```

在 Firestore 中，我们不把数据保存到表中，而是保存到命名集合中。得到了 firestore后，就得到了 CollectionReference。接着上面的代码段，可以把这一部分重写为如下所示：

```
const collection: firebase.firestore.CollectionReference =
firestore.collection(this.collection);
```

得到了 CollectionReference，就可以使用在方法前面设置的 ServerID 来访问各个文档。如果不提供自己的 ID，则会自动生成一个：

```
const doc: firebase.firestore.DocumentReference =
collection.doc(item.ServerID);
```

现在需要设置数据，以便能够将其写入数据库：

```
await doc.set(item);
```

这将把数据保存到 Firestore 中的合适集合的一个文档中。必须承认，虽然我欣赏能够编写可以像这样分解的代码，但是当能够使用方法链的时候，我很少这么做。当下一个步骤在逻辑上跟随上一个步骤时，我常常把方法链接在一起，因为只有先完成了前面的步骤，才能到达下一个步骤，而且如果我能够看到链接在一起的方法，就更容易理解步骤的顺序。

当把数据保存到数据库以后，我们将把带 ServerID 的已保存记录返回给调用代码，使调用代码能够立即使用数据。因此，我们使用了这行代码：

```
coll(item);
```

FirestoreService 中的下一个步骤是添加 GET 方法。与 Save 方法一样，这是一个async 方法，返回包装在 Promise 中的类型 T 的一个实例。因为我们知道 ID，所以大部分Firestore 代码都是相同的。这里的区别在于调用 get() 来获取数据供返回使用：

```
public async Get(id: string): Promise<T> {
  const qry = await
```

```
firebase.firestore().collection(this.collection).doc(id).get();
  return <T>qry.data();
}
```

你可能猜到了，我们还要编写一个 async GetAll 方法，用来返回一个 T 数组。因为我们想检索多个记录，而不只是一个文档，所以调用 collection 的 get() 方法。获取了这些记录后，使用一个简单的 forEach 来构建要返回的数组：

```
public async GetAll(): Promise<T[]> {
  const qry = await firebase.firestore().collection(this.collection).get();
  const items: T[] = new Array<T>();
  qry.forEach(item => {
    items.push(<T>item.data());
  });
  return items;
}
```

编写了数据库代码后，我们看看如何使用这些代码。首先在 Address 服务中创建一个扩展 IDatabaseModelBase 的 IAddress 接口：

```
export interface IAddress extends IDatabaseModelBase {
  Line1 : string,
  Line2 : string,
  Line3 : string,
  Line4 : string,
  PostalCode : string
}
```

创建了 IAddress 以后，现在可以创建一个类，将我们的服务与将保存到 Firebase 中的 addresses 集合绑定起来。因为前面完成了一些基础工作，所以 AddressesServices 十分简单，如下所示：

```
export class AddressesService extends FirestoreService<IAddress> {
  constructor() {
    super('addresses');
  }
}
```

你可能会想，对于其他微服务，数据模型和数据库访问的代码是不是一样很简单呢？下面来看看 People 接口和数据库服务：

```
export interface IPerson extends IDatabaseModelBase {
  FirstName: string;
  LastName: string;
  Address: IAddress;
}
export class PersonService extends FirestoreService<IPerson> {
  constructor() {
    super('people');
  }
}
```

你可能还有另外一个疑问：为什么我们把地址信息保存到 IPerson 中？如果你熟悉关系数据库，但刚刚接触 NoSQL 架构，可能会认为我们只应该创建对地址的引用，而不应该重复数据，因为在关系数据库中，通过使用外键创建关系指针，将记录链接在一起。传统的 SQL 数据库使用外部表来最小化记录中的冗余，使我们不会创建在多个记录中重复的数据。虽然这种设计很有用，但是确实让查询和检索数据变得更加复杂，因为我们感兴趣的信息可能分散在多个表中。通过把地址与人保存在一起，就减少了在构建人的信息时需要查询的表数。这里的基础思想是，我们查询记录的次数要远多于修改记录的次数，所以如果我们需要修改地址，就修改主地址，然后运行一个单独的查询来检查所有人员记录，寻找需要更新的地址。能够实现这种行为，是因为人员记录的地址部分的 ServerID 与主地址的 ServerID 相匹配。

我们不介绍 Leads 数据库代码，它与这里的代码几乎完全相同，你可以在源代码中查看。从前面的介绍可以看到，我们的微服务在功能上很相似，所以我们可以用一种简单的方式来利用继承。

8.3.2　添加服务器端路由支持

除了用一种公共方式来使用数据库，入站 API 请求的端点也非常相似。在撰写本书的过程中，我尽量让编写的代码能够在以后重用。处理 Express 路由的代码就属于这种情况。我们在第 4 章编写的服务器端代码，特别是用于路由的代码，就是在处理 Express 路由。我们几乎可以原样不动地把几章之前编写的代码挪到这里使用。

下面快速回顾一下相关代码。首先看 IRouter 接口：

```
export interface IRouter {
  AddRoute(route: any): void;
}
```

然后是路由引擎。我们将把这段代码直接放到服务器中：

```
export class RoutingEngine {
  constructor(private routing: IRouter[] = new Array<IRouter>()) {
  }
  public Add<T1 extends IRouter>(routing: (new () => T1), route: any) {
    const routed = new routing();
    routed.AddRoute(route);
    this.routing.push(routed);
  }
}
```

这段代码如何使用呢？下面的代码就将保存客户端发送过来的地址。当从客户端收到一个 /add/ 请求时，我们从请求体中提取详细信息，转换为 IAddress，然后保存到地址服务中：

```
export class SaveAddressRouting implements IRouter {
  AddRoute(route: any): void {
    route.post('/add/', (request: Request, response: Response) => {
      const person: IAddress = <IAddress>{...request.body};
      new AddressesService().Save(person);
      response.json(person);
    });
  }
}
```

获取地址的代码十分相似。我们不分析该方法，因为它看起来应该已经很熟悉了：

```
export class GetAddressRouting implements IRouter {
  AddRoute(route: any): void {
    route.get('/get/', async (request: Request, response: Response) => {
      const result = await new AddressesService().GetAll();
      if (result) {
        response.json(result);
      }
      response.send('');
    });
  }
}
```

Leads 和 People 服务的代码几乎完全相同。请阅读 GitHub 存储库中的代码来熟悉它们。

1.Server 类

延续尽可能重用代码的思想，我们将使用第 4 章编写的 Express Server 类，但是会稍做修改。我们将快速回顾其代码，以重新熟悉这个类。首先来创建类定义及构造函数。这里的构造函数是第 4 章的构造函数的精简版本：

```
export abstract class Server {
  constructor(private port: number = 3000, private app: any = express(),
protected routingEngine: RoutingEngine = new RoutingEngine()) {}
  }
}
```

我们还想要添加 CORS 支持。虽然我们可以要求必须存在 CORS 支持，但还是希望让服务的开发人员来控制是否这么做，所以将其定义为一个 public 方法：

```
public WithCorsSupport(): Server {
  this.app.use(cors());
  return this;
}
```

为了让服务器实现能够工作，需要让他们能够添加路由。这是通过 AddRouting 方法实现的：

```
protected AddRouting(router: Router): void {
  }
```

创建了 `AddRouting` 方法之后，需要添加代码来启动服务器：

```
public Start(): void {
  this.app.use(bodyParser.json());
  this.app.use(bodyParser.urlencoded({extended:true}));
  const router: Router = express.Router();
  this.AddRouting(router);
  this.app.use(router);
  this.app.listen(this.port, ()=> console.log(`logged onto server at
${this.port}`));
}
```

你可能注意到，我们还缺少一块重要拼图。我们的服务器中还没有添加数据库支持，但是服务需要初始化 Firebase。在服务器中，添加下面的代码：

```
public WithDatabase(): Server {
  firebase.initializeApp(Environment.fireBase);
  return this;
}
```

注意，我没有在存储库中包含 `Environment.fireBase`，因为它包含我使用的服务器和键的详细信息。这是一个常量，包含 Firebase 连接信息。你可以将其替换为自己在云中创建 Firebase 数据库时设置的连接信息。要添加这些信息，需要在 Common 文件夹中创建一个 `Environment.ts` 文件，在其中包含如下所示的代码：

```
export const Environment = {
  fireBase: {
    apiKey: <<add your api key here>>,
    authDomain: "advancedtypescript3-containers.firebaseapp.com",
    databaseURL: "https://advancedtypescript3-containers.firebaseio.com",
    projectId: "advancedtypescript3-containers",
    storageBucket: "advancedtypescript3-containers.appspot.com",
    messagingSenderId: <<add your sender id here>>
  }
}
```

2. 创建地址服务

现在就可以创建实际的服务了。我们将介绍如何创建 `Addresses` 服务，因为其他服务将遵循相同的模式。因为我们已经有了数据模型、数据访问代码和路由，所以只需要创建实际的 `AddressesServer` 类。这个类十分简单，如下所示：

```
export class AddressesServer extends Server {
  protected AddRouting(router: Router): void {
    this.routingEngine.Add(GetAddressRouting, router);
    this.routingEngine.Add(SaveAddressRouting, router);
  }
}
```

像下面这样启动服务：

```
new AddressesServer()
  .WithCorsSupport()
  .WithDatabase().Start();
```

代码就这么简单。我们尽可能遵守了**不重复自己（Don't Repeat Yourself，DRY**）原则。这个原则的思想就是尽可能少地重复输入代码。换句话说，你应该尽量避免让完全相同的代码出现在代码库的多个位置。有时候，这种情况无法避免，还有些时候，为一两行代码创建大量代码基架得不偿失，但是如果有很大的功能区域，则肯定应该尽量避免将其复制粘贴到代码的多个位置。部分原因是如果复制粘贴代码，之后发现代码中存在 bug，就必须在多个位置进行修复。

8.3.3 使用 Docker 运行服务

查看服务会发现，我们面对着一个有趣的问题：这些服务都在相同的端口上启动。显然，我们不能为每个服务使用相同的端口，这是否意味着我们给自己造成了问题？是否意味着我们不能启动一个以上的服务？如果启动了一个以上的服务，是否会使微服务架构崩溃？这是否意味着我们需要回到使用整体式服务？

考虑到本章介绍了 Docker，所以你可能已经猜到，Docker 就是上述潜在问题的答案。使用 Docker 时，我们可以创建容器，在容器内部署代码，然后使用不同的端点来公开服务。那么，如何实现呢？

在每个服务中，我们将添加两个公共文件：

```
node_modules
npm-debug.log
```

第一个文件叫作 .dockerignore，在复制文件到容器或者在容器中添加文件时，它选择忽略哪些文件。

下一个要添加的文件是 Dockerfile，它描述了 Docker 容器以及如何构建 Docker 容器。Dockerfile 将构建多层指令，代表构建容器的步骤。第一层下载并在容器中安装 Node，具体来说是 Node 8：

```
FROM node:8
```

下一层用来设置默认工作目录。该目录将用于后续指令，如 RUN、COPY、ENTRYPOINT、CMD 和 ADD：

```
WORKDIR /usr/src/app
```

在网上的一些代码中，可以看到有人创建自己的目录来用作工作目录，但最好使用预定义的、熟悉的位置来作为 WORKDIR，如 /usr/src/app。

有了工作目录后，就可以开始设置代码了。我们希望复制必要的文件来下载和安装 npm 包：

```
COPY package*.json ./
RUN npm install
```

作为一种好的实践，我们在复制代码之前，先复制 package.json 和 package-lock. json 文件，因为安装过程会缓存安装的内容。只要我们不修改 package.json 文件，那么再次生成代码时，就不需要重新下载包。

现在就安装了包，但是还没有任何代码。下面将本地文件夹的内容复制到工作目录：

```
COPY . .
```

我们想把服务器端口公开给外部世界，所以来添加这个层：

```
EXPOSE 3000
```

最后，我们想启动服务器。为此，需要触发 npm start：

```
CMD [ "npm", "start" ]
```

> 提示　我们可以选择不运行 CMD["npm", "start"]，而是完全绕过 npm，使用 CMD ["node", "dist/server.js"]（这是服务器代码的名称）。如果选择这么做，那么原因可能在于运行 npm 会启动 npm 进程，后者将启动我们的服务器进程，所以直接使用 Node 能够减少运行的服务的数量。而且，npm 会悄悄地获取进程退出信号，所以除非它告诉 Node，否则 Node 不知道进程已经退出。

现在，如果想启动地址服务，就可以在命令行运行下面的命令：

```
docker build -t ohanlon/addresses .
docker run -p 17171:3000 -d ohanlon/addresses
```

第一行使用 Dockerfile 构建容器镜像，并给它添加了一个标签，从而使我们能够在 Docker 容器中标识它。

构建镜像后，下一个命令运行安装并把容器端口发布给宿主。这个技巧是让服务器代码能够工作的魔法所在：它将内部端口 3000 作为 17171 公开给外部世界。注意，我们在两行代码中都使用了 ohanlon/addresses，以便将容器镜像绑定到我们要运行的端口（你可以随意替换这个名称）。

-d 标志代表"脱离"，指的是我们的容器在后台静默运行。这允许我们在启动服务后，避免占用命令行。

如果想查看可用的镜像，可以运行 docker ps 命令。

使用 docker-compose 来组合和启动服务

我们不使用 docker build 和 docker run 来运行镜像，而是使用 docker-compose 来组合和运行多个容器。使用 Docker 组合时，可以从多个 Docker 文件创建容器，也可以完

全通过一个 `docker-compose.yml` 文件来创建容器。

我们将结合使用 `docker-compose.yml` 和上一节创建的 Docker 文件来创建一个可以轻松运行的组合。在服务器代码的根文件夹中，创建一个空文件，命名为 `docker-compose.yml`。我们将首先指定这个文件遵守的组合格式。在我们的例子中，将把它设置为 2.1：

```
version: '2.1'
```

我们将在容器内创建 3 个服务。现在首先来定义这些服务：

```
services:
  chapter08_addresses:
  chapter08_people:
  chapter08_leads:
```

每个服务均由独立的信息构成，其第一个部分描述了我们想要使用的构建信息。此信息包含在 build 节点下，由上下文（它映射到服务所在的目录）和 Docker 文件（它定义了如何构建容器）组成。我们还可以选择设置 `NODE_ENV` 参数，以指定节点环境。我们将把它设为 `production`。最后一个部分对应于 `docker run` 命令中设置的端口映射，每个服务可设置自己的 `ports` 映射。下面给出了 `chapter08_addresses` 下的节点：

```
build:
  context: ./Addresses
  dockerfile: ./Dockerfile
environment:
  NODE_ENV: production
ports:
  - 17171:3000
```

放到一起时，`docker-compose.yml` 文件如下所示：

```
version: '2.1'

services:
  chapter08_addresses:
    build:
      context: ./Addresses
      dockerfile: ./Dockerfile
    environment:
      NODE_ENV: production
    ports:
      - 17171:3000
chapter08_people:
  build:
    context: ./People
    dockerfile: ./Dockerfile
  environment:
    NODE_ENV: production
  ports:
    - 31313:3000
chapter08_leads:
  build:
```

```
    context: ./Leads
    dockerfile: ./Dockerfile
  environment:
    NODE_ENV: production
  ports:
    - 65432:3000
```

> **注意** 在启动进程之前，必须编译微服务。Docker 不负责构建应用程序，所以我们需要在组合服务之前构建应用程序。

现在有了多个容器，可以使用一个组合文件来同时启动它们。为了运行这个组合文件，需要使用 `docker-compose up` 命令。当所有容器都启动后，可以使用 `docker ps` 命令来确认它们的状态，该命令得到的输出如图 8-6 所示。

图 8-6

现在就完成了服务器端代码。创建微服务所需的一切都已经就绪。接下来，我们将创建与服务进行交互的 UI。

8.3.4 创建 React UI

我们花了大量时间来构建 Angular 应用程序，所以现在再来构建一个 React 应用程序很合适。Angular 能够使用 Express 和 Node，React 也可以，而且因为我们已经创建了 Express/Node 代码，所以现在来创建 React 客户端。我们可以使用下面的命令来创建一个支持 TypeScript 的 React 应用程序：

```
npx create-react-app crmclient --scripts-version=react-scripts-ts
```

这条命令创建一个标准的 React 应用程序，我们将修改它来满足自己的需要。首先，使用 `react-bootstrap` 包来引入对 Bootstrap 的支持。同时，我们还将安装下面的依赖：`react-table`、`@types/react-table`、`react-router-dom`、`@types/react-router-dom` 和 `axios`。本章将用到它们，所以现在安装可以节省以后的时间。

> **注意** 在本书中，我们一直使用 npm 来安装依赖，但这并不是唯一的方法。npm 的优势在于它是 Node 的默认包管理器（毕竟，npm 代表 Node Package Manager），但是

Facebook 在 2015 年引入了其自己的包管理器 Yarn，以解决当时的 npm 版本中存在的一些问题。Yarn 使用自己的 lock 文件，而不是 npm 使用的默认的 package*.lock。使用哪个包管理器取决于你的个人倾向，以及判断你是否需要它们提供的功能。对于我们的目的来说，npm 是很合适的包管理器，所以我们将继续使用它来安装依赖。

1. 使用 Bootstrap 作为容器

我们希望使用 Bootstrap 来渲染整个界面显示。好消息是这个任务并不困难，关键在于对 App 组件做一点小修改。为了渲染显示，我们将把内容放到一个容器内，如下所示：

```
export class App extends React.Component {
  public render() {
    return (
      <Container fluid={true}>
        <div />
      </Container>
    );
  }
}
```

现在，当渲染内容时，将把内容自动渲染到一个容器内，该容器被拉伸到占据页面的整个宽度。

2. 创建选项卡式 UI

在添加导航元素之前，我们将创建用户单击链接时链接到的组件。首先添加 AddAddress.tsx，并在这个组件内创建添加地址的代码。首先添加这个类的定义：

```
export class AddAddress extends React.Component<any, IAddress> {
}
```

组件的默认状态是空的 IAddress，所以我们来添加其定义，并将组件状态设为默认状态：

```
private defaultState: Readonly<IAddress>;
constructor(props:any) {
  super(props);
  this.defaultState = {
    Line1: '',
    Line2: '',
    Line3: '',
    Line4: '',
    PostalCode: '',
    ServerID: '',
  };
  const address: IAddress = this.defaultState;
  this.state = address;
}
```

在添加代码来渲染表单之前，需要添加两个方法。你可能还记得，上一次我们使用

React 时提到，如果用户在显示界面中修改了什么东西，我们必须显式更新状态。与上一次一样，我们将编写一个 UpdateBinding 事件处理程序，当用户修改显示界面中的任何值时就调用这个事件处理程序。在所有的 Addxxx 组件中，我们都将使用这个模式。回顾一下，ID 告诉我们用户修改了哪个字段，所以可以使用它和更新值来设置状态中的合适字段。了解这些信息后创建的事件处理程序如下所示：

```
private UpdateBinding = (event: any) => {
  switch (event.target.id) {
    case `address1`:
      this.setState({ Line1: event.target.value});
      break;
    case `address2`:
      this.setState({ Line2: event.target.value});
      break;
    case `address3`:
      this.setState({ Line3: event.target.value});
      break;
    case `address4`:
      this.setState({ Line4: event.target.value});
      break;
    case `zipcode`:
      this.setState({ PostalCode: event.target.value});
      break;
  }
}
```

需要添加的另一个支持方法将触发对地址服务的 REST 调用。我们将使用 Axios 包来向添加地址端点传输一个 POST 请求。Axios 提供了基于 Promise 的 REST 调用，使我们能够发出调用，等待响应，然后再继续处理。这里将使用一个简单的代码模型，以"触发后忘记"的方式发送请求，从而不必等待返回任何结果。为简单起见，我们将立即重置 UI 的状态，使用户能够输入另一个地址。

添加这些方法后，我们来编写 render 方法。其定义如下所示：

```
public render() {
  return (
    <Container>
    </Container>
  );
}
```

Container 映射到熟悉的 Bootstrap 中的容器类，但这里还缺少实际的输入元素。每个输入都被分组到 Form.Group 中，所以可以像下面这样添加 Label 和 Control：

```
<Form.Group controlId="formGridAddress1">
  <Form.Label>Address</Form.Label>
  <Form.Control placeholder="First line of address" id="address1"
value={this.state.Line1} onChange={this.UpdateBinding} />
</Form.Group>
```

另外回顾一下，绑定的当前值将在 value={this.state.Line1} 代表的单向绑定中渲染到显示界面，用户的任何输入将通过 UpdateBinding 事件处理程序触发状态更新。

用来保存状态的 Button 代码如下所示：

```
<Button variant="primary" type="submit" onClick={this.Save}>
  Submit
</Button>
```

把上面的代码放到一起，得到了 render 方法的完整代码，如下所示：

```
public render() {
  return (
    <Container>
      <Form.Group controlId="formGridAddress1">
        <Form.Label>Address</Form.Label>
        <Form.Control placeholder="First line of address" id="address1"
value={this.state.Line1} onChange={this.UpdateBinding} />
      </Form.Group>
      <Form.Group controlId="formGridAddress2">
        <Form.Label>Address 2</Form.Label>
        <Form.Control id="address2" value={this.state.Line2}
onChange={this.UpdateBinding} />
      </Form.Group>
      <Form.Group controlId="formGridAddress2">
        <Form.Label>Address 3</Form.Label>
        <Form.Control id="address3" value={this.state.Line3}
onChange={this.UpdateBinding} />
      </Form.Group>
      <Form.Group controlId="formGridAddress2">
        <Form.Label>Address 4</Form.Label>
        <Form.Control id="address4" value={this.state.Line4}
onChange={this.UpdateBinding} />
      </Form.Group>
      <Form.Group controlId="formGridAddress2">
        <Form.Label>Zip Code</Form.Label>
        <Form.Control id="zipcode" value={this.state.PostalCode}
onChange={this.UpdateBinding}/>
      </Form.Group>
      <Button variant="primary" type="submit" onClick={this.Save}>
        Submit
      </Button>
    </Container>
  )
}
```

这段代码有问题吗？ Save 方法是有一个问题的。用户单击按钮时，什么也不会保存到数据库中，因为状态在 Save 方法中是不可见的。onClick={this.Save} 是在赋值一个 Save 方法的回调。在内部，this 上下文将会丢失，所以不能使用它来获得状态。这有两个解决方案，其中一个我们已经多次看到，即使用箭头（=>）符号来捕获上下文，使方法能够进行处理。

我们在编写 Save 方法时没有使用箭头，是为了说明解决这个问题的第二种方法，即在构造函数中添加下面的代码来绑定上下文：

```
this.Save = this.Save.bind(this);
```

这就是添加地址的代码。希望你能认同这段代码是很简单的。在一些情况中，创建简单的代码是更具吸引力的选项，但是开发人员却创建过度复杂的代码。我自己很喜欢让代码尽可能简单。一些开发人员习惯于创建过度复杂的代码，只是为了让其他开发人员敬佩自己。但是，我力劝开发人员克制这种冲动，因为整洁的代码能够让人留下更深的印象。

用来管理地址的 UI 是选项卡式界面，所以我们让一个选项卡来负责添加地址，让另一个选项卡来显示一个网格，在其中包含当前添加的所有地址。现在来添加选项卡和网格的代码。我们将创建一个新的组件，命名为 addresses.tsx，用来实现上述功能。

同样，我们首先创建类。这一次，我们把 state 设为一个空数组。之所以如此，是因为我们在后面将使用地址微服务的数据填充它：

```
export default class Addresses extends React.Component<any, any> {
  constructor(props:any) {
    super(props);
    this.state = {
      data: []
    }
  }
}
```

为了从微服务加载数据，需要使用一个方法。我们将再次使用 Axios，但是这一次，我们将使用 Promise 功能，在服务器返回数据后设置状态：

```
private Load(): void {
  axios.get("http://localhost:17171/get/").then(x =>
  {
    this.setState({data: x.data});
  });
}
```

现在的问题是我们想要在什么时候调用 Load 方法？我们不想在构造函数中获取状态，因为那将拖慢组件的构造，所以需要在另外一个地方获取这些数据。这个问题的答案在于 React 组件的生命周期。创建组件时，它们将经过几个方法，顺序如下：

① constructor();

② getDerivedStateFromProps();

③ render();

④ componentDidMount();

我们想要实现的效果是使用 render 显示组件，然后使用绑定来更新表中显示的值。这意味着需要在 componentDidMount 中加载状态：

```
public componentWillMount(): void {
  this.Load();
};
```

我们还可以在另外一个潜在的位置来触发更新。如果用户添加了地址，然后切换到显示表的选项卡，则我们想要自动获取更新后的地址列表。下面添加一个方法来处理这种行为：

```
private TabSelected(): void {
  this.Load();
}
```

现在是时候添加 render 方法了。为了保持简单，我们将分两个阶段来添加这个方法。首先添加 Tab 和 AddAddress 组件，然后添加 Table。

添加选项卡需要引入针对 *Reactified* 的 **Bootstrap** 选项卡组件。在 render 方法中，添加下面的代码：

```
return (
  <Tabs id="tabController" defaultActiveKey="show"
onSelect={this.TabSelected}>
    <Tab eventKey="add" title="Add address">
      <AddAddress />
    </Tab>
    <Tab eventKey="show" title="Addresses">
      <Row>
      </Row>
    </Tab>
  </Tabs>
)
```

Tabs 组件包含两个独立的 Tab 条目。每个选项卡将获得一个 eventKey，可用于设置默认激活键（在这里将其设为 show）。当选择一个选项卡时，将加载数据。我们将看到，AddAddress 组件已被添加到了 Add Address 选项卡中。

剩下要做的是添加表格，用来显示地址列表。我们将创建一个在表格中显示的列的列表。我们使用下面的语法来创建列列表，其中 Header 是显示在列顶部的标题。accessor 告诉 React 从数据行中取出哪个属性：

```
const columns = [{
  Header: 'Address line 1',
  accessor: 'Line1'
}, {
  Header: 'Address line 2',
  accessor: 'Line2'
}, {
  Header: 'Address line 3',
  accessor: 'Line4'
}, {
  Header: 'Address line 4',
  accessor: 'Line4'
```

```
}, {
  Header: 'Postal code',
  accessor: 'PostalCode'
}]
```

最后，我们需要添加 Address 选项卡中的表格。我们将使用流行的 ReactTable 组件来显示表格。将下面的代码放到 <Row></Row> 节来添加表格：

```
<Col>
  <ReactTable data={this.state.data} columns={columns}
    defaultPageSize={15} pageSizeOptions = {[10, 30]} className="-striped -
highlight" /></Col>
```

这里有几个值得注意的参数。我们把 data 绑定到 this.state.data，以便在状态发生变化时自动更新数据。我们创建的列将绑定到 columns 属性。通过使用 defaultPageSize，可以控制用户在一个页面中看到的行数，而通过使用 pageSizeOptions，让用户能够选择覆盖这个行数。我们将 className 设为 -striped -highlight，使得界面显示灰白条纹，并且当光标移动到表格上时，高亮显示光标所在的行。

3. 添加人员时，使用选择控件选择一个地址

当用户想要添加人员时，只需要输入姓和名。我们将为用户显示一个选择框，其中填充了之前输入地址的一个列表。接下来看看如何使用 React 处理这种比较复杂的场景。

首先，需要创建两个独立的组件。我们应用 AddPerson 组件来输入姓和名，使用 AddressChoice 组件来检索和显示完整的地址列表，供用户从中做出选择。我们首先创建 AddressChoice 组件。

这个组件使用一个自定义的 IAddressProperty，它使我们能够访问父组件，从而当这个组件的值发生变化时，更新当前选中的地址：

```
interface IAddressProperty {
  CurrentSelection : (currentSelection:IAddress | null) => void;
}
export class AddressesChoice extends React.Component<IAddressProperty,
Map<string, string>> {
}
```

我们告诉 React，组件接受 IAddressProperty 作为组件的 props，并将 Map<string, string> 作为 state。当从服务器检索地址列表时，使用地址填充这个映射；其键用于保存 ServerID，其值用于保存地址的格式化版本。因为其背后的逻辑有些复杂，所以我们首先创建加载地址的方法，然后回到构造函数：

```
private LoadAddreses(): void {
  axios.get("http://localhost:17171/get/").then((result:AxiosResponse<any>)
=>
  {
    result.data.forEach((person: any) => {
      this.options.set(person.ServerID, `${person.Line1} ${person.Line2}
```

```
${person.Line3} ${person.Line4} ${person.PostalCode}`);
    });
    this.addresses = { ...result.data };
    this.setState(this.options);
  });
}
```

首先从服务器获取完整的地址列表。收到列表后，我们将迭代地址，构建刚才讨论的格式化映射。我们使用格式化映射填充状态，并将未格式化的地址复制到一个单独的地址字段中；之所以这么做，是因为虽然我们想显示格式化的版本，但是当选项改变时，我们想把未格式化的版本发送回调用者。也可以使用其他方法实现这种效果，但这是一个有用的技巧，可以简化我们的工作。

创建了加载功能后，现在可以添加构造函数和字段了：

```
private options: Map<string, string>;
private addresses: IAddress[] = [];
constructor(prop: IAddressProperty) {
  super(prop);
  this.options = new Map<string, string>();
  this.Changed = this.Changed.bind(this);
  this.state = this.options;
}
```

注意，为了与前一节讨论的 bind 代码保持一致，这里修改了绑定。同样，数据加载发生在 componentDidMount 中：

```
public componentDidMount() {
 this.LoadAddreses();
}
```

现在就可以构建 render 方法了。为了便于理解在构建选项条目时发生了什么，我们将把这段代码放到一个单独的方法中。这个方法迭代 this.options 列表，创建要添加到 select 控件中的选项：

```
private RenderList(): any[] {
  const optionsTemplate: any[] = [];
  this.options.forEach((value, key) => (
    optionsTemplate.push(<option key={key} value={key}>{value}</option>)
  ));
  return optionsTemplate;
}
```

render 方法使用一个 select Form.Control，显示 Select... 作为第一个选项，然后渲染出 RenderList 中的列表：

```
public render() {
  return (<Form.Control as="select" onChange={this.Changed}>
    <option>Select...</option>
    {this.RenderList()}
  </Form.Control>)
}
```

敏锐的读者会注意到，我们已经两次引用了 Changed 方法，但还没有实际添加该方法。这个方法接受选项值，并使用它来查找未格式化的地址，如果找到，就使用 props 来触发 CurrentSelection 方法：

```
private Changed(optionSelected: any) {
  const address = Object.values(this.addresses).find(x => x.ServerID ===
optionSelected.target.value);
  if (address) {
    this.props.CurrentSelection(address);
  } else {
    this.props.CurrentSelection(null);
  }
}
```

AddPerson 代码的 render 中引用了 AddressChoice，如下所示：

```
<AddressesChoice CurrentSelection={this.CurrentSelection} />
```

我们不讨论 AddPerson 中的其余内容。建议阅读下载代码来查看相关代码。我们也不讨论其他组件，否则本章可能要包含 100 多页内容，而且其他组件在很大程度上遵守与我们刚才讨论的控件相同的格式。

8.3.5　添加导航

最后要添加到客户端代码库的代码用来处理客户端导航。前面章节在介绍 Angular 时，说明了如何实现客户端导航，现在我们来看看如何根据用户选择的链接，显示不同的页面。我们将结合使用 Bootstrap 导航和 React 路由。首先创建一个包含导航的路由器：

```
const routing = (
  <Router>
    <Navbar bg="light">
      <Navbar.Collapse id="basic-navbar-nav">
        <Nav.Link href="/">Home</Nav.Link>
        <Nav.Link href="/contacts">Contacts</Nav.Link>
        <Nav.Link href="/leads">Leads</Nav.Link>
        <Nav.Link href="/addresses">Addresses</Nav.Link>
      </Navbar.Collapse>
    </Navbar>
  </Router>
)
```

我们留下了主页，这样如果想加以修饰，让这个应用程序看起来是一个商业 CRM 系统，就可以添加合适的文档和图片。其他 href 元素将绑定到路由器，以显示合适的 React 组件。在 Router 中，我们添加 Route 条目来将 path 映射到 component，这样如果用户选择了 Addresses，就显示 Addresses 组件：

```
<Route path="/" component={App} />
<Route path="/addresses" component={Addresses} />
<Route path="/contacts" component={People} />
```

```
<Route path="/leads" component={Leads} />
```

现在，routing 代码如下所示：

```
const routing = (
  <Router>
    <Navbar bg="light">
      <Navbar.Collapse id="basic-navbar-nav">
        <Nav.Link href="/">Home</Nav.Link>
        <Nav.Link href="/contacts">Contacts</Nav.Link>
        <Nav.Link href="/leads">Leads</Nav.Link>
        <Nav.Link href="/addresses">Addresses</Nav.Link>
      </Navbar.Collapse>
    </Navbar>
    <Route path="/" component={App} />
    <Route path="/addresses" component={Addresses} />
    <Route path="/contacts" component={People} />
    <Route path="/leads" component={Leads} />
  </Router>
)
```

为了添加具有路由能力的导航，我们编写下面的代码：

```
ReactDOM.render(
  routing,
  document.getElementById('root') as HTMLElement
);
```

现在，我们就有了一个客户端应用程序，它可以与微服务通信，并编排微服务的结果，使它们能工作在一起，即使它们的实现是彼此独立的。

8.4 小结

现在，我们已经创建了一系列微服务。我们首先定义了一系列共享功能，用作创建专用服务的基础。这些服务在 Node.js 中使用相同的端口，原本这会造成一个问题，但是我们通过创建一系列 Docker 容器来启动服务，并把内部端口重定向到不同的外部端口解决了这个问题。我们介绍了如何创建相关的 Docker 文件和 Docker 组合文件来启动服务。

然后，我们创建了一个基于 React 的客户端应用程序，它使用了一个比较高级的布局，通过引入选项卡把查看微服务的结果和向服务添加记录的操作分隔开。在这个过程中，我们使用了 Axios 来管理 REST 调用。

对于 REST 调用，我们介绍了如何使用 Swagger 来定义 REST API，并讨论了是否使用 Swagger 在我们的服务中提供的 API 代码。

下一章将离开 React，介绍如何创建一个 Vue 客户端，让它使用 TensorFlow 来自动执行图像分类。

习题

1. 什么是 Docker 容器？
2. 我们使用什么来把 Docker 容器放到一起启动？使用什么命令来启动它们？
3. 如何使用 Docker 把一个内部端口映射到一个不同的外部端口？
4. Swagger 提供了什么功能？
5. 如果在 React 中，一个方法看不到状态，我们需要做什么？

延伸阅读

❑ 如果想了解 Docker 的更多内容，Earl Waud 撰写的 *Docker Quick Start Guide*（https://
www.packtpub.com/in/networking-and-servers/docker-quickstart-guide）是
一个不错的起点。

❑ 如果在 Windows 上运行 Docker，Elton Stoneman 撰写的 *Docker on Windows – SecondEdition*
（https://www.packtpub.com/virtualization-and-cloud/docker-windowssecond-
edition）会很有帮助。

❑ 到了现在，我希望你已经激起了对微服务的兴趣。如果是这样，接下来你可以阅读
Paul Osman 撰 写 的 *Microservices Development Cookbook*（https://www.packtpub.
com/in/application-development/microservices-development-cookbook）。

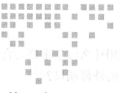

Chapter 9 第 9 章

使用 Vue.js 和 TensorFlow.js
进行图像识别

目前，机器学习是计算机领域最热门的主题之一。本章将进入机器学习的世界，了解如何使用流行的 `TensorFlow.js` 包执行图像分类及姿势检测。我们将离开 Angular 和 React，改用 Vue.js 提供客户端实现。

本章将讨论以下主题：

- □ 机器学习是什么，以及它与 AI 的关系。
- □ 如何安装 Vue。
- □ 使用 Vue 创建应用程序。
- □ 使用 Vue 模板显示主页。
- □ 在 Vue 中使用路由。
- □ **卷积神经网络（Convolutional Neural Network，CNN）**是什么。
- □ 在 TensorFlow 中如何训练模型。
- □ 使用预训练 TensorFlow 模型构建图像分类。
- □ TensorFlow 支持进行图像分类和姿势检测的图像类型。
- □ 使用图像检测显示身体关节。

9.1 技术需求

完成后的项目可从 https://github.com/PacktPublishing/Advanced-TypeScript-3-

Programming-Projects/tree/master/chapter09 下载。这个项目使用 TensorFlow，所以本章还将用到下面的组件：

- ❏ @tensorflow-models/mobilenet
- ❏ @tensorflow-models/posenet
- ❏ @tensorflow/tfjs

我们还将在 Vue 中使用 Bootstrap，所以需要安装下面的 Bootstrap 组件：

- ❏ Bootstrap
- ❏ bootstrap-vue

下载项目后，需要使用 npm install 命令安装必要的包。

9.2　机器学习及 TensorFlow 简介

如今这个时代，很难不接触到具有人工智能的机器。人们已经习惯了使用 Siri、Alexa 和 Cortana 等工具，它们似乎能够理解我们并与我们交互。这些语音激活的系统使用自然语言处理来识别语句，例如 "科斯今天的天气如何？"

机器学习就是这些系统背后的魔法所在。为了从中选择一个系统进行分析，我们将简单介绍 Alexa 在后台做了什么工作，然后介绍机器学习与 AI 的关系。

当我们问 Alexa 一个问题时，它能识别自己的名字，知道自己应该开始收听接下来的内容，以便开始处理。这类似于我们拍拍一个人的肩膀来引起他的注意。Alexa 将录制它听到的语句，直到能够把录制的内容通过互联网发送给 Alexa 语音服务。这个极其复杂的服务将尽其所能解析录音（有时候，浓重的口音会让服务感到困惑）。然后，服务将根据解析的录音做出反应，并将结果发送给你的 Alexa 设备。

除了回答关于天气的问题，用户还可以使用大量的 Alexa 技能，而且 Amazon 鼓励开发人员创建他们没有时间开发的功能。这意味着使用 Alexa 点披萨和了解最新的赛马结果都很简单。

开场白过后，我们开始介绍机器学习与 Alex 的关系。Alex 背后的软件使用机器学习来不断更新自己，所以每犯一个错，它都会从中学习，下一次就变得更加聪明，并且在将来不会再犯同样的错误。

由此可见，解读语言是一个极为复杂的工作。我们在很小的时候就学习怎么做，这与机器学习的相似性令人惊讶，因为我们也是通过不断重复和强化来学习语言的。例如，当一个婴儿无意中说出 "dada" 时，就学会了发出声音，但是不知道这个声音的正确使用场合。父亲通过指向自己，强化声音与人的关系。使用图画书时，也是在进行强化。当我们教一个婴儿 "cow" 这个词时，会指向一幅奶牛图片。这样一来，婴儿就学习了将单词与图片联系在一起。

因为语言解读十分复杂，所以需要强大的处理能力，也需要庞大的预训练数据集。想象一下，如果要教会 Alexa 所有的东西，会导致多么强大的挫败感。在一定程度上，这是机器学习系统现在才真正变得成功的原因。现在有了足够的基础设施来将计算交给可靠的、强大的、专用的机器进行处理。而且，现在的互联网总体很强大、很快，能够处理传输给这些机器学习系统的海量数据。如果我们仍然在使用 56K 的调制解调器，肯定连现在能做的一半都做不了。

9.2.1　什么是机器学习

我们知道计算机很擅长回答是否问题，也就是处理 1 和 0。计算机在本质上无法提供"有一点…"的回答，所以它们无法对一个问题回答"有一点是"。请保持耐心，这段描述的含义在后面会变得清晰。

基本上可以说机器学习就是将我们的学习方式教给计算机。它们学习解读各种数据源的数据，并使用学习结果来对数据进行分类。机器将从成功和失败中学习，从而变得更加精确，能够进行更加复杂的推断。

回到计算机只能处理是否回答这一点，当我们给出的答案相当于"这要看情况决定"时，我们在很大程度上是基于相同的输入给出多个答案，相当于经过多条路径后能够到达是或否的回答。机器学习系统正变得越来越擅长学习，所以它们使用的算法能够利用越来越多的数据，以及越来越多的强化来建立更深刻的关联。

机器学习在后台应用大量算法和统计模型，使得系统在执行指定任务时，不需要我们为其提供详细的指令，告诉它如何完成这些任务。相比传统的应用程序，这种级别的推断能力进步很多，它利用了这样一个事实：给定正确的数学模型时，计算机非常擅长识别模式。不止如此，系统还同时执行大量的相关任务，这意味着支持学习的数学模型能够将计算结果回馈给自己，从而能够更好地理解世界。

到了现在，我们必须指出 AI 和机器学习是不同的。机器学习是 AI 的应用，能够在没有编写特定任务的处理指令的情况下自动进行学习。机器学习要想成功，依赖于有足量的数据来让系统进行学习。可以应用的算法类型有许多，一些称为监督学习算法，另一些称为无监督学习算法。

无监督算法接受之前没有分类或加标签的数据。算法在这些数据集上运行，查找底层或者隐藏的模式，用于创建推断。

监督学习算法将之前的学习结果和带标签的实例应用到新数据上。这些带标签的实例帮助它学习正确的回答。在后台有一个训练数据集，学习算法使用这个数据集来优化自己的知识并从中学习。训练数据的级别越高，算法就越有可能得到正确的回答。

还有其他类型的算法，包括强化学习算法和半监督学习算法，但它们不在本书讨论范围内。

9.2.2　TensorFlow 及其与机器学习的关系

前面讨论了机器学习。如果我们要自己实现机器学习，会是一个令人生畏的工作。好消息是，有一些库能够帮助我们创建自己的机器学习实现。TensorFlow 就是这样的一个库，它最初由 Google Brain 团队创建，用于支持大规模机器学习及数值计算。TensorFlow 最初被写为一个混合的 Python/C++ 库，其中 Python 为构建学习应用程序提供了前端 API，而 C++ 则执行它们。TensorFlow 使用了多种机器学习和神经网络（有时候称为深度学习）算法。

TensorFlow 最初的 Python 实现取得了巨大的成功，所以现在又有了 TypeScript 编写的 TensorFlow 实现，叫作 TensorFlow.js。本章的应用程序就将使用 TensorFlow.js。

9.3　项目概述

当我撰写本书的写作计划时，本章的项目最令我兴奋。与 AI 有关的东西长久以来都深深地吸引着我。随着 `TensorFlow.js`（后面将简称为 TensorFlow）这样的框架的出现，终于能够在学术界之外方便地执行复杂的机器学习。正如我所说，这一章让我真的很兴奋，所以我们不会只使用一个机器学习操作——我们将使用图像分类来判断图片中的内容，还将使用姿势检测来绘出关键点，例如主要关节和一个人的主要面部特征。

参考 GitHub 中的代码时，完成本章的项目需要大概一个小时。完成后的应用程序如图 9-1 所示。

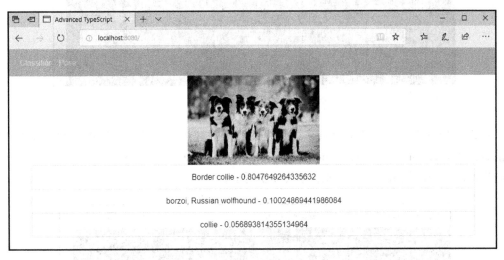

图　9-1

知道要构建什么项目后，就可以开始创建实现了。下一节将首先安装 Vue。

9.4　开始在 Vue 中使用 TensorFlow

如果还没有安装 Vue，则第一步是安装 Vue 命令行接口（**Command-Line Interface，CLI**）。这可以使用下面的 `npm` 命令完成：

```
npm install -g @vue/cli
```

9.4.1 创建基于 Vue 的应用程序

我们的 TensorFlow 应用程序将完全在客户端浏览器中运行，这意味着我们需要编写一个应用程序来包含 TensorFlow 功能。我们将使用 Vue 来提供客户端，所以需要执行下面的步骤来自动构建 Vue 应用程序。

创建客户端很简单，只需要运行 vue create 命令，如下所示：

```
vue create chapter09
```

这将启动创建应用程序的过程。在这个过程中，需要在几个地方做出决定，首先是决定接受默认设置还是手动选择想要添加的功能。因为我们想添加 TypeScript 支持，所以需要选择 **Manually select features**。图 9-2 显示了我们需要执行哪些步骤来选择 Vue 应用程序的功能。

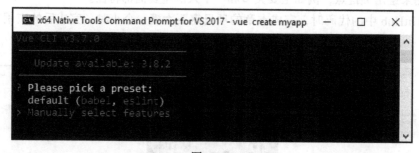

图　9-2

可以添加到项目中的功能有许多，但是我们只对其中的一部分感兴趣，所以在列表中取消选择 **Babel**，而选择添加 **TypeScript**、**Router**、**VueX** 和 **Linter/Formatter**。选择和取消选择操作可通过使用空格键完成，如图 9-3 所示。

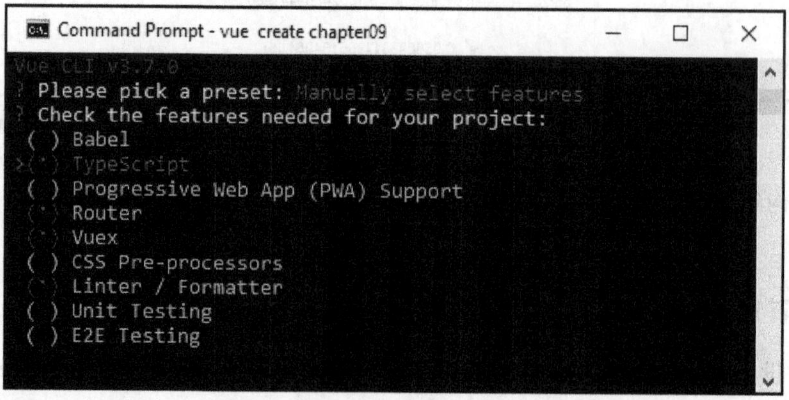

图　9-3

按 Enter 键时，将显示其他一些选项。按 Enter 键将为前三个选项设置默认值。当到达选择 linter（**代表 Lexical INTERpreter**）的选项时，从列表中选择 **TSLint**，然后对其他选项继续按 Enter 键。linter 是一个工具，它自动解析你的代码，查找潜在的问题。

完成这个过程后，将创建客户端。这个过程需要一段时间才能完成，因为要下载和安装的代码有很多，如图 9-4 所示。

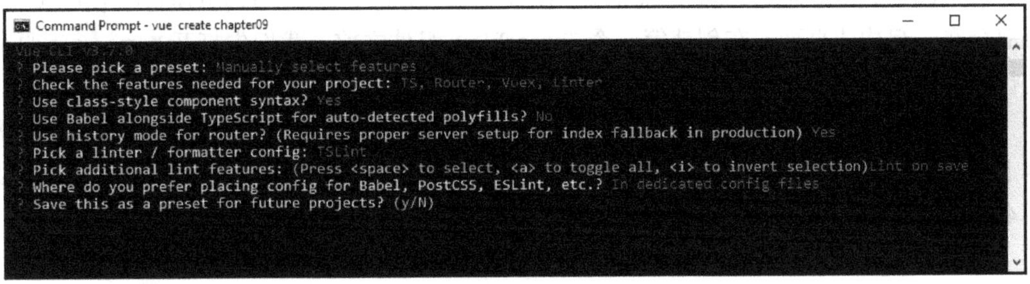

图　9-4

创建了应用程序后，可以在客户端文件夹的根目录下运行 `npm run serve` 来运行它。与 Angular 和 React 不同，默认情况下浏览器不会显示页面，所以我们需要使用 `http://localhost:8080` 打开该页面。打开的页面如图 9-5 所示。

图　9-5

为了让后面编写图像分类器的工作变得简单，我们将重用 Vue CLI 为我们创建的一部分现有的基础设施。为此，我们将修改主页，显示我们的图像分类器。

9.4.2 使用 Vue 模板显示主页

React 提供了特殊的 .jsx/.tsx 扩展名，允许我们把代码和 Web 页面放在一起，而与其类似，Vue 提供了单文件组件，把它们创建为 .vue 文件。这些文件允许将代码与 Web 模板混合在一起构建页面。在创建第一个 TensorFlow 组件之前，我们先打开 Home.vue 页面进行分析。

可以看到，.vue 组件分为两个独立的部分：模板部分和脚本部分。模板部分定义了屏幕上显示的 HTML 的布局，而脚本部分则包含代码。因为我们使用的是 TypeScript，所以脚本部分的语言是 ts。

脚本部分首先定义了 import 部分，这与标准的 .ts 文件基本相同。import 中使用的 @ 意味着导入路径是相对于 src 目录的，所以 HelloWorld.vue 组件包含在 src/component 文件夹中：

```
<script lang="ts">
import { Component, Vue } from 'vue-property-decorator';
import HelloWorld from '@/components/HelloWorld.vue';
</script>
```

接下来，需要创建一个类来扩展 Vue 类。我们使用它和 @Component 创建一个名为 Home 的组件注册，它可以用在其他地方：

```
@Component
export default class Home extends Vue {}
```

还有其他一些工作要做。我们的模板将引用一个外部的 HelloWorld 组件。我们必须用模板将使用的组件来装饰类，如下所示：

```
@Component({
  components: {
    HelloWorld,
  },
})
export default class Home extends Vue {}
```

模板非常直观，由一个 div 类组成，我们将在这个 div 类中渲染 HelloWorld 组件：

```
<template>
  <div class="home">
    <HelloWorld />
  </div>
</template>
```

从前面的代码模板可以看出，与 React 不同，Vue 没有提供一个显式的 render 函数来处理 HTML 和状态的渲染。相反，其渲染更接近 Angular 模型，即将模板解析为可以呈现的内容。

> 📌 **注意**　之所以在这里提到 Angular，是因为 Vue.js 一开始是由尤雨溪开发的，他当时在 Google 的 AngularJS 项目中工作，想要创建一个效果更好的库。虽然 AngularJS 是一个很优秀的框架，但确实要求接受 Angular 的生态系统才能够使用它（Angular 团队正在致力于改变这种情况）。因此，虽然 Vue 利用了 Angular 的一些功能，如模板，但是没有剧烈改变使用习惯，使你可以简单地向现有代码添加一个 script 标签，开始慢慢地将现有代码库迁移到 Angular。

Vue 借用了 React 的一些概念，如虚拟 DOM（我们在介绍 React 的时候讨论过虚拟 DOM）。Vue 也使用了虚拟 DOM，但是用稍微不同的方式来实现它，主要是 Vue 只重新渲染发生改变的组件，而 React 在默认情况下也会重新渲染子组件。

现在，我们想要修改 `HelloWorld` 组件，以便能够使用 TensorFlow。但在那之前，我们需要编写两个支持类来完成使用 TensorFlow 的主要工作。这些类的代码量不大，却极为重要。`ImageClassifier` 类有一个标准的类定义，如下所示：

```
export class ImageClassifier {
}
```

下一个步骤是可选的，但是如果应用程序运行在 Windows 客户端上，则它对应用程序的稳定性有重要影响。TensorFlow 在底层使用 WebGLTextures，但是在 Windows 平台创建 WebGLTextures 存在一个问题。为了避开这个问题，需要修改构造函数，使其如下所示：

```
constructor() {
  tf.ENV.set('WEBGL_PACK', false);
}
```

因为我们可以运行图像分类任意次数，所以将添加一个私有变量来代表标准的 MobileNet TensorFlow：

```
private model: MobileNet | null = null;
```

1.MobileNet 简介

现在我们要稍微偏离主题，走进 CNN 的世界。`MobileNet` 是一种 CNN 模型，所以对 CNN 有一个简单了解，有助于理解它与我们这里要解决的问题之间的关系。不必担心，我们不会深入讲解 CNN 背后的数学知识，不过简单了解一下它的功能，有助于认识到我们能用它来做什么。

CNN 分类器接受一个输入图像（可能来自一个视频流），处理该图像，然后添加到预定义的分类中。为了理解其工作原理，我们需要从计算机的视角来思考问题。假设我们有一幅马的图像。对计算机来说，这个图像只是一系列像素，所以如果我们向计算机展示另外一幅稍有区别的马的图像，计算机仅仅通过比较像素，无法判断它们是否匹配。

CNN 将图像分解为小部分（假设分解为 3×3 的像素网格），并比较这些小部分。简单来讲，它会在这些小部分之间寻找匹配，然后确定匹配的数量。匹配数越大，对两幅图像相匹配的信心度就越高。这是对 CNN 工作原理（涉及许多步骤和过滤器）的一种非常简化的描述，但应该能够让你理解我们为什么要在 TensorFlow 中使用一个 CNN，如 MobileNet。

MobileNet 是一种专用 CNN，提供了多种功能，其中就包括图像分类。其图像分类功能已经用 ImageNet 数据库（http://www.image-net.org/）中的图像进行了训练。当我们加载模型时，是在加载一个预训练的模型。之所以使用预训练的网络，是因为它已经在服务器上的一个大型数据集上进行了训练。我们不希望在浏览器中运行图像分类训练，因为这样一来，要进行训练，需要从服务器传输给浏览器太多数据。因此，无论你的客户端多么强大，将数据集复制过去都是很过分的要求。

我们提到了 MobileNetV1 和 MobileNetV2，但没有介绍它们是什么，以及它们在什么数据集上进行了训练。基本上，MobileNet 模型是由 Google 开发的，在 ImageNet 数据集上进行训练。ImageNet 包含 140 万张图像，分为 1000 个分类。之所以叫作 MobileNet 模型，是因为它们在训练时也考虑了移动设备，所以它们被设计为在低计算能力或低存储空间的设备上运行。

🎯 提示　我们可以原样使用预训练模型，也可以进行定制，以使用它来进行迁移学习。

2.Classify 方法

对 CNN 有了一个基本的了解后，我们来运用这些知识。我们将创建一个异步分类方法。在检测图像时，TensorFlow 能够使用多种格式，所以我们将泛化方法，使其只接受合适的类型：

```
public async Classify(image: tf.Tensor3D | ImageData | HTMLImageElement |
  HTMLCanvasElement | HTMLVideoElement):
    Promise<TensorInformation[] | null> {
}
```

🎯 提示　其中只有一个类型是专门针对 TensorFlow 的：Tensor3D 类型。其他所有类型都是标准 DOM 类型，所以很容易在 Web 页面上使用这个方法，而不必进行多次操作来把图像转换成为合适的格式。

我们还没有介绍 TensorInformation 接口。当我们从 MobileNet 收到分类时，将收到一个分类名称和对分类的置信水平。分类操作把这些信息返回为 Promise<Array<[string, number]>>，所以我们需要把它转换为对使用代码更有意义的东西：

```
export interface TensorInformation {
  className: string;
  probability: number;
}
```

现在我们知道将返回一个分类和概率（置信水平）数组。回到 Classify 方法，如果还没有加载 MobileNet，就加载它。这个操作需要一段时间才能完成，所以我们进行缓存，以便在下一次调用该方法时不需要重新加载 MobileNet：

```
if (!this.model) {
  this.model = await mobilenet.load();
}
```

我们接受 load 操作的默认设置。如果有需要，可以为它提供多个操作：

☐ version：它设置 MobileNet 的版本号，默认为 1。目前可设置的值有两个：1 意味着使用 MobileNetV1，2 意味着使用 MobileNetV2。从实用的角度看，对我们来说这两个版本的区别在于模型的精确度和性能。

☐ alpha：可将其设置为 0.25、0.5、0.75 或 1。这个值与图像的 alpha 通道无关，这可能让你感到惊讶。相反，它指的是使用的网络带宽，实际上是以牺牲精确度来换取性能。数字越大，精确度越高。反过来，数字越大，性能越慢。alpha 的默认值为 1。

☐ modelUrl：如果我们想使用一个自定义模型，则可以在这里提供。

如果模型成功加载，则现在就可以执行图像分类。这很简单，只需调用 classify 方法并传入 image。操作完成后，返回分类结果的数组：

```
if (this.model) {
const result = await this.model.classify(image);
return {
  ...result,
};
}
```

默认情况下，model.classify 方法返回 3 个分类，但是如果愿意，我们可以传入一个参数，指定返回另外一个数量的分类。如果想检索前 5 个结果，则可以像下面这样修改 model.classify：

```
const result = await this.model.classify(image, 5);
```

最后，当模型加载失败时（这种情况不太可能发生），我们返回 null。完成后的 Classify 方法如下所示：

```
public async Classify(image: tf.Tensor3D | ImageData | HTMLImageElement |
  HTMLCanvasElement | HTMLVideoElement):
    Promise<TensorInformation[] | null> {
  if (!this.model) {
    this.model = await mobilenet.load();
  }
```

```
  if (this.model) {
    const result = await this.model.classify(image);
    return {
      ...result,
    };
  }
  return null;
}
```

TensorFlow 真的可以如此简单。显然，很多复杂的处理被隐藏在后台，但这正是一个出色的库的优点。出色的库应该将复杂的处理隐藏起来，但同时留出足够的空间，让我们能够在必要时实现比较复杂的操作和定制。

现在就编写好了图像分类组件，但如何在 Vue 应用程序中使用它呢？下一节将介绍如何修改 HelloWorld 组件来使用这个类。

9.4.3 修改 HelloWorld 组件来支持图像分类

在创建 Vue 应用程序时，CLI 帮助我们创建了 HelloWorld.vue 文件，其中包含 HelloWorld 组件。我们将使用这个组件来分类预加载的图像。如果愿意，我们可以在这个组件中使用一个文件上传组件来加载图像，并在图像变化时驱动分类。

现在来看看 HelloWorld 的 TypeScript 代码。显然，首先要定义类。与前面一样，我们使用 @Component 来标记这个类，指出这是一个组件：

```
@Component
export default class HelloWorld extends Vue {
}
```

在这个类中需要声明两个成员变量。我们知道自己想要使用刚刚编写的 ImageClassifier 类，所以需要引入该类。我们还想要创建分类操作得到的 TensorInformation 结果的一个数组。之所以要把它们存储为一个类级别的值，是因为在操作完成时需要绑定到它们：

```
private readonly classifier: ImageClassifier = new ImageClassifier();
private tensors : TensorInformation[] | null = null;
```

在完成这个类的编写之前，需要看看模板是什么样子。首先来看 template 定义：

```
<template>
  <div class="container">
  </div>
</template>
```

可以看到，我们使用了 Bootstrap，所以将使用一个 div 容器来布局内容。首先要添加到容器中的是一幅图像。我选择使用一群边境牧羊犬的图像，因为我很喜欢狗。为了能够在 TensorFlow 中读取这幅图像，需要把 crossorigin 设为 anonymous。要特别注意这里的 ref="dogId"，因为很快还会需要使用它：

```
<img crossorigin="anonymous" id="img"
src="https://encrypted-tbn0.gstatic.com/images?q=tbn:ANd9GcQ0ucPLLnB4Pu1kME
s2uRZISegG5W7Icsb7tq27blyry0gnYhVOfg" alt="Dog" ref="dogId" >
```

添加图像后，需要使用 row 和 col 类添加更多 Bootstrap 支持：

```
<div class="row">
  <div class="col">
  </div>
</div>
```

在行中，我们将创建一个 Bootstrap 列表。Vue 提供了自己的 Bootstrap 支持，所以我们将使用 Vue 版本的列表，即 b-list-group：

```
<b-list-group>
</b-list-group>
```

现在，终于要介绍模板的重要部分了。我们之所以在类中公开了 tensor 数组，是为了在填充数组后，迭代其中的每个结果。在下面的代码中，通过使用 v-for 自动迭代每个 tensor 项，创建动态数量的 b-list-group-item。这会创建一个 b-list-group-item 条目，但是我们仍然需要显示单独的 className 和 probability 项。在 Vue 中，使用 {{ <<item>> }} 来绑定这样的文本项：

```
<b-list-group-item v-for="tensor in tensors" v-bind:key="tensor.className">
  {{ tensor.className }} - {{ tensor.probability }}
</b-list-group-item>
```

> **注意**　我们在 v-for 的旁边添加 v-bind:key，是因为 Vue 默认情况下提供了所谓的"**就地复用**"策略。这意味着 Vue 将这个键作为提示，用来唯一跟踪该项，从而能够在发生变化时保持其值最新。

这样一来，就完成了模板。下面是一个简单的模板，但是可以看到，其中做了许多处理。我们用一个 Bootstrap 容器来显示图像，然后让 Vue 自动绑定 tensor 的详细信息：

```
<template>
  <div class="container">
    <img crossorigin="anonymous" id="img" src="https://encrypted-
      tbn0.gstatic.com/imagesq=tbn:ANd9GcQ0ucPLLnB4Pu1kMEs2uRZ
      ISegG5W7Icsb7tq27blyry0gnYhVOfg" alt="Dog" ref="dogId" >
    <div class="row">
      <div class="col">
        <b-list-group>
          <b-list-group-item v-for="tensor in tensors"
            v-bind:key="tensor.className">
          {{ tensor.className }} - {{ tensor.probability }}
          </b-list-group-item>
        </b-list-group>
      </div>
```

```
    </div>
  </div>
</template>
```

回到 TypeScript 代码，我们将编写一个方法来接受图像，然后使用该图像来调用 ImageClassifier.Classify 方法：

```
public Classify(): void {
}
```

因为我们在向客户端加载一个图像，所以需要等待页面渲染该图像，以便能够检索它。我们将在构造函数中调用 Classify 方法。因为它在创建页面时运行，所以需要使用一个小技巧来等待图像加载。具体来说，我们将使用 Vue 的 nextTick 函数。需要重点知道的是，DOM 更新是异步发生的。当一个值改变时，发生的变化不会立即渲染。相反，Vue 会请求一次 DOM 更新，而实际的更新是由一个定时器触发的。因此，通过使用 nextTick，我们等待下一次 DOM 更新滴答来执行相关的操作：

```
public Classify(): void {
  this.$nextTick().then(async () => {
  });
}
```

> **注意** 之所以在 then 块中使用 async 标记函数，是因为我们将在该部分执行一个 await。

模板中使用一个 ref 语句定义图像，因为我们想要在类中访问它。为此，我们在这里查询 Vue 为我们维护的 ref 语句映射，而因为我们使用 dogId 设置了自己的引用，所以就可以访问该图像了。这个技巧使我们不必使用 getElementById 来检索 HTML 元素：

```
/* tslint:disable:no-string-literal */
const dog = this.$refs['dogId'];
/* tslint:enable:no-string-literal */
```

> **提示** 当构建 Vue 应用程序时，CLI 会为我们自动设置 TSLint 规则。其中一个规则与通过字符串字面量访问元素有关。我们通过使用 tslint:disable:nostring-literal 临时禁用该规则。要重新启用规则，使用 tslint:enable:nostring-literal。有另外一种方式可为一行代码禁用该规则，即使用 /* tslint:disable-next-line:nostring-literal */。使用哪种方法不重要，重要的是最终的结果。

得到了狗图像的引用后，就可以将图像转换为 HTMLImageElement，并将其传递给 ImageClassifier 类的 Classify 方法：

```
if (dog !== null && !this.tensors) {
  const image = dog as HTMLImageElement;
```

```
    this.tensors = await this.classifier.Classify(image);
  }
```

当 **Classify** 调用返回后，只要模型已经加载并成功找到分类，就会通过绑定来填充屏幕上的列表。

在我们的例子中，我尽量让代码库整洁、简单。我将代码分为不同的类，以便创建出小而强大的功能。为了说明我为什么喜欢这么做，下面来看看 `HelloWorld` 代码：

```
@Component
export default class HelloWorld extends Vue {
  private readonly classifier: ImageClassifier = new ImageClassifier();
  private tensors: TensorInformation[] | null = null;

  constructor() {
    super();
    this.Classify();
  }
  public Classify(): void {
    this.$nextTick().then(async () => {
      /* tslint:disable:no-string-literal */
      const dog = this.$refs['dogId'];
      /* tslint:enable:no-string-literal */
      if (dog !== null && !this.tensors) {
        const image = dog as HTMLImageElement;
        this.tensors = await this.classifier.Classify(image);
      }
    });
  }
}
```

> **注意**　包括 `tslint` 格式器在内，这段代码总共包含 20 行代码。`ImageClassifier` 类只有 22 行代码，而且这个 `ImageClassifier` 类可以不做修改地用到其他地方。通过让类保持简单，就减少了它们出错的机会，并增加了能够重用它们的机会。更重要的是，我们就遵守了保持简单、直观（**Keep It Simple**、**Stupid**、**KISS**）的原则。该原则指出，如果系统本身尽可能简单，则其工作效果最好。

看到了图像分类后，接下来考虑在应用程序中添加姿势检测功能。在那之前，先来看另外两个对我们非常重要的 Vue 部分。

9.4.4　Vue 应用程序的入口点

我们还没有介绍 Vue 应用程序的入口点是什么。我们看到过 `Home.vue` 页面，但它只是一个渲染到其他位置的组件。我们需要看看 Vue 应用程序如何加载自身并显示相关组件。在这个过程中，我们将介绍 Vue 中的路由，以便了解所有功能如何关联在一起。

我们的起点包含在 public 文件夹中。该文件中包含一个 index.html 文件，可以认为它是应用程序的主模板。这是一个相当标准的 HTML 文件，我们可以给它提供一个更加合适的 title（这里使用了 Advanced TypeScript - Machine Learning）：

```html
<!DOCTYPE html>
<html lang="en">
  <head>
    <meta charset="utf-8">
    <meta http-equiv="X-UA-Compatible" content="IE=edge">
    <meta name="viewport" content="width=device-width,
      initial-scale=1.0">
    <link rel="icon" href="<%= BASE_URL %>favicon.ico">
    <title>Advanced TypeScript - Machine Learning</title>
  </head>
  <body>
    <noscript>
      <strong>We're sorry but chapter09 doesn't work properly without
        JavaScript enabled. Please enable it to continue.</strong>
    </noscript>
    <div id="app"></div>
    <!-- built files will be auto injected -->
  </body>
</html>
```

div 是这里的重要元素，其 id 属性被设为 app。我们将把组件渲染到这个元素中，具体实现方式由 main.ts 文件控制。我们首先添加 Bootstrap 支持，这既包括添加 Bootstrap CSS 文件，也包括使用 Vue.use 注册 BootstrapVue 插件：

```
import 'bootstrap/dist/css/bootstrap.css';
import 'bootstrap-vue/dist/bootstrap-vue.css';
Vue.use(BootstrapVue);
```

虽然添加了 Bootstrap 支持，但还没有办法把我们的组件绑定到 app div。之所以添加这种支持，是为了创建一个新的 Vue 应用程序。该应用程序接受一个路由器，一个用来包含 Vue 状态和修改等的 Vue 存储，以及一个在渲染组件时调用的 render 函数。传入 render 方法的 App 组件是一个顶级 App 组件，我们将把其他所有组件渲染到这个组件中。当创建好这个 Vue 应用程序后，将把它装载到 index.html 的 app div 中：

```
new Vue({
  router,
  store,
  render: (h) => h(App),
}).$mount('#app');
```

App.vue 模板包含两个单独的区域。在添加这些区域前，我们先来定义 template 和 div 标签：

```html
<template>
  <div id="app">
  </div>
```

```
</template>
```

在这个 div 标签中，我们将添加第一个逻辑部分：导航栏。因为它们来自 Vue Bootstrap 实现，所以都带有 b- 前缀，但是它们看起来都比较熟悉，所以这里不做解释：

```
<b-navbar toggleable="lg" type="dark" variant="info">
  <b-collapse id="nav-collapse" is-nav>
    <b-navbar-nav>
      <b-nav-item to="/">Classifier</b-nav-item>
      <b-nav-item to="/pose">Pose</b-nav-item>
    </b-navbar-nav>
  </b-collapse>
</b-navbar>
```

当用户导航到一个页面时，需要显示合适的组件。在后台，显示什么组件由 Vue 路由器控制，但是我们需要在一个位置显示组件。这是通过在导航栏下方使用下面的标签实现的：

```
<router-view/>
```

完成后的 App 模板如下所示。可以看到，如果想要路由到其他页面，就需要在列表中添加单独的 b-nav-item 条目。如果愿意，我们可以使用 v-for 动态创建这个导航列表，方式类似于前面在图像分类器视图中构建分类：

```
<template>
  <div id="app">
    <b-navbar toggleable="lg" type="dark" variant="info">
      <b-collapse id="nav-collapse" is-nav>
        <b-navbar-nav>
          <b-nav-item to="/">Classifier</b-nav-item>
          <b-nav-item to="/pose">Pose</b-nav-item>
        </b-navbar-nav>
      </b-collapse>
    </b-navbar>
    <router-view/>
  </div>
</template>
```

当前面的章节中第一次介绍路由时，你可能认为在应用程序中添加路由是一件非常复杂的工作。到了现在，你应该已经习惯了使用路由，而也许你可以预料到，在 Vue 中添加路由是一项非常简单直观的工作。我们首先使用下面的命令，在 Vue 中注册 Router 插件：

```
Vue.use(Router);
```

然后就可以构建路由支持了。我们导出 Router 的一个实例，以便在 new Vue 调用中使用：

```
export default new Router({
});
```

现在需要添加路由选项。我们将设置的第一个选项是路由模式。我们将使用 HTML5

history API 来管理链接:

```
mode: 'history',
```

📷 **注意** 我们可以为路由使用 URL 哈希。在 Vue 支持的所有浏览器中都可以使用 URL 哈希, 并且如果 HTML5 history API 不可用,则它是一个很好的选择。另外,有一种抽象路由模式,可用于包括 Node 在内的所有 JavaScript 环境。如果浏览器 API 不可用,那么无论我们将模式设置为什么,路由器都将自动使用虚拟路由模式。

之所以想要使用 history API,是因为它允许我们修改 URL,而不会触发整个页面的刷新。因为我们只想替换组件,而不是替换整个 index.html 页面,所以将使用这个 API 来只重新加载页面的组件部分,而不重新加载整个页面。

我们还想设置应用程序的基础 URL。例如,如果我们想覆盖这个位置,从而从 deploy 文件夹提供所有内容,就将其设置为 /deploy/:

```
base: process.env.BASE_URL,
```

设置路由模式和基础 URL 很有用,但是我们还忘记了最重要的部分:设置路由自身。每个路由至少包含一个路径和一个组件。路径相对于 URL 中的路径,而组件则说明显示该路径中的什么组件。我们的路由如下所示:

```
routes: [
  {
    path: '/',
    name: 'home',
    component: Home,
  },
  {
    path: '/pose',
    name: 'Pose',
    component: Pose,
  },
  {
    path: '*',
    component: Home,
  }
],
```

📷 **注意** 我们的路由中有一个特殊的路径匹配。如果用户输入一个不存在的 URL,则我们使用 * 来捕获这种情况,并重定向到特定的组件。必须把这个路径作为最后一个条目,否则,它将优先于更精确的匹配来匹配 URL。敏锐的读者会注意到,严格来说,我们并不需要使用第一个路径,因为 * 匹配仍会导致显示 Home 组件。

我们在路由中添加了对还不存在的组件的引用。接下来就解决这个问题，添加 Pose
组件。

9.4.5　添加姿势检测功能

在处理姿势检测之前，我们将添加一个组件来包含相关功能。因为这是我们从头创建
的第一个组件，所以将从头开始介绍。在 views 文件夹中，创建一个 Pose.vue 文件。这
个文件将包含 3 个逻辑元素，所以我们首先添加这些元素，并设置模板来使用 Bootstrap：

```
<template>
  <div class="container">
  </div>
</template>
<script lang="ts">
</script>
<style scoped>
</style>
```

> **注意**　在这些元素中，我们还没有看过的只有 style 部分。scoped style 允许只对当前组件
> 应用样式。我们稍后将应用局部样式，但是现在，我们需要设置将要显示的图像。

对于示例代码，我选择的图像为 1200 像素宽，675 像素高。这条信息很重要，因为当
我们进行姿势检测时，将在图像上绘制这些点，这意味着我们需要做一点样式安排，创建一
个画布，以便能够在这个画布上绘制与图像中的位置相匹配的点。首先创建两个容器来包含
图像：

```
<div class="outsideWrapper">
  <div class="insideWrapper">
  </div>
</div>
```

现在，我们将在 style-scoped 部分添加一些 CSS 来硬编码尺寸。首先将外部包装区域设
为刚才提到的尺寸。然后，相对于外部包装区域来安排内部包装区域的位置，并将其宽高设
为 100%，以完全填充到边界：

```
.outsideWrapper{
  width:1200px; height:675px;
}
.insideWrapper{
  width:100%; height:100%;
  position:relative;
}
```

回到 insideWrapper，我们需要在这里添加图像。我为本例选择了一个正常姿势，显
示了关键的身体部位。因为我们已经在图像分类代码中使用过图像标签，所以其格式看起来

会很熟悉：

```
<img crossorigin="anonymous" class="coveredImage" id="img"
src="https://www.yogajournal.com/.image/t_share/MTQ3MTUyNzM1MjQ1MzEzNDg2/mo
untainhp2_292_37362_cmyk.jpg" alt="Pose" ref="poseId" >
```

在同一个 `insideWrapper` div 标签中，需要在图像的下方添加一个画布。当我们想要绘制关键身体部分时，需要使用画布。这里的关键是画布的宽高与容器的尺寸完全相同：

```
<canvas ref="posecanvas" id="canvas" class="coveringCanvas" width=1200
height=675></canvas>
```

现在，`template` 如下所示：

```
<template>
  <div class="container">
    <div class="outsideWrapper">
      <div class="insideWrapper">
        <img crossorigin="anonymous" class="coveredImage"
          id="img" src="https://www.yogajournal.com/.image/t_share/
          MTQ3MTUyNzM1MjQ1MzEzNDg2/mountainhp2_292_37362_cmyk.jpg"
          alt="Pose" ref="poseId" >
        <canvas ref="posecanvas" id="canvas"
          class="coveringCanvas" width="1200" height="675"></canvas>
      </div>
    </div>
  </div>
</template>
```

我们为图像和画布添加了类，但是还没有添加它们的定义。可以使用一个类来覆盖这两种情况，但是我喜欢使用单独的类来将宽高设置为100%，并把它们放置到容器内的绝对位置：

```
.coveredImage{
  width:100%; height:100%;
  position:absolute;
  top:0px;
  left:0px;
}
.coveringCanvas{
  width:100%; height:100%;
  position:absolute;
  top:0px;
  left:0px;
}
```

完成后的样式部分如下所示：

```
<style scoped>
  .outsideWrapper{
    width:1200px; height:675px;
  }
```

```
.insideWrapper{
  width:100%; height:100%;
  position:relative;
}
.coveredImage{
  width:100%; height:100%;
  position:absolute;
  top:0px;
  left:0px;
}
.coveringCanvas{
  width:100%; height:100%;
  position:absolute;
  top:0px;
  left:0px;
}
</style>
```

现在，需要编写两个帮助类，一个用于姿势检测，另一个用于绘制图像上的点。

1. 在画布上绘制关键点

每当检测到一个姿势时，都会随同收到许多关键点。每个关键点都包含一个位置（x 和 y 坐标）、分数（置信水平）和该关键点代表的实际部位。我们希望遍历这些点，并在画布上绘出它们。

同样，首先给出类的定义：

```
export class DrawPose {
}
```

我们只需要获取画布元素一次，因为它是不会改变的。我们可以将其作为画布传递，而且因为我们感兴趣的是画布的二维元素，所以可以从画布中直接提取绘制上下文。通过使用这个上下文，我们将清除画布上之前绘制的元素，并将 `fillStyle` 颜色设为 `#ff0300`，用来为姿势点着色：

```
constructor(private canvas: HTMLCanvasElement, private context =
canvas.getContext('2d')) {
  this.context!.clearRect(0, 0, this.canvas.offsetWidth,
this.canvas.offsetHeight);
  this.context!.fillStyle = '#ff0300';
}
```

为了绘制关键点，我们将编写一个方法来遍历每个 `Keypoint` 实例，并调用 `fillRect` 来绘制点。矩形位置从 x 和 y 坐标处偏移 2.5 像素，所以绘制一个 5 像素的矩形实际上将绘制一个大致以该点为中心的矩形：

```
public Draw(keys: Keypoint[]): void {
  keys.forEach((kp: Keypoint) => {
    this.context!.fillRect(kp.position.x - 2.5,
                           kp.position.y - 2.5, 5, 5);
```

```
    });
}
```

完成后的 DrawPose 类如下所示：

```
export class DrawPose {
  constructor(private canvas: HTMLCanvasElement, private context =
    canvas.getContext('2d')) {
      this.context!.clearRect(0, 0, this.canvas.offsetWidth,
        this.canvas.offsetHeight);
      this.context!.fillStyle = '#ff0300';
  }

  public Draw(keys: Keypoint[]): void {
    keys.forEach((kp: Keypoint) => {
      this.context!.fillRect(kp.position.x - 2.5,
                             kp.position.y - 2.5, 5, 5);
    });
  }
}
```

2. 对图像使用姿势检测

前面创建了一个 ImageClassifier 类来执行图像分类。为了与该类的精神保持一致，我们现在将编写一个 PoseClassifier 类来管理身体姿势检测：

```
export class PoseClassifier {
}
```

我们将为这个类设置两个私有成员。模型是一个 PoseNet 模型，在调用相关的 load 方法的时候将填充该模型。DrawPose 是我们刚才定义的类：

```
private model: PoseNet | null = null;
private drawPose: DrawPose | null = null;
```

在深入介绍姿势检测代码之前，应该先理解什么是姿势检测，它适用的一些场合，以及具有的一些约束。

3. 姿势检测简介

我们使用了姿势检测这个术语，但它也被称为姿势估计。如果你还没有接触过姿势估计，那么可以这么理解：姿势估计指的是一种计算机视觉操作，它可以从图像或者视频中检测出人。当检测到人以后，模型能够大致判断出关键关节和身体部位（如左耳）的位置。

姿势检测正在迅猛发展，它有一些显而易见的用途。例如，我们可以使用姿势检测来为动画制作进行动作捕捉。制作室越来越多地使用动作捕捉来捕获实景演出，并将其转换为 3D 图像。动作捕捉的另一种用途是在体育领域。事实上，动作捕捉在体育中有许多潜在的用途。假设你是职业棒球大联盟中的一名投手。姿势检测可以用来判断在投球时，你的姿势是否正确，例如它可能检测出你的身体过度前倾，或者肘部的位置不对。通过使用姿势检测，教练们更容易帮助运动员纠正潜在的问题。

有必要指出，姿势检测与人脸识别不同。我知道这很明显，但是有一些人不了解这种技术，因而误以为姿势检测能够识别图像中的人是谁。那是完全不同的一种机器学习。

4.PoseNet 的工作原理

即使对于基于相机的输入，执行姿势检测的过程也没有改变。首先获取一幅输入图像（视频截图就足够了）。将该图像交给 CNN 完成初步工作，识别出人在场景中的位置。下一步是获取 CNN 的输出，传递给一个姿势解码算法（稍后将继续介绍）来解码姿势。

我们说"姿势解码算法"，实际上有两个解码算法：我们可以检测单个姿势，而如果图像中有多个人，也可以检测多个姿势。

我们选择使用单个姿势的算法，因为它更简单，也更快。如果图像中有多个人，该算法有可能将不同人的关键点合并到一起。因此，遮挡可能意味着算法会把第二个人的右肩检测为第一个人的左肘。从图 9-6 中可以看到，右边女孩的右肘遮挡了中间女孩的左肘。

图　9-6

注
意　遮挡指的是图像的一个部分隐藏了另一个部分。

PoseNet 能够检测到下面的关键点：

□ 鼻子
□ 左眼
□ 右眼
□ 左耳
□ 右耳
□ 左肩
□ 右肩
□ 左肘
□ 右肘
□ 左手腕
□ 右手腕
□ 左臀
□ 右臀
□ 左膝
□ 右膝
□ 左脚踝
□ 右脚踝

在我们的应用程序中，可以看到这些点的位置。当应用程序检测完这些点以后，会在图像上方绘制出来，如图 9-7 所示。

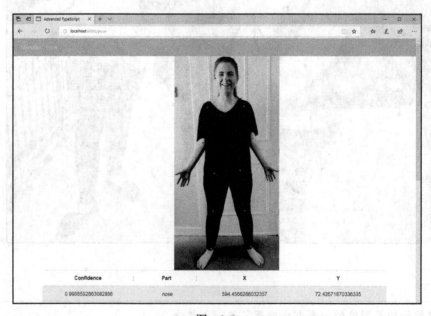

图　9-7

5. 回到姿势检测代码

回到 `PoseClassifier` 类，其构造函数处理的 WebGLTexture 问题与 `ImageClassifier` 实现完全相同：

```
constructor() {
  // If running on Windows, there can be issues
  // loading WebGL textures properly.
  // Running the following command solves this.
  tf.ENV.set('WEBGL_PACK', false);
}
```

现在，我们将编写异步的 `Pose` 方法，它将返回一个 `Keypoint` 数组，但是如果 PoseNet 模型没能加载或者没能找到任何姿势，会返回 `null`。除了接受图像，该方法还接受一个画布，因为该画布为绘制点提供了上下文：

```
public async Pose(image: HTMLImageElement, canvas: HTMLCanvasElement):
Promise<Keypoint[] | null> {
  return null;
}
```

正如 `ImageClassifier` 将获取 MobileNet 模型作为一个缓存操作，我们将获取 PoseNet 模型并缓存它。我们还将借此机会创建 `DrawPose` 实例。之所以执行这样的操作，是为了确保无论调用该方法多少次，都只执行这些操作一次。当模型不为 **null** 以后，代码将阻止我们再次尝试加载 PoseNet：

```
if (!this.model) {
  this.model = await posenet.load();
  this.drawPose = new DrawPose(canvas);
}
```

加载模型时，可以提供下面的选项：

❑ **乘数**：这是所有卷积操作的通道数（深度）的浮点乘数。可选值为 1.01、1.0、0.75 和 0.50。速度和精确度是对立的，值越大就越精确。

最后，如果模型成功加载，我们将使用图像来调用 `estimateSinglePose`，以获取 Pose 预测，它也包含我们将会绘制的 `keyPoints`：

```
if (this.model) {
  const result: Pose = await this.model.estimateSinglePose(image);
  if (result) {
    this.drawPose!.Draw(result.keypoints);
    return result.keypoints;
  }
}
```

同样，我们将把完整的代码放到一起进行展示，说明不需要编写海量代码就可以完成这些工作，以及把代码分解到自包含的小逻辑块中不但让代码更容易理解，也更容易编写。完整的 `PoseClassifier` 类如下所示：

```
export class PoseClassifier {
  private model: PoseNet | null = null;
  private drawPose: DrawPose | null = null;
  constructor() {
    // If running on Windows, there can be
    // issues loading WebGL textures properly.
    // Running the following command solves this.
    tf.ENV.set('WEBGL_PACK', false);
  }

  public async Pose(image: HTMLImageElement, canvas:
    HTMLCanvasElement): Promise<Keypoint[] | null> {
      if (!this.model) {
        this.model = await posenet.load();
        this.drawPose = new DrawPose(canvas);
      }

      if (this.model) {
        const result: Pose = await
            this.model.estimateSinglePose(image);
        if (result) {
          this.drawPose!.Draw(result.keypoints);
          return result.keypoints;
        }
      }
      return null;
  }
}
```

9.4.6 完成姿势检测组件

回到 Pose.vue 组件，现在需要填入 script 部分。我们需要使用下面的 import 语句和组件的类定义（还记得吗？前面说过我们会从头构建这个类）。同样，使用 @Component 来进行组件注册。这在 Vue 组件中十分常见：

```
import { Component, Vue } from 'vue-property-decorator';
import {PoseClassifier} from '@/Models/PoseClassifier';
import {Keypoint} from '@tensorflow-models/posenet';
@Component
export default class Pose extends Vue {
}
```

现在就可以编写 Classify 方法了，它将获取创建好的图像和画布，并把它们传递给 PoseClassifier 类。我们需要使用两个私有字段来保存 PoseClassifier 实例和返回的 Keypoint 数组：

```
private readonly classifier: PoseClassifier = new PoseClassifier();
private keypoints: Keypoint[] | null;
```

在 Classify 代码中，我们将使用相同的生命周期技巧，等到 nextTick 再获取

poseId 引用的图像以及 posecanvas 引用的画布：

```
public Classify(): void {
  this.$nextTick().then(async () => {
    /* tslint:disable:no-string-literal */
    const pose = this.$refs['poseId'];
    const poseCanvas = this.$refs['posecanvas'];
    /* tslint:enable:no-string-literal */
  });
}
```

有了图像引用和画布引用后，将其转换为合适的 HTMLImageElement 和 HTMLCanvas-Element 类型，然后调用 Pose 方法，使用得到的值来填充 keypoints 成员：

```
if (pose !== null) {
  const image: HTMLImageElement = pose as HTMLImageElement;
  const canvas: HTMLCanvasElement = poseCanvas as HTMLCanvasElement
  this.keypoints = await this.classifier.Pose(image, canvas);
}
```

现在就可以运行应用程序了。看到图像上绘制了 keypoints 结果很令人满意，但是我们还可以更进一步。通过多做一点处理，可以在一个 Bootstrap 表格中显示 keypoints 结果。返回到模板，添加下面的 div 元素，从而在图像下方添加一个 Bootstrap 行和一个列：

```
<div class="row">
  <div class="col">
  </div>
</div>
```

因为我们已经公开了 keypoints 结果，所以可以简单地使用 b-table 创建一个 Vue Bootstrap 表格。我们使用 :items 将项目的绑定设为类中定义的 keypoints 结果。这意味着每当 keypoints 条目得到新值时，表格将会更新，显示出这些新值：

```
<b-table striped hover :items="keypoints"></b-table>
```

刷新应用程序后将在图像下方添加一个表格，如图 9-8 所示。

虽然这是一个不错的开始，但是如果我们对表格有更多控制就好了。现在，字段是由 b-table 获取并自动设置格式。稍做修改后，我们可以把 Position 实例拆分到两个单独的条目中，并且让 Score 和 Part 字段可被排序。

在 Pose 类中，我们将创建一个 fields 条目，它将 score 条目映射到 Confidence 标签，并将其设置为可排序。part 字段将映射到 Part 标签，并且也被设置为可排序。我们将 position 拆分为两个单独映射的条目 X 和 Y：

```
private fields =
  {'score':
    { label: 'Confidence', sortable: true},
  'part':
    { label: 'Part', sortable: true},
```

```
'position.x':
  {label:'X'},
'position.y': {label: 'Y'}};
```

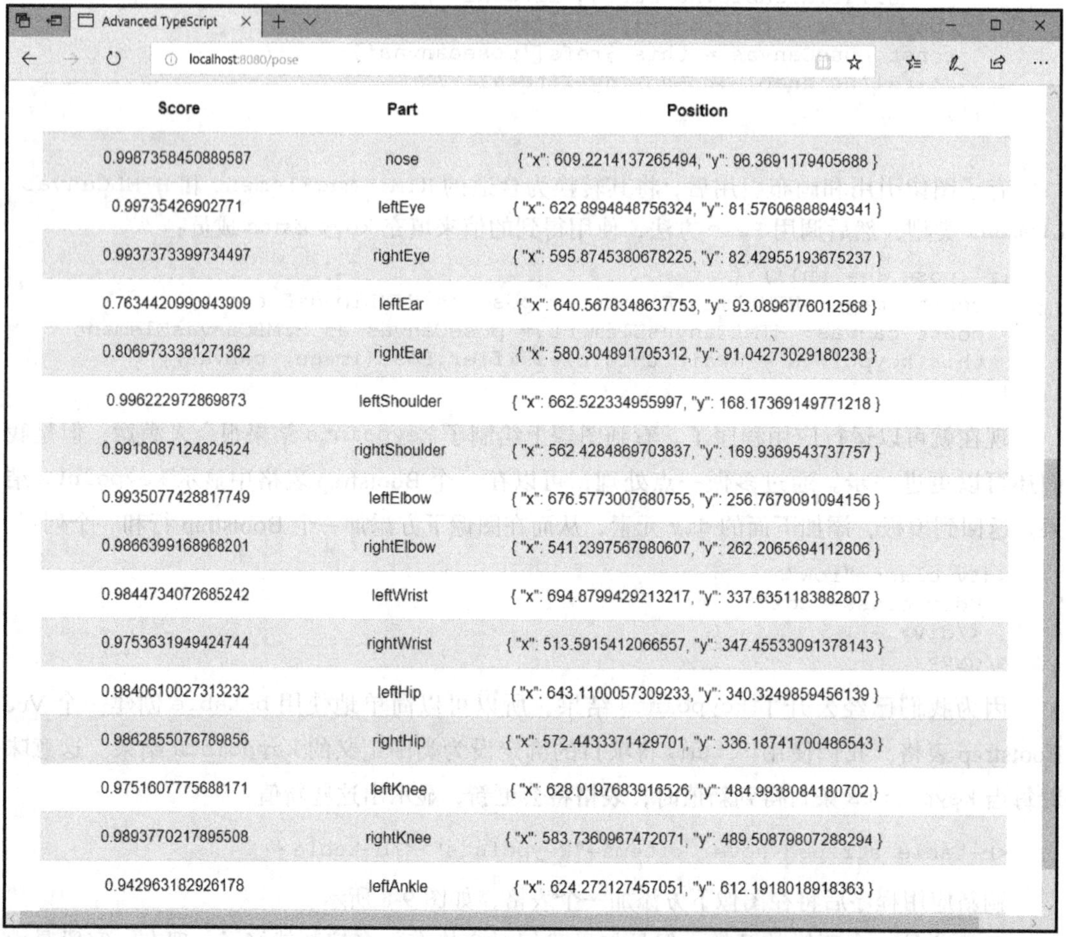

图 9-8

最后要做的是将 fields 条目绑定到 b-table。这可以使用 :fields 属性完成，如下所示：

```
<b-table striped hover :items="keypoints" :fields="fields"></b-table>
```

刷新应用程序将看到修改后的效果，如图 9-9 所示。这个界面更具吸引力，而且用户能够轻松排序 Confidence（原来叫作 score）和 Part 字段，展现了 Vue 有多么强大。

对 TensorFlow 和 Vue 的介绍到这里就结束了。我们避开了 CNN 背后的数学原理；这些数学一开始看起来会令人生畏，但其实没有那么糟糕，只是典型的 CNN 会涉及到许多数学知识。我们还可以使用 Vue 实现更多功能；这个库很小，但极其强大，正是这种小规模和强大的功能，让 Vue 变得越来越受欢迎。

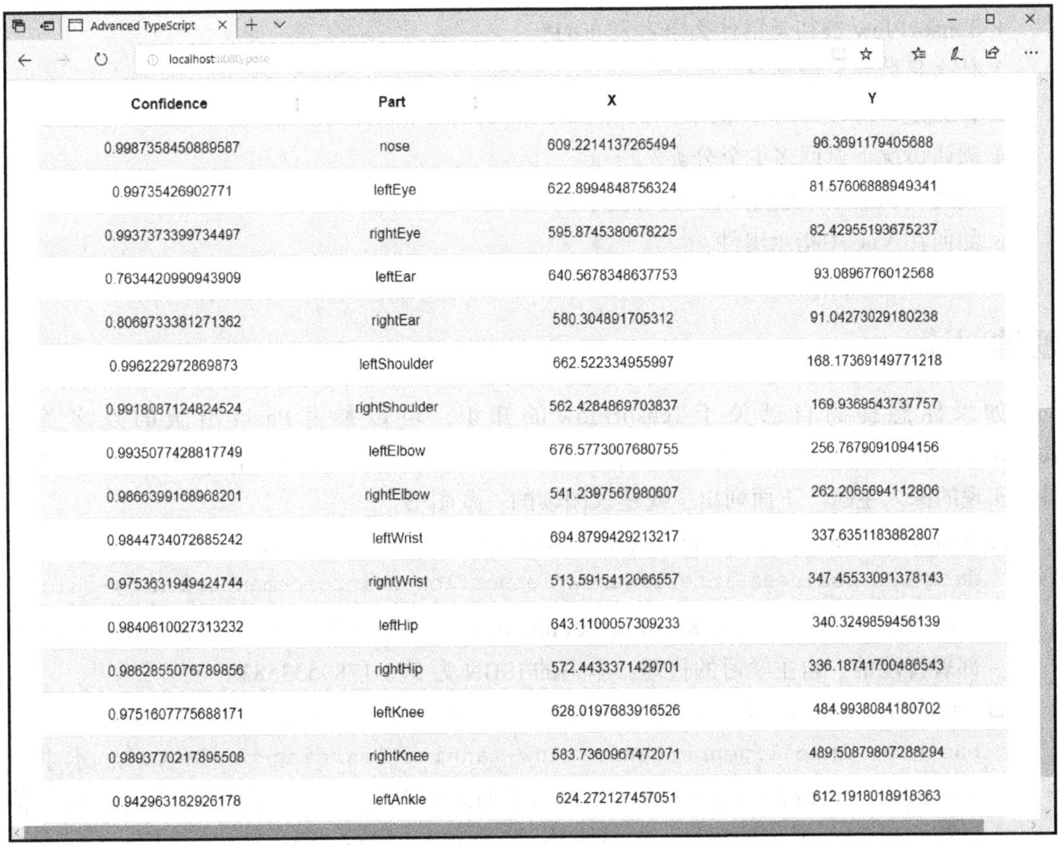

Confidence	Part	X	Y
0.9987358450889587	nose	609.2214137265494	96.3691179405688
0.99735426902771	leftEye	622.8994848756324	81.57606888949341
0.9937373399734497	rightEye	595.8745380678225	82.42955193675237
0.7634420990943909	leftEar	640.5678348637753	93.0896776012568
0.8069733381271362	rightEar	580.304891705312	91.04273029180238
0.996222972869873	leftShoulder	662.522334955997	168.17369149771218
0.9918087124824524	rightShoulder	562.4284869703837	169.9369543737757
0.9935077428817749	leftElbow	676.5773007680755	256.7679091094156
0.9866399168968201	rightElbow	541.2397567980607	262.2065694112806
0.9844734072685242	leftWrist	694.8799429213217	337.6351183882807
0.9753631949424744	rightWrist	513.5915412066557	347.45533091378143
0.9840610027313232	leftHip	643.1100057309233	340.3249859456139
0.9862855076789856	rightHip	572.4433371429701	336.18741700486543
0.9751607775688171	leftKnee	628.0197683916526	484.9938084180702
0.9893770217895508	rightKnee	583.7360967472071	489.50879807288294
0.942963182926178	leftAnkle	624.272127457051	612.1918018918363

图　9-9

9.5　小结

本章初步介绍了如何使用流行的 `TensorFlow.js` 库来编写机器学习应用程序。除了介绍什么是机器学习，我们还看到了机器学习在 AI 中的作用。在编写类来使用 `MobileNet` 和姿势检测库的时候，我们还介绍了什么是 CNN。

除了使用 `TensorFlow.js`，我们还使用了 Vue.js，这是一个新兴的客户端库，正在变得与 Angular 和 React 鼎足而立。我们介绍了如何使用 `.vue` 文件，如何结合使用 TypeScript 和 Web 模板，以及如何使用 Vue 的绑定语法。

下一章将偏离前面章节的主题，介绍如何将 TypeScript 用在 ASP.NET 中，从而通过结合使用 C# 和 TypeScript 来构建一个音乐库。

习题

1. TensorFlow 最初是用什么语言发布的？
2. 什么是监督机器学习？
3. 什么是 `MobileNet`？
4. 默认情况下返回多少个分类？
5. 使用什么命令来创建 Vue 应用程序？
6. 如何在 Vue 中指示组件？

延伸阅读

如果你想提高自己关于 TensorFlow 的知识，可以参考 Packt 出版的众多关于 TensorFlow 的图书和视频。这些图书不限于 `TensorFlow.js`，所以有许多涉及 TensorFlow 最初实现的深入主题。下面列出了我建议阅读的一些图书：

❑ *TensorFlow Reinforcement Learning Quick Start Guide*（`https://www.packtpub.com/in/big-data-and-business-intelligence/tensorflow-reinforcementlearning-quick-start-guide`）：本书由 Kaushik Balakrishnan 撰写，介绍了如何使用 Python 训练和部署智能的、自主学习的代理。本书的 ISBN 为 978-1789533583。

❑ *TensorFlow Machine Learning Projects*（`https://www.packtpub.com/big-dataand-business-intelligence/tensorflow-machine-learning-projects`）：本书由 Ankit Jain 和 Amita Kapoor 撰写，介绍了如何利用 Python 生态系统，使用高级数值计算构建 13 个真实的项目。本书的 ISBN 为 ISBN 978-1789132212。

❑ *Hands-On Computer Vision with TensorFlow 2*（`https://www.packtpub.com/in/application-development/hands-computer-vision-tensorflow-2`）：本书由 Benjamin Planche 和 Eliot Andres 撰写，介绍了如何运用深度学习，通过使用 TensorFlow 2.0 和 Keras 来创建强大的图像处理应用。本书的 ISBN 为 978-1788830645。

除了 TensorFlow，我们还介绍了如何使用 Vue，所以你还可以参考下面的图书来获取关于 Vue 的更多知识：

❑ Ajdin Imsirovic 撰写的 *Vue CLI 3 Quick Start Guide*（`https://www.packtpub.com/in/web-development/vue-cli-3-quick-start-guide`），其 ISBN 为 978-1789950342。

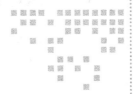

第 10 章 *Chapter 10*

构建 ASP.NET Core 音乐库

本章对我们来说是一个方向上的改变。前面的章节关注将 TypeScript 作为主要开发语言。本章将介绍如何在 Microsoft 的 ASP.NET Core 中使用 TypeScript，以学习如何混用 ASP.NET Core、C# 和 TypeScript 来创建一个艺术家搜索程序，在其中搜索艺术家并获取关于其音乐作品的详细信息。

本章将介绍以下主题：

❑ 安装 Visual Studio。

❑ 理解为什么使用 ASP.NET Core MVC。

❑ 创建一个 ASP.NET Core 应用程序。

❑ 理解为什么有 `Program.cs` 和 `Startup.cs`。

❑ 在 ASP.NET 应用程序中添加 TypeScript 支持。

❑ 在 TypeScript 中使用 `fetch` Promise。

10.1 技术需求

本章需要使用 .NET Core Framework 2.1 或更高版本。要安装该框架，最简单的方法是下载并安装 Visual Studio。Microsoft 提供了一个功能完善的 Visual Studio 社区版，其下载地址为 `https://visualstudio.microsoft.com/downloads/`。

完成后的项目可从 `https://github.com/PacktPublishing/Advanced-TypeScript-3-Programming-Projects/tree/master/Chapter10` 下载。

.NET 应用程序一般不使用 npm 来下载包，而是使用 NuGet 来管理 .NET 包。生成源代码将自动下载包。

10.2 ASP.NET Core MVC 简介

Microsoft 开发 Web 框架的历史很久，但在这个过程中交替开发了不同的框架。当我在 20 世纪 90 年代后期开始开发基于服务器的应用程序时，使用 Microsoft 的 **Active Server Pages** 技术，现在称为经典 **ASP**。这种技术允许开发人员基于用户请求创建动态 Web 页面，并把得到的页面发送回客户端。这种技术需要有专门的 **Internet Information Services**（**IIS**）插件才能工作，所以是完全基于 Windows 的，并且混用了 Microsoft 的 VBScript 语言和 HTML。这意味着我们常常看到如下所示的代码：

```
<%
Dim connection
Set connection = Server.CreateObject("ADODB.Connection")
Response.Write "The server connection has been created for id " &
Request.QueryString("id")
%>
<H1>Hello World</H1>
```

对于在 HTML 中混合动态内容，这种语言很冗长，而且底层的类型不是类型安全的，使用 ASP 进行开发特别容易出错，而且调试起来也不容易。

ASP 不断发展，其下一个版本在 2002 年正式发布，称为 ASP.NET（或 ASP.NET Web Forms）。它基于 Microsoft 新开发的 .NET Framework，并剧烈改变了我们构建 Web 应用程序的方式。在 ASP.NET 中，可以使用 C# 或 VB.NET 来构建应用程序，并在 Web 页面中组合用户控件，从而在页面中创建出自包含的小组件。ASP.NET 是 Microsoft 做的一个出色的决定，但仍然存在一些根本性的问题，导致人们花了很多时间来绕过它们。最大的问题是 Web 页面在本质上混合了逻辑，因为实际的服务器端逻辑是使用代码隐藏来处理的。另外，还有一个严格的页面编译周期，所以默认架构基于客户端与服务器之间来回通信的思想。这个问题可以绕过并常被绕过，但作为一个默认架构，它还有许多可以改进的地方。而且，这种技术也是与 Windows 平台捆绑在一起的，所以没有达到应有的影响力。尽管 .NET 和 C# 被标准化，可用于创建其他实现，但 Web Forms 是 Microsoft 的专利技术。

在意识到 Web Forms 模型的局限后，Microsoft 的一个团队决定开发另外一种形式的 ASP，使其不再有 Web Forms 的代码隐藏限制。这是向前迈了一大步，因为架构向开发人员打开了，使得开发人员能够更好地遵守面向对象最佳实践，包括分离关注点。突然之间，Microsoft 给了开发人员们一个机会，让他们能够开发符合 SOLID 设计原则的应用程序。这个框架就是 ASP.NET MVC，它允许我们开发遵守模型-视图-控制器（**Model View Controller，MVC**）模式的应用程序。MVC 是一个强大的模式，允许把代码拆分到不同的逻辑区域。MVC 代表以下内容：

❑ **模型**：这是业务层，代表驱动应用程序行为的逻辑。
❑ **视图**：这是用户看到的显示。

❑ **控制器**：处理输入和交互。

图 10-1 显示了 MVC 模式中的交互。

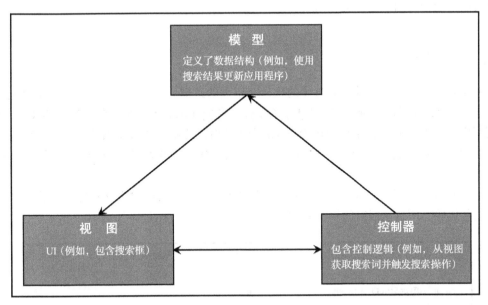

图　10-1

对于开发全栈 Web 应用程序，这种架构代表了很大的进步，但仍然有依赖于 Windows 系统的问题。

📷 注
意　从上图也可以间接推断出，ASP.NET 代码既能够运行在客户端，也能够运行在服务器。我们不需要运行服务器端 Node 实例，而是可以在这种架构中利用 .NET 栈的强大功能。

Windows 一直被认为是 Microsoft 的摇钱树，所以 Microsoft 将重心从 Windows 转向一个更加开放的模型，使得它们的应用程序运行在什么操作系统上变得不那么重要，这一点让很多人感到惊讶。在侧重点转移的过程中，通过其优秀的 Azure 产品，Microsoft 将云操作作为了关注点。如果 Microsoft 坚持原来的架构，就会错失许多机会。因此，Microsoft 用了几年的时间来重新架构 .NET Framework，移除其对 Windows 的依赖，使其变得平台无关，方便开发人员使用。

重新架构的结果是 Microsoft 发布了 ASP.NET Core MVC，完全移除了对 Windows 的依赖。现在，我们可以在 Windows 或 Linux 上使用同一个代码库。突然之间，能够用来托管我们的代码的服务器数量激增，而运行服务器的成本可能会下降。与此同时，随着 Microsoft 发布每个后续的 Core 版本，他们都在调优性能，使得请求服务器统计数据变得越来越好。而且，能够免费开发这种应用程序并托管在 Linux 系统上，意味着这种技术对初创公司很有吸引力。考虑到成本的下降，我预计在未来几年中，使用 ASP.NET Core MVC 进行开发的初创公司的数量会急速增长。

10.3 项目概述

本章要构建的项目与前面章节中的项目有很大的区别。在这个项目中，我们不再纯粹使用 TypeScript，而是混合使用 C# 和 TypeScript，将 TypeScript 用在一个 ASP.NET Core Web 应用程序中。这个应用程序将使用 Discogs 音乐 API，使用户能够搜索艺术家，并获取他们的作品目录。搜索部分是使用 ASP.NET 和 C# 完成的，而作品获取部分是使用 TypeScript 完成的。

参考 GitHub 中的代码时，本章的项目需要大概 3 个小时的时间能够完成。我们将共同完成这些代码，所以这段时间不会看起来太久。完成后的应用程序如图 10-2 所示。

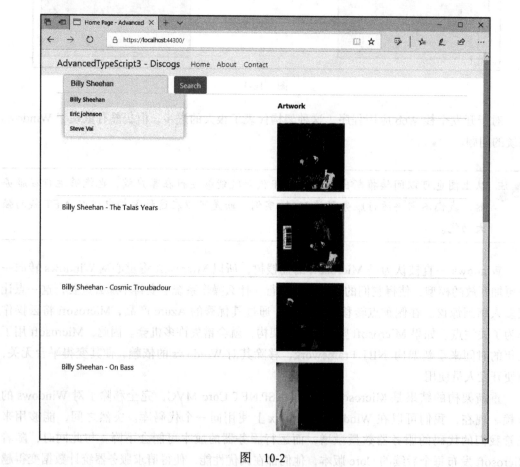

图 10-2

现在就开始吧!

10.4 开始使用 ASP.NET Core、C# 和 TypeScript 创建一个音乐库

我是一个音乐迷。我弹了很多年的吉他,所以也听了很多艺术家的作品。了解他们创作的全部作品是一个很复杂的任务,所以一直以来,对于能够搜索艺术家相关信息的公众可用的 API,我一直很感兴趣。在这些公众可用的 API 中,我认为 Discogs 库为查询专辑、艺术家、作品等提供了最广泛的选择。

本章将利用这个 API,编写一个使用 ASP.NET Core 的应用程序,以展示如何将 C# 和 TypeScript 放到一起使用。

为了运行这个应用程序,需要创建一个 Discogs 账户,步骤如下:

①访问 `https://www.discogs.com/users/create`,注册一个账户。

②如果愿意,尤其是当想要利用身份验证和使用完整 API 等功能的时候,可以创建一个 **Discogs** API 应用程序,但是对于我们的需求,只需要单击 **Generate token** 按钮来生成一个个人访问令牌,如图 10-3 所示。

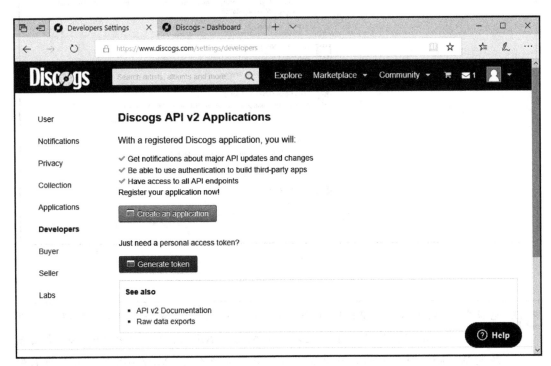

图   10-3

在注册了 **Discogs** 并生成令牌之后，就可以创建 ASP.NET Core 应用程序了。

10.4.1 使用 Visual Studio 创建 ASP.NET Core 应用程序

在前面的章节中，我们从命令行创建应用程序。但是，使用 Visual Studio 时，常见的做法是通过可视界面来创建应用程序。

具体方式如下所示：

①打开 Visual Studio，选择 **Create a New Project**，这将打开创建新项目的向导。我们将创建一个 **ASP.NET Core Web Application**，如图 10-4 所示。

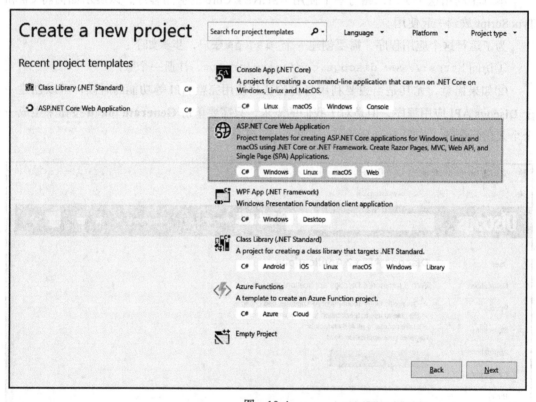

图 10-4

> 📹 **注意** 老版本的 .NET 只能在 Windows 平台上运行。虽然 .NET 是一个优秀的框架，C# 是一个出色的语言，但是由于缺乏跨平台能力，.NET 只受到使用 Windows 桌面系统或 Windows 服务器的公司欢迎。为了应对这种不足，Microsoft 从头开始重新架构 .NET，使其能够跨平台运行。新的框架称为 .NET Core，大大扩张了 .NET 的影

响力。对我们来说，能够在一个平台上开发应用程序，而将其部署到另一个平台上。在内部，.NET Core 应用程序具有平台特定的代码，但是将其隐藏到了 .NET API 之后。例如，它允许我们访问文件，而不必关心底层操作系统如何处理文件。

②我们需要选择将代码保存到什么位置。我的本地 Git 存储库保存在 `E:\Packt\AdvancedTypeScript3` 下，所以将该目录作为 Location，告诉 Visual Studio 在该目录的文件夹中创建必要的文件。在这里，Visual Studio 将创建一个叫作 Chapter10 的解决方案，其中将包含我们的全部文件。单击 Create 来创建我们需要的文件，如图 10-5 所示。

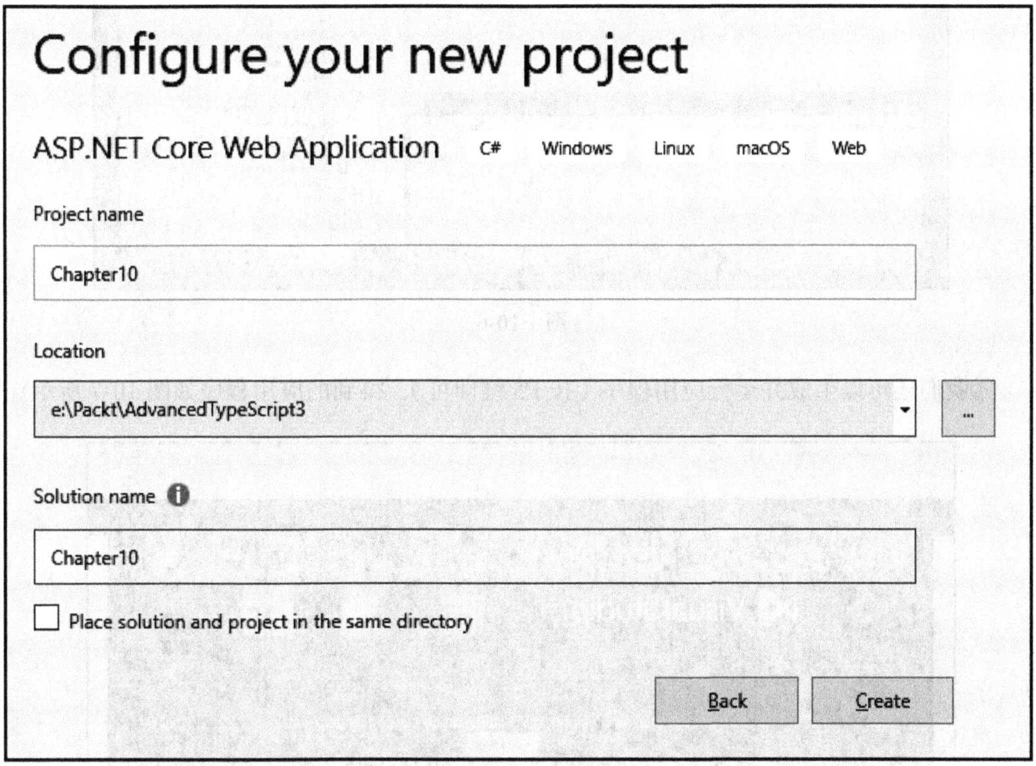

图　10-5

③当 Visual Studio 创建应用程序后，下面的文件应该可用。在开发应用程序时，我们将讨论其中比较重要的文件，并介绍如何使用它们，如图 10-6 所示。

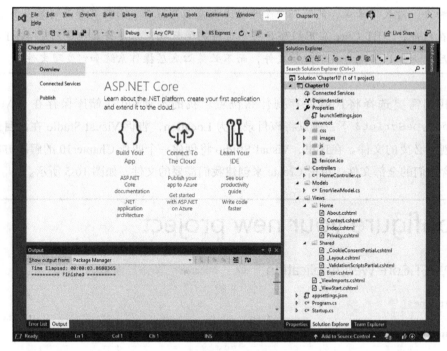

图　10-6

④我们还可以生成并运行应用程序（按 F5 键即可），得到的应用程序如图 10-7 所示。

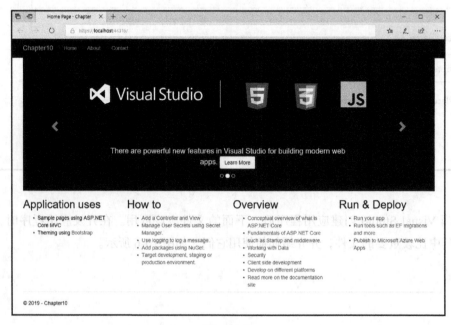

图　10-7

现在就创建了应用程序。下一节我们将介绍生成代码中比较重要的部分，首先介绍启动和程序文件，然后进行修改，添加搜索功能。

10.4.2　理解应用程序结构

从行为的角度看，应用程序的起点是 Startup 类。这个文件用于在启动过程中设置系统，所以我们在这里配置应用程序如何处理 cookie 以及添加 HTTP 支持等。尽管从功能的角度看，这个类主要是样板代码，但是后面我们将回到这个类，在其中添加对我们将要编写的 Discogs 客户端的支持。问题是在什么地方调用这个功能呢？是什么实际启动了应用程序？这些问题的答案是 **Program** 类。如果分析其代码，会看到启动功能是如何引入并帮助构建宿主应用程序的。

.NET 可执行应用程序是以 Main 方法开始执行的。有时候，这个方法会向开发人员隐藏，但总是存在的。这是可执行应用程序的标准入口点，我们的 Web 应用程序也不例外。Main 是一个静态方法，它只是调用 CreateWebHostBuilder 方法，传入命令行参数，然后调用 **Build** 和 **Run** 来生成并运行宿主：

```
public static void Main(string[] args)
{
  CreateWebHostBuilder(args).Build().Run();
}
public static IWebHostBuilder CreateWebHostBuilder(string[] args) =>
  WebHost.CreateDefaultBuilder(args)
    .UseStartup<Startup>();
```

这里使用的 => 与在前面章节中不同。在这里，它的作用是代替 return 关键字，所以如果方法中只有一个 return 操作，就可以简化方法。使用 return 语句的等效代码如下所示：

```
public static IWebHostBuilder CreateWebHostBuilder(string[] args)
{
    return WebHost.CreateDefaultBuilder(args).UseStartup<Startup>();
}
```

CreateDefaultBuilder 用于使用一些选项来配置服务宿主，例如设置 Kestrel Web 引擎、加载配置信息及设置日志支持。UseStartup 方法告诉默认生成器，它需要使用我们的 Startup 类来启动服务。

1.Startup 类

Startup 类到底是什么样子的呢？与我们使用 TypeScript 类进行开发时类似，在 C# 中首先要提供类的定义：

```
public class Startup
{
}
```

与 JavaScript 不同，C# 没有一个专门的 constructor 关键字。相反，C# 使用类的名称来代表构造函数。注意，与在 JavaScript 中创建构造函数类似，我们不给构造函数指定返回类型（稍后将介绍 C# 如何处理返回类型）。构造函数将获取一个配置入口，以允许读取配置。我们使用下面的 get; 属性，把这个配置公开为一个 C# 属性：

```
public Startup(IConfiguration configuration)
{
  Configuration = configuration;
}
public IConfiguration Configuration { get; }
```

当运行时启动宿主进程时，将调用 ConfigureServices 方法。我们将在这里添加任何需要使用的服务。我添加了一个 IDisogsClient/DiscogsClient 注册，将这个特定的组合添加到 IoC 容器中，以便能够在后面将其注入到其他类。在把配置提供给构造函数的时候，我们已经在这个类中看到了依赖注入的例子。

我们还没有看到 IDiscogsClient 和 DiscogsClient，但是不必担心，我们很快就会把这个类和接口添加到代码中。我们在这里只是把它们注册到服务集合，以便自动把它们注入到类中。本书前面提到，无论在什么地方使用单例，都将只有类的一个实例。这与在 Angular 中生成服务时类似，因为我们在 Angular 中，也将服务注册为单例：

```
public void ConfigureServices(IServiceCollection services)
{
  services.Configure<CookiePolicyOptions>(options =>
  {
    options.CheckConsentNeeded = context => true;
    options.MinimumSameSitePolicy = SameSiteMode.None;
  });

  services.AddHttpClient();
  services.AddSingleton<IDiscogsClient, DiscogsClient>();
  services.AddMvc().SetCompatibilityVersion(
    CompatibilityVersion.Version_2_1);
}
```

> **注意** 在这里要注意，设置返回类型的位置与在 TypeScript 中不同。在 TypeScript 中，我们在方法声明的末尾设置返回类型，而在 C# 中，我们在方法名称的前面设置返回类型，所以在上面的代码中，我们知道 ConfigureServices 类的返回类型为 void。

AddSingleton 的语法显示 C# 也支持泛型，所以其语法不会让我们感到恐惧。虽然语言存在许多相似点，但是 C# 与 TypeScript 之间存在一些有趣的区别。例如，C# 中没有专门的 any 或 never 类型。如果想让 C# 类型实现与 any 类似的效果，需要使用 object 类型。

配置好底层服务后，在这个类中最后要做的工作是配置 HTTP 请求管道。这只是意味着告诉应用程序如何响应 HTTP 请求。在代码中可以看到，我们已经启用了对静态文件的支持。这一点很重要，因为我们将依赖对静态文件的支持来引入 TypeScript（实际上是编译后的 JavaScript 版本），使其能够与 C# 应用程序共存。还可以看到，我们已经为请求设置了路由：

```
public void Configure(IApplicationBuilder app, IHostingEnvironment env)
{
    if (env.IsDevelopment())
    {
        app.UseDeveloperExceptionPage();
    }
    else
    {
        app.UseExceptionHandler("/Home/Error");
        app.UseHsts();
    }

    app.UseHttpsRedirection();
    app.UseStaticFiles();
    app.UseCookiePolicy();

    app.UseMvc(routes =>
    {
        routes.MapRoute(
                name: "default",
                template: "{controller=Home}/{action=Index}/{id?}");
    });
}
```

能够创建 C# 基础设施来启动应用程序固然很好，但是如果没有要显示的内容，我们就只是在浪费时间。现在，我们来看看要显示的基本文件。

2. 组成基本视图的文件

视图的入口点是 _ViewStart.cshtml 文件，它定义了应用程序将会显示的公共布局。我们不把内容直接添加到这个文件中，而是把内容放到一个 _Layout.cshtml 文件中，然后在设置 Layout 文件的时候引用该文件（不包括文件扩展名），如下所示：

```
@{
    Layout = "_Layout";
}
```

> **注意** 以 .cshtml 结尾的文件对 ASP.NET 有特殊意义。它告诉应用程序，这些文件中结合了 C# 和 HTML，所以底层引擎必须先编译该文件，才能把结果提供给浏览器。我们在 React 和 Vue 中看到过类似的行为，所以现在应该已经很熟悉这个概念了。

介绍了视图入口点后，需要考虑 _Layout 自身。默认的 ASP.NET 实现目前使用 Bootstrap 3.4.1，所以在使用这个文件时，我们将进行必要的修改来使用 Bootstrap 4。首先来看现有的 head 元素：

```
<!DOCTYPE html>
<html>
<head>
    <meta charset="utf-8" />
    <meta name="viewport" content="width=device-width,
      initial-scale=1.0" />
    <title>@ViewData["Title"] - Chapter10</title>

    <environment include="Development">
        <link rel="stylesheet"
          href="~/lib/bootstrap/dist/css/bootstrap.css" />
        <link rel="stylesheet" href="~/css/site.css" />
    </environment>
    <environment exclude="Development">
        <link rel="stylesheet"
          href="https://stackpath.bootstrapcdn.com/bootstrap/3.4.1/
                css/bootstrap.min.css"
          asp-fallback-href="~/lib/bootstrap/dist/
                             css/bootstrap.min.css"
          asp-fallback-test-class="sr-only"
          asp-fallback-test-property="position"
          asp-fallback-test-value="absolute" />
        <link rel="stylesheet" href="~/css/site.min.css"
          asp-append-version="true" />
    </environment>
</head>
```

这部分看起来是一个普通的 head 元素，但其中有一些特殊的地方。标题中使用了 @ViewData 的 Title。我们使用 @ViewData 在控制器和视图之间传递数据，所以如果查看 index.cshtml 文件（只是举个例子），将看到该文件的顶部如下所示：

```
@{
    ViewData["Title"] = "Home Page";
}
```

这部分代码与布局结合起来，将 title 标签设置为 Home Page - Chapter 10。@ 符号告诉编译器，ASP.NET 的模板引擎（叫作 Razor）需要处理这段代码。

head 元素的下一个部分根据我们是否在开发环境中，来决定包含什么样式表。开发生成将得到一组文件，而发布版本则得到精简版本。

我们将简化 head 元素，无论是否在开发模式下，都从 CDN 提供 Bootstrap，并且将稍微修改标题：

```
<head>
  <meta charset="utf-8"/>
  <meta name="viewport" content="width=device-width,
    initial-scale=1.0"/>
  <title>@ViewData["Title"] - AdvancedTypeScript 3 - Discogs</title>

  <link rel="stylesheet" href="https://maxcdn.bootstrapcdn.com/
    bootstrap/4.0.0/css/bootstrap.min.css"
    integrity="sha384-
      Gn5384xqQ1aoWXA+058RXPxPg6fy4IWvTNh0E263XmFcJlSAwiGgFAW/dAiS6JXm"
        crossorigin="anonymous">
  <environment include="Development">
    <link rel="stylesheet" href="~/css/site.css"/>
  </environment>
  <environment exclude="Development">
    <link rel="stylesheet" href="~/css/site.min.css"
      asp-append-version="true"/>
  </environment>
</head>
```

页面布局的下一个部分是 body 元素。我们将分解这个元素来进行讲解。从 body 元素开始，首先来看 navigation 元素：

```
<body>
    <nav class="navbar navbar-inverse navbar-fixed-top">
        <div class="container">
            <div class="navbar-header">
                <button type="button" class="navbar-toggle"
                    data-toggle="collapse"
                    data-target=".navbar-collapse">
                    <span class="sr-only">Toggle navigation</span>
                    <span class="icon-bar"></span>
                    <span class="icon-bar"></span>
                    <span class="icon-bar"></span>
                </button>
                <a asp-area="" asp-controller="Home"
                  asp-action="Index" class="navbar-brand">Chapter10</a>
            </div>
            <div class="navbar-collapse collapse">
                <ul class="nav navbar-nav">
                    <li><a asp-area="" asp-controller="Home"
                      asp-action="Index">Home</a></li>
                    <li><a asp-area="" asp-controller="Home"
                      asp-action="About">About</a></li>
                    <li><a asp-area="" asp-controller="Home"
                      asp-action="Contact">Contact</a></li>
                </ul>
            </div>
        </div>
    </nav>

</body>
```

这基本上是一个熟悉的 navigation 组件，只不过是使用了 Bootstrap 3 的格式。将这个 navigation 组件转为 **Bootstrap 4**，将得到下面的内容：

```html
<nav class="navbar navbar-expand-lg navbar-light bg-light">
  <div class="container">
    <a class="navbar-brand" asp-area="" asp-controller="Home"
      asp-action="Index">AdvancedTypeScript3 - Discogs</a>
    <div class="navbar-header">
      <button class="navbar-toggler" type="button"
        data-toggle="collapse"
        data-target="#navbarSupportedContent"
        aria-controls="navbarSupportedContent"
        aria-expanded="false"
        aria-label="Toggle navigation">
        <span class="navbar-toggler-icon"></span>
      </button>
    </div>
    <div class="navbar-collapse collapse">
      <ul class="nav navbar-nav">
        <li>
          <a class="nav-link" asp-area="" asp-controller="Home"
            asp-action="Index">Home</a>
        </li>
        <li>
          <a class="nav-link" asp-area="" asp-controller="Home"
            asp-action="About">About</a>
        </li>
        <li>
          <a class="nav-link" asp-area="" asp-controller="Home"
            asp-action="Contact">Contact</a>
        </li>
      </ul>
    </div>
  </div>
</nav>
```

不熟悉的地方在于 a 链接。asp-controller 类将视图链接到 controller 类；按照约定，这些类的名称将被展开为 <<name>>Controller，所以 Home 将变成 HomeController。还有一个关联的 asp-action，它将关联到我们将在该类中调用的方法。单击 About 链接将调用 HomeController.cs 的 About 方法：

```csharp
public IActionResult About()
{
  ViewData["Message"] = "Your application description page.";
  return View();
}
```

该方法设置了一个将会显示在 About 页面上的消息，然后返回视图。**ASP.NET** 非常智能，知道这里的动作是 About，所以能够使用 View() 来知道应该返回 About.cshtml。在这里，我们开始看到 **MVC** 的控制器部分与视图部分关联起来。

回到 _Layout 文件，我们感兴趣的下一个部分是下面列出的部分，我们在这里使用 @RenderBody 来渲染页面体的内容：

```
<div class="container body-content">
    @RenderBody()
    <hr />
    <footer>
        <p>&copy; 2019 - Chapter10</p>
    </footer>
</div>
```

我们在控制器中选择显示的视图将在声明 @RenderBody 的位置进行渲染，所以可以认为这个命令的用途是作为占位符，用来放入相关的视图。我们将稍作修改，以运用我们的 Bootstrap 知识，添加一个更有意义的 footer。考虑下面的代码：

```
<div class="container">
  <div class="row">
    <div class="col-lg-12">
      @RenderBody()
    </div>
  </div>
  <hr/>
  <footer>
    <p>&copy; 2019 - Advanced TypeScript3 - Discogs Artist search</p>
  </footer>
</div>
```

我们不介绍这个文件的其余部分，因为我们真的需要开始介绍模型和要渲染的视图了，但是请你阅读 GitHub 中的源代码，并对这个文件做必要的 JavaScript 修改，以使用 Bootstrap 4 而不是 Bootstrap 3。

现在，我们准备编写 MVC 代码库的模型部分。我们将编写模型，向 Discogs API 发送请求，并在收到结果后，将其转换为可以发送给客户端的内容。

10.4.3　创建一个 Discogs 模型

你应该还记得，我们在前面注册了一个 IDiscogsClient 模型。当时没有添加任何代码，所以应用程序将会编译失败。现在，我们来创建接口及实现。IDiscogsClient 是一个模型，所以将在模型目录中创建。要在 Visual Studio 中创建接口和模型，需要右击 Models 文件夹，打开一个上下文菜单。在菜单中，选择 **Add > Class...**，如图 10-8 所示。

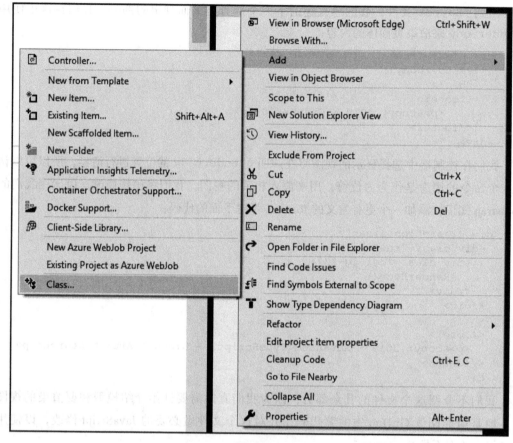

图　10-8

这将打开图 10-9 所示的对话框，用来创建类或相关的接口。

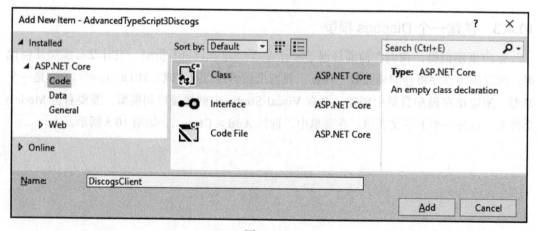

图　10-9

为简洁起见，可以在同一个文件中创建接口和类定义。在 GitHub 代码中，我把接口和类分开到不同的文件中，但是对于这里的类，不需要那么做：

```
public interface IDiscogsClient
{
    Task<Results> GetByArtist(string artist);
}
```

在定义中使用 `Task<Result>`，类似于在 TypeScript 中指定一个 Promise 来返回特定的类型。这段代码的意思是方法将异步运行，在某个时刻，它将返回一个 `Results` 类型。

1. 设置 Results 类型

我们从 Discogs 获得的数据是一个字段层次。我们最终将创建代码来转换和返回结果，如图 10-10 所示。

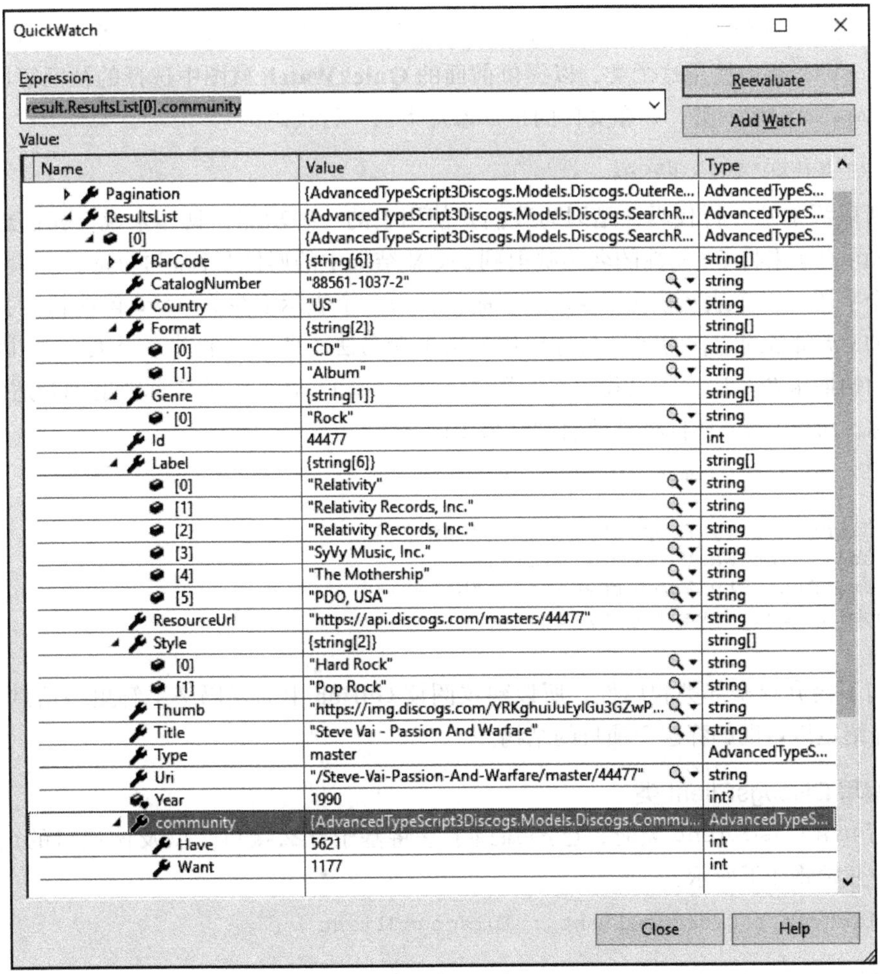

图　10-10

在后台，我们将把调用得到的 JSON 结果转换为一组类型。顶级类型是 Results 类型，我们将在 GetByArtist 调用中返回该类型。图 10-11 显示了这个层次。

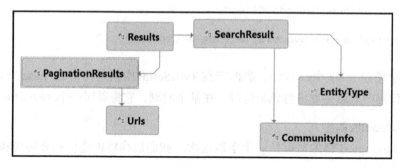

图　10-11

为了了解映射是什么样子，我们将从头构建 CommunityInfo 类型。我们将在 SearchResult 类中使用这个类，以提供前面的 **QuickWatch** 截图中选择的社区字段。创建一个 CommunityInfo 类，并在文件的顶部添加下面一行代码：

```
using Newtonsoft.Json;
```

之所以添加这一行代码，是因为我们要使用它的一些功能；具体来说，我们想要使用 JsonProperty 来将 C# 属性的名称映射到 JSON 结果中的属性名称。CommunityInfo 需要返回两个字段：一个表示多少人 want 该曲目，另一个表示多少人 have 该曲目。我们将遵守标准的 C# 命名约定，为属性名称使用帕斯卡命名法（即单词的首字母大写）。因为属性名称使用帕斯卡命名法，所以我们将使用 JsonProperty 特性将该名称映射到合适的 REST 属性名称，所以 Want 属性将被映射到结果中的 want：

```
public class CommunityInfo
{
  [JsonProperty(PropertyName = "want")]
  public int Want { get; set; }
  [JsonProperty(PropertyName = "have")]
  public int Have { get; set; }
}
```

我们不会介绍全部类和属性，所以建议阅读 GitHub 中的代码来了解更多信息。不过，这里的介绍足以帮助解释这个项目的结构。

2. 编写 DiscogsClient 类

编写 DiscogsClient 类时，已经知道了它将基于什么接口，以及该接口的定义。所以，类一开始将如下所示：

```
public class DiscogsClient : IDiscogsClient
{
  public async Task<Results> GetByArtist(string artist)
```

```
  {
  }
}
```

类的定义与接口看起来稍有区别，这是因为我们不需要在接口中为 GetByArtist 指定 public，也不需要为方法指定 async。在方法声明中使用 async 时，是让编译器期望在该方法内看到 await 关键字。我们在 Typescript 中也使用过 async/await，所以这看起应该非常熟悉。

当调用 Discogs API 时，总是以 URL https://api.discogs.com/ 开始。为了简化代码库中的代码，我们将把它定义为类中的一个常量：

```
private const string BasePath = "https://api.discogs.com/";
```

我们的类将与 REST 端点通信。这意味着我们必须能够在代码中访问 HTTP。为此，构造函数中将使用一个类来实现 IHttpClientFactory 接口。这个客户端工厂将实现所谓的工厂模式，以构建合适的 HttpClient 实例，供我们在需要时使用：

```
private readonly IHttpClientFactory _httpClientFactory;
public DiscogsClient(IHttpClientFactory httpClientFactory)
{
  _httpClientFactory = httpClientFactory ?? throw new
    ArgumentNullException(nameof(httpClientFactory));
}
```

📷 **注意** 构造函数中的这个看起来很奇怪的语法只是在说，我们将使用传入的 HTTP 客户端工厂来设置成员变量。如果客户端工厂为 null，?? 意味着代码将执行下一条语句，即抛出一个异常，指出实参为 null。

GetByArtist 方法是什么样子呢？在这个方法中，首先检查是否将一个艺术家传入了方法。如果还没有，就返回一个空的 Results 实例：

```
if (string.IsNullOrWhiteSpace(artist))
{
  return new Results();
}
```

为了创建 HTTP 请求，需要构建请求地址。在构建地址时，将把 GetByArtist 得到的路径附加到作为常量定义的 BasePath 字符串。假设想要搜索的艺术家的名字是 Peter O'Hanlon。在构建搜索字符串时，我们将转义用户输入的文本，以避免发送危险的请求。因此，构建的 HTTP 请求字符串将如下所示：https://api.discogs.com/database/search?artist=Peter O%27Hanlonper_page=10。我们将结果的数量限制为 10，以免超过 Discogs 的请求限制。首先创建一个帮助方法来把两个字符串连接起来：

```
private string GetMethod(string path) => $"{BasePath}{path}";
```

添加了这个帮助方法后，就可以构建 GET 请求。如前所述，我们需要修改艺术家的名字，以净化可能有危险的搜索词。通过使用 Ur.EscapeDataString，我们将名字中的撇号替换为了对应的 ASCII 值，即 %27：

```
HttpRequestMessage request = new HttpRequestMessage(HttpMethod.Get,
GetMethod($"database/search?artist={Uri.EscapeDataString(artist)}&per_page=
10"));
```

创建请求后，需要为其添加两个 header。我们需要添加一个 Authorization 令牌和一个 user-agent，因为 Discogs 期望收到它们。Authorization 令牌的格式为 Discogs token=<<token>>，其中 <<token>> 是在注册时创建的令牌。user-agent 需要是有意义的内容，所以我们将其设为 AdvancedTypeScript3Chapter10：

```
request.Headers.Add("Authorization", "Discogs
token=MyJEHLsbTIydAXFpGafrrphJhxJWwVhWExCynAQh");
request.Headers.Add("user-agent", "AdvancedTypeScript3Chapter10");
```

最后一块拼图是使用工厂来创建 HttpClient。创建好以后，调用 SendAsync 来把请求发送给 Discogs 服务器。收到响应后，就读取 Content 响应的内容，并使用 DeserializeObject 来转换其类型：

```
using (HttpClient client = _httpClientFactory.CreateClient())
{
  HttpResponseMessage response = await client.SendAsync(request);
  string content = await response.Content.ReadAsStringAsync();
  return JsonConvert.DeserializeObject<Results>(content);
}
```

该类的完整代码如下所示：

```
public class DiscogsClient : IDiscogsClient
{
  private const string BasePath = "https://api.discogs.com/";
  private readonly IHttpClientFactory _httpClientFactory;
  public DiscogsClient(IHttpClientFactory httpClientFactory)
  {
    _httpClientFactory = httpClientFactory ?? throw new
              ArgumentNullException(nameof(httpClientFactory));
  }

  public async Task<Results> GetByArtist(string artist)
  {
    if (string.IsNullOrWhiteSpace(artist))
    {
      return new Results();
    }
    HttpRequestMessage request = new HttpRequestMessage(HttpMethod.Get,
      GetMethod($"database/search?artist=
      {Uri.EscapeDataString(artist)}&per_page=10"));
    request.Headers.Add("Authorization", "Discogs
    token=MyJEHLsbTIydAXFpGafrrphJhxJWwVhWExCynAQh");
```

```
    request.Headers.Add("user-agent", "AdvancedTypeScript3Chapter10");
    using (HttpClient client = _httpClientFactory.CreateClient())
    {
      HttpResponseMessage response = await client.SendAsync(request);
      string content = await response.Content.ReadAsStringAsync();
      return JsonConvert.DeserializeObject<Results>(content);
    }
  }
  private string GetMethod(string path) => $"{BasePath}{path}";
}
```

前面提到请求速率限制，这到底是什么意思？

3.Discogs 请求速率限制

Discogs 对一个 IP 发出的请求数有限制。对于通过验证的请求，Discogs 将请求速率限制为每分钟 60 个请求。对于未通过验证的请求，大多数情况下每分钟可以发送 25 个请求。请求数是通过使用一个移动窗口来监控的。

我们已经编写了 Discogs API 模型，现在可以了解如何把模型关联到控制器了。

10.4.4　关联控制器

我们将使用依赖注入来传入刚刚编写的 Discogs 客户端模型：

```
public class HomeController : Controller
{
  private readonly IDiscogsClient _discogsClient;
  public HomeController(IDiscogsClient discogsClient)
  {
    _discogsClient = discogsClient;
  }
}
```

前面在设置导航时，将 asp-action 设置为 Index。当执行搜索时，视图将把搜索字符串传递给 Index，并调用 GetByArtist 方法。当收到搜索结果时，使用结果列表设置 ViewBag.Result。最后，我们返回 View，即 Index 页面：

```
public async Task<IActionResult> Index(string searchString)
{
  if (!string.IsNullOrWhiteSpace(searchString))
  {
  Results client = await _discogsClient.GetByArtist(searchString);
  ViewBag.Result = client.ResultsList;
  }

  return View();
}
```

但是视图是什么样子的呢？我们现在需要设置 Index 视图。

10.4.5 添加 Index 视图

在文件顶部，我们将 `ViewData` 设为 `Title`。在介绍 `_Layout.cshtml` 时介绍了其作用，但是有必要重复一下，我们在这里设置的值用来帮助生成主布局页面的标题。运行应用程序时，这将把标题设为 `Home Page - AdvancedTypeScript 3 - Discogs`：

```
@{
  ViewData["Title"] = "Home Page";
}
```

用户通过一个搜索控件来与应用程序交互，所以接下来就创建一个搜索控件。我们将添加一个 `div`，将其 ID 设为 `pageRoot`，用来包含 `form` 元素：

```
<div id="pageRoot">
  <form asp-controller="Home" asp-action="Index" class="form-inline">
  </form>
</div>
```

这里再次利用了 ASP.NET 的强大功能。表单能够感知 MVC，所以我们使用 `asp-controller`，告诉它使用 `HomeController`（记住控制器的命名约定）。我们将动作设为 `Index`，所以将调用 `Index` 方法，这与导航到这个调用的方法相同。这么做是因为当完成搜索后，我们仍然想显示当前页面，使用户在需要时可以搜索一个不同的艺术家。`Index` 方法很智能，知道我们是否传递了搜索字符串来触发搜索，所以当用户在表单内触发一个搜索时，将提供该搜索字符串并触发搜索。

在表单中，我们需要添加一个输入搜索字段，以及一个在按下时提交表单的按钮。这里的 class 元素只是用于将 `button` 和 `input` 字段转换为 Bootstrap 版本：

```
<div class="form-group mx-sm-3 mb-10">
  <input type="text" name="SearchString" class="form-control"
    placeholder="Enter artist to search for" />
</div>
<button type="submit" class="btn btn-primary">Search</button>
```

添加了这些控件后的搜索部分如下所示：

```
<div id="pageRoot">
  <form asp-controller="Home" asp-action="Index" class="form-inline">
    <div class="form-group mx-sm-3 mb-10">
      <input type="text" name="SearchString" class="form-control"
        placeholder="Enter artist to search for" />
    </div>
    <button type="submit" class="btn btn-primary">Search</button>
  </form>
</div>
```

如果现在运行应用程序，将看到如图 10-12 所示的界面。如果填写一个艺术家的详细信息并按下 `Search` 按钮，将触发搜索，但是屏幕上不会显示数据。

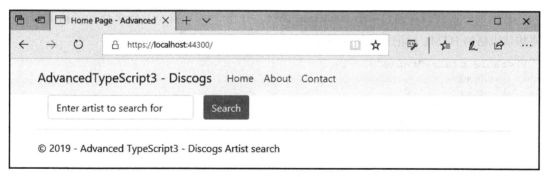

图　10-12

在收到搜索结果后，我们把搜索结果添加到了 ViewBag，所以现在需要从 ViewBag 中取出结果。ViewBag 很容易与 ViewData 混淆，所以有必要介绍一下这二者。它们都在控制器和视图之间双向传输数据，但是方式上稍有区别：

❑ 当我们添加搜索结果时，将其设为 ViewBag.Result。但是，如果查看 ViewBag 的源代码，会发现实际上找不到一个叫作 **Result** 的属性。其原因在于 ViewBag 是动态的；换句话说，它允许我们创建能够在控制器和视图之间共享的任意值，并可以为其随意命名。一般来说，使用 ViewBag 是一个合理的选项，但是因为它是动态的，所以编译器无法检测出是否存在错误。因此，你需要确保在控制器中设置的属性与在视图中设置的属性的名称完全相同，这一点至关重要。

❑ ViewData 则依赖于使用字典（类似于 TypeScript 中的 map），其中可能包含许多保存数据的键 / 值对。在内部，值是一个对象，所以如果我们在视图中设置值，然后将其传递给控制器，就需要把对象强制转换为合适的类型。其效果是，如果我们在视图中设置 ViewBag.Counter = 1，则可以在控制器中直接把 ViewBag.Counter 当做一个整数，但是如果我们在视图中设置了 ViewData["Counter"] = 1，就必须把 ViewData["Counter"] 强制转换为一个整数，然后才能使用其值。强制转换的格式如下所示：

```
int counter = (int)ViewData["Counter"];
```

对于我们的目的，两种方法都可以，因为我们的控制器将负责设置结果，不过我选择使用 ViewBag 来设置结果。那么，如何添加数据呢？我们知道 Index 页面是一个 .cshtml 文件，所以可以将 C# 和 HTML 混合在一起。我们使用 @{ } 来指示 C# 部分，所以为了渲染结果，需要检查 ViewBag.Result 中是否有值（注意 C# 使用 != 来检查结果是否不为 null，而不是像 JavaScript 那样使用 !==）。用来渲染结果的代码一开始如下所示：

```
@{ if (ViewBag.Result != null)
   {
   }
}
```

在结果中，我们将创建一个 Bootstrap 表格，并将 Title 和 Artwork 作为表格的两列。将构建表格的 HTML 标记一开始如下所示：

```
<table class="table">
  <thead>
    <tr>
      <th>Title</th>
      <th>Artwork</th>
    </tr>
  </thead>
  <tbody>
  </tbody>
</table>
```

在表格体（tbody）中，我们将遍历结果中的每一项，并写出相应的值。我们将首先创建一个变量 index。考虑到后面需要添加一个具有唯一名称的图像（下一节将介绍），我们现在就添加该变量。

接下来，使用 foreach 来迭代 ViewBag.Result 中的每一项。对于每一项，我们将使用 `<tr></tr>` 创建一个新的表格行，并在该行内写出两个表格单元格（`<td></td>`），用来包含标题和资源 URL，如下所示：

```
<tbody>
  @{
    int index = 0;
  }
  @foreach (var item in ViewBag.Result)
  {
    <tr>
      <td>@item.Title</td>
      <td>@item.ResourceUrl</td>
    </tr>
    index++;
  }
</tbody>
```

如果现在运行应用程序，将获取结果，并把结果写入到表格中，如图 10-13 所示。

显然，作品元素有问题。该列中显示的不是图片，所以我们需要添加功能来获取图片，这需要代码为每个结果发出另外一个 REST 调用。我们希望在返回结果时执行此调用，所以将转向客户端功能，使用 TypeScript 来获取图像结果。

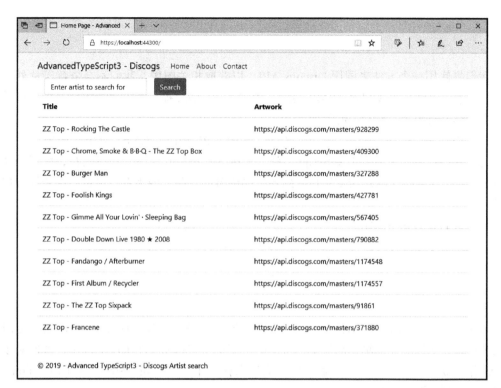

图　10-13

10.4.6　向应用程序添加 TypeScript

与前面一样，TypeScript 代码的起点是 tsconfig.json 文件。我们将使该文件尽可能精简。这里设置了 outDir，因为创建工程时，在 wwwroot 文件夹中创建了许多文件。在 wwwroot/js 文件夹中，ASP.NET 已经创建了一个 site.js 文件，所以我们将把自己的脚本也放到这个文件夹中：

```
{
  "compileOnSave": true,
  "compilerOptions": {
    "lib": [ "es2015", "dom" ],
    "noImplicitAny": true,
    "noEmitOnError": true,
    "removeComments": true,
    "sourceMap": true,
    "target": "es2015",
    "outDir": "wwwroot/js/"
  },
  "exclude": [
```

```
    "wwwroot"
  ]
}
```

我们将使用一个方法来调用 Discogs API，以获取相关图像。我们不会依赖于从外部源加载的 TypeScript 包来发出这个 API 调用，因为 JavaScript 提供了一个 fetch API，可以用来发出 REST 调用，而没有任何依赖。

首先添加一个 discogHelper.ts 文件，其中将包含在 ASP.NET 应用程序中调用的函数。之所以将其添加为一个 TypeScript 方法，是因为我们将让它在客户端运行，而不是在服务器端运行。这减少了将最初结果加载到客户端屏幕的时间，因为客户端将获取并异步加载图像。

该函数的签名如下所示：

```
const searchDiscog = (request: RequestInfo, imgId: string): Promise<void>
=> {
  return new Promise((): void => {
  }
}
```

RequestInfo 参数将接受图像请求在服务器上的 URL。因为 Discogs 不返回特定曲目的完整信息，所以现在专辑作品还是不可用的。相反，它返回一个 REST 调用，我们必须发出该调用来获取完整信息，然后解析这些信息来获取作品。例如，Steve Vai 的 Passion and Warfare 专辑信息返回的 ResourceUrl 为 https://api.discogs.com/masters/44477 链接。我们将把这个 URL 作为 request 传入，以获取完整信息，包括作品在内。

我们接受的第二个参数是 img 对象的 id。当迭代最初搜索结果来构建结果表格，以及添加专辑名称时，还将一个唯一标识的图像传入了函数。这样一来，当获取了专辑的详细信息时就能够动态更新 src。有时候，这会导致客户端出现一种有趣的效果：由于获取一些专辑可能比获取另外一些专辑需要更久的时间，所以有可能图像列表不按顺序更新，导致后面的图像比前面的图像更早填充。不过不必担心，我们是故意这么做的，以便展示客户端代码确实是异步运行的。

📍 提示　如果我们想要让图像按顺序显示，则需要修改函数来接受请求和图像占位符的数组，发出调用，并只在所有 REST 调用都完成后才更新图像。

---

fetch API 使用一个叫作 fetch 的 Promise 来让我们发出调用。它接受请求以及一个可选的 RequestInit 对象，该对象允许向调用传递自定义设置，包括我们想要应用的 HTTP 动词和想要设置的任何头部：

```
fetch(request,
  {
    method: 'GET',
```

```
  headers: {
    'authorization': 'Discogs
        token=MyJEHLsbTIydAXFpGafrrphJhxJWwVhWExCynAQh',
    'user-agent': 'AdvancedTypeScript3Chapter10'
  }
})
```

> 📷**注意**　我们使用了在 C# 代码中设置的 `authorization` 和 `user-agent` 头部。

前面说过，`fetch` API 是基于 Promise 的，所以可以期望 `fetch` 调用会等待操作完成后才返回结果。为了获取图像，我们将执行两个转换。第一个转换将把响应转换为 JSON 表示：

```
.then(response => {
  return response.json();
})
```

转换操作是异步进行的，所以转换的下一个阶段也可以发生在其自己的 `then` 块中。现在，如果一切顺利，我们应该得到一个响应体。我们使用传入函数的图像 ID 来获取 `HTMLImageElement`。如果这是一幅有效的图像，则将 `src` 设为获取到的第一个 `uri150` 结果，该值包含 150×150 像素的图像在服务器上的地址：

```
.then(responseBody => {
  const image = <HTMLImageElement>document.getElementById(imgId);
  if (image) {
    if (responseBody && responseBody.images &&
        responseBody.images.length > 0) {
      image.src = responseBody.images["0"].uri150;
    }
  }
})
```

完整的搜索函数如下所示：

```
const searchDiscog = (request: RequestInfo, imgId: string): Promise<void>
=> {
  return new Promise((): void => {
    fetch(request,
      {
        method: 'GET',
        headers: {
          'authorization': 'Discogs
            token=MyJEHLsbTIydAXFpGafrrphJhxJWwVhWExCynAQh',
          'user-agent': 'AdvancedTypeScript3Chapter10'
        }
      })
      .then(response => {
        return response.json();
      })
```

```
          .then(responseBody => {
            const image = <HTMLImageElement>document.getElementById(imgId);
            if (image) {
              if (responseBody && responseBody.images &&
                  responseBody.images.length > 0) {
                image.src = responseBody.images["0"].uri150;
              }
            }
          }).catch(x => {
            console.log(x);
          });
      });
  }
```

🎯 **注意** Discogs 允许发出 JSONP 请求，这意味着我们需要传递一个回调查询字符串参数。为了发出 JSONP 请求，必须从 https://github.com/camsong/fetch-jsonp 安装 Fetch JSONP 包。这需要把 fetch 调用的签名改为 fetchJsonp。除此之外，函数的其余部分是相同的。

现在，我们应该已经习惯了在 Promise 中使用 async/await。如果想要使用一个不那么冗长的函数，则可以将代码修改如下：

```
const searchDiscog = (request: RequestInfo, imgId: string): Promise<void>
=> {
  return new Promise(async (): void => {
    try
    {
      const response = await fetch(request,
        {
          method: 'GET',
          headers: {
            'authorization': 'Discogs
              token=MyJEHLsbTIydAXFpGafrrphJhxJWwVhWExCynAQh',
            'user-agent': 'AdvancedTypeScript3Chapter10'
          }
        });
      const responseBody = await response.json();
      const image = <HTMLImageElement>document.getElementById(imgId);
      if (image) {
        if (responseBody && responseBody.images &&
            responseBody.images.length > 0) {
          image.src = responseBody.images["0"].uri150;
        }
      }
    }
    catch(ex) {
      console.log(ex);
```

```
  }
 });
}
```

下一节将介绍如何在 ASP.NET 中调用 TypeScript 功能。

10.4.7　从 ASP.NET 调用 TypeScript 功能

回到 ASP.NET 代码，现在可以添加 `searchDiscog` 函数来获取图像了。首先要做的是
包含对搜索脚本的引用：

```
<script src="~/js/discogHelper.js"></script>
```

然后，就可以扩展图像部分来包含搜索脚本：

```
<td>
  <img id="img_@index" width="150" height="150" />
  <script type="text/javascript">
      searchDiscog('@item.ResourceUrl', 'img_@index');
  </script>
</td>
```

完整的 `Index` 页面如下所示：

```
@{
  ViewData["Title"] = "Home Page";
}
<div id="pageRoot">
  <form asp-controller="Home" asp-action="Index" class="form-inline">
    <div class="form-group mx-sm-3 mb-10">
      <input type="text" name="SearchString" class="form-control"
        placeholder="Enter artist to search for" />
    </div>
    <button type="submit" class="btn btn-primary">Search</button>
  </form>
</div>
@{ if (ViewBag.Result != null)
  {
    <script src="~/js/discogHelper.js"></script>
    <table class="table">
      <thead>
        <tr>
          <th>Title</th>
          <th>Artwork</th>
        </tr>
      </thead>
      <tbody>
        @{
          int index = 0;
        }
        @foreach (var item in ViewBag.Result)
        {
```

```
        <tr>
          <td>@item.Title</td>
          <td>
            <img id="img_@index" width="150" height="150" />
            <script type="text/javascript">
                searchDiscog('@item.ResourceUrl', 'img_@index');
            </script>
          </td>
        </tr>
        index++;
      }
    </tbody>
  </table>
 }
}
```

现在，当运行应用程序时，执行完搜索后将返回名称和图像。重新执行前面的搜索，得到的结果如图 10-14 所示。

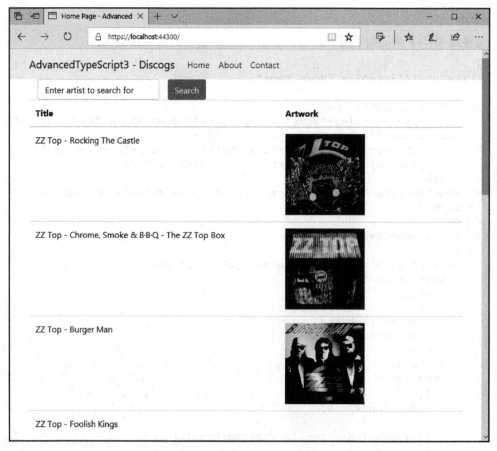

图 10-14

现在就创建了一个 ASP.NET Core MVC 应用程序，可以用来搜索艺术家，并获取其曲目和专辑图像。我们通过结合使用 ASP.NET MVC、HTML、Bootstrap、C# 和 TypeScript 实现了这些功能。

10.5　小结

在本书的最后一章中，我们转向了使用 ASP.NET Core、C# 和 TypeScript 来开发应用程序。我们了解了在创建 ASP.NET Core Web 应用程序时，Visual Studio 生成了什么文件。我们看到，ASP.NET Core 侧重使用 MVC 模式来隔离代码的职责。为了构建这个应用程序，我们注册了 Discogs 网站，并注册了一个令牌，以便能够使用 C# 获取艺术家的详细信息。我们还创建了一些 TypeScript 功能，通过调用同一个网站来获取艺术家专辑的图片。

在构建这个应用程序的过程中，我们介绍了如何在同一个 .cshtml 文件中混用 C# 和 HTML 代码，这个文件构成了应用程序的视图。我们编写自己的模型来执行艺术家搜索，并说明了如何更新控制器来把模型和视图绑定起来。

我希望你享受这段学习 TypeScript 的旅程，并在这段旅程中加强自己的知识，从而愿意更多地使用 TypeScript。TypeScript 是一种优秀的语言，使用起来让人很愉快，所以请像我一样，愉快地使用这个语言来实现各种功能。我期待看到你的作品。

习题

1. 为什么 TypeScript 看起来与 C# 相似？
2. 哪个 C# 方法启动了程序？
3. ASP.NET Core 与 ASP.NET 有什么区别？
4. Discogs 对请求速率有什么限制？

延伸阅读

ASP.NET Core 是一个庞大的主题，本章的内容无法全面介绍。因此，建议阅读下面的图书来更深入地了解 ASP.NET Core：

❑ *ASP.NET Core Fundamentals*（https://www.packtpub.com/in/webdevelopment/aspnet-core-2-fundamentals）：本书由 Onur Gumus 和 Mugilan T. S. Ragupathi 撰写，介绍了如何使用这个服务器端 Web 应用程序框架来构建跨平台的应用和动态 Web 服务。本书的 ISBN 为 978-1789538915。

❑ *Mastering ASP.NET Core 2.0*（https://www.packtpub.com/in/applicationdevelopment/

mastering-aspnet-core）：本书由 Ricardo Peres 撰写，介绍了 MVC 模式、配置、路由和部署等。本书的 ISBN 为 978-1787283688。

❑ *Building Microservices with .NET Core 2.0*（`https://www.packtpub.com/in/application-development/building-microservices-net-core-20-secondedition`）：本书由 Gaurav Aroraa 撰写，介绍了如何在 .NET Core 2.0 中使用 C# 7.0 和微服务的思想来转变整体式架构。本书的 ISBN 为：978-1788393331。

❑ *Learning ASP.NET Core 2.0*（`https://www.packtpub.com/applicationdevelopment/learning-aspnet-core-20`）：本书由 Jason De Oliveira 和 Michel Bruchet 撰写，介绍了如何使用 ASP.NET Core 2.0、MVC 和 EF Core 2 来构建现代 Web 应用。本书的 ISBN 为 978-1788476638。

习题答案 *Assessments*

第 1 章

1.使用联合类型,可以编写一个方法来接受 FahrenheitToCelsius 类或 CelsiusTo-Fahrenheit 类:

```
class Converter {
    Convert(temperature : number, converter : FahrenheitToCelsius |
CelsiusToFahrenheit) : number {
        return converter.Convert(temperature);
    }
}

let converter = new Converter();
console.log(converter.Convert(32, new CelsiusToFahrenheit()));
```

2.为接受一个键/值对,需要使用一个映射。可以像下面这样在映射中添加记录:

```
class Commands {
    private commands = new Map<string, Command>();
    public Add(...commands : Command[]) {
        commands.forEach(command => {
            this.Add(command);
        })
    }
    public Add(command : Command) {
        this.commands.set(command.Name, command);
    }
}

let command = new Commands();
command.Add(new Command("Command1", new Function()), new
Command("Command2", new Function()));
```

这里实际上添加了两个方法。如果想一次添加多个方法，可以使用 REST 参数来接受命令数组。

3. 可以使用一个装饰器来自动记录 Add 方法的调用。例如，可以编写如下所示的 Log 方法：

```
function Log(target : any, propertyKey : string | symbol,
descriptor : PropertyDescriptor) {
    let originalMethod = descriptor.value;
    descriptor.value = function() {
        console.log(`Added a command`);
        originalMethod.apply(this, arguments);
    }
    return descriptor;
}
```

我们只把这个装饰器添加到下面的 Add 方法，因为接受 REST 参数的 Add 方法将调用此方法：

```
@Log
public Add(command : Command) {
    this.commands.set(command.Name, command);
}
```

不要忘记使用 @ 符号来表示这是一个装饰器。

4. 要添加一行，其中包含 6 个相同大小的中等列，可以使用 6 个 div 语句，并将 class 设为 col-md-2，如下所示：

```
<div class="row">
  <div class="col-md-2">
  </div>
  <div class="col-md-2">
  </div>
  <div class="col-md-2">
  </div>
  <div class="col-md-2">
  </div>
  <div class="col-md-2">
  </div>
  <div class="col-md-2">
  </div>
</div>
```

记住，一行中的列数应该等于 12。

第 3 章

1. React 提供了特殊的文件类型 .jsx（用于 JavaScript）和 .tsx（用于 TypeScript），使创建的文件能够被转译为 JavaScript。因此，React 将看似 HTML 的元素呈现为 JavaScript。

2. `class` 和 `for` 都是 JavaScript 中的保留字。因为 `.tsx` 文件看上去在同一个方法中混合了 JavaScript 和 HTML，所以需要使用别名来指定 CSS 类和 `label` 所关联的控件。React 提供了 `className` 来指定应该应用到 HTML 元素的 class，提供了 `htmlFor` 来指定 label 所关联的控件。

3. 创建验证器时，是在创建可重用的代码块，用于执行特定类型的验证，例如检查字符串是否满足最低长度。因为这些验证器被设计为可重用，所以必须把它们从验证代码（在这里实际应用验证）中拆分出去。

4. 通过把 `[0-9]` 替换为 `\d`，可将 `^(?:\\((?:[0-9]{3})\\)|(?:[0-9]{3}))[-. ]?(?:[0-9]{3})[-.]?(?:[0-9]{4})$` 转换为如下表达式：`^(?:\\((?:\d{3})\\)|(?:\d{3}))[-. ]?(?:\d{3})[-.]?(?:\d{4})$`。

5. 进行硬删除时，将从数据库中删除物理记录。进行软删除时，保留物理记录，但是对其应用一个标记，代表该记录已经不再是激活状态。

第 4 章

1. MEAN 栈包含下面 4 种主要技术：

❑ **MongoDB**：MongoDB 是一个 NoSQL 数据库，在使用 Node 创建的客户端 / 服务器应用程序中添加数据库支持时，MongoDB 已经成为事实上的标准。也有其他数据库选项可用，但 MongoDB 是一个非常流行的选择。

❑ **Express**：Express 将使用 Node 编写服务器端代码的许多复杂问题封装起来，从而非常容易使用。例如，Express 使得处理 HTTP 请求变得很简单，但编写 Node 代码实现相同的处理会很复杂。

❑ **Angular**：Angular 是一个客户端框架，使得创建强大的前端变得更加容易。

❑ **Node**：Node（或 Node.js）是服务器应用程序的运行时环境。

2. 我们提供一个前缀，使组件唯一。假设我们想把一个组件命名为 `label`，但显然这会与内置的 HTML 标签发生冲突。为了避免这种冲突，我们把组件选择器命名为 `atp-label`。HTML 控件不使用短横线，所以这保证了我们不会与现有的控件选择器发生冲突。

3. 要启动 Angular 应用程序，我们将在顶级 Angular 文件夹下运行下面的命令：

```
ng serve --open
```

4. 正如我们自己的语言可被分解为单词和标点，可以把视觉元素分解为颜色和深度等结构。例如，语言告诉我们颜色代表什么，所以如果应用程序的一个界面上为按钮使用一种颜色，则在其他界面上，同样颜色的按钮应该具有相同的含义。我们不会在一个对话框中使用绿色按钮表示 **OK**，在另一个对话框中使用绿色按钮表示 **Cancel**。设计语言的思想是元素应该保持一致。因此，举个例子，如果将应用程序创建为一个 Material 应用程序，则使用 Gmail 的用户在使用这个应用程序时应该感到熟悉。

5. 使用下面的命令来创建服务：

```
ng generate service <<servicename>>
```

可以缩短为下面的命令：

```
ng g s <<servicename>>
```

6. 每当服务器上收到请求时，我们需要决定如何能最好地处理该请求，这意味着把请求路由到合适的功能来进行处理。我们使用 Express 路由来实现这种路由。

7. RxJS 实现了观察者模式。这种模式使用一个对象（叫作 subject）来跟踪依赖（称为 **observer**）数组，并在发生值得关注的行为（如状态变化）时通知它们。

8. **CORS** 代表 **Cross-Origin Request Sharing**（跨域请求共享）。使用 CORS 时，我们允许已知的外部位置访问我们网站上的受限操作。在我们的代码中，因为 Angular 在与 Web 服务器不同的网站上运行（一个是 localhost:4200，一个是 localhost:3000），所以需要启用 CORS 来支持提交请求，否则从 Angular 发出请求时，不会返回任何东西。

第 5 章

1. GraphQL 并不是为了彻底取代 REST 客户端。它可以用作一种协作性技术，所以它自己可以使用多个 REST API 来产生图。

2. 改变是以某种方式改变图中数据的一个操作。我们可能想在图中添加新项目、更新项目或删除项目。需要重点记住，修改只是修改图。如果需要将修改持久化到为图提供信息的位置，则图需要调用底层服务来执行这些修改。

3. 为了向子组件传递值，需要使用 @Input() 来公开一个字段，供父组件进行绑定。在我们的代码示例中，像下面这样设置了一个 Todo 项：

```
@Input() Todo: ITodoItem;
```

4. 使用 GraphQL 时，解析器代表如何将一个操作转变为数据的指令；它们被组织为与字段的一对一映射。另一方面架构则代表多个解析器。

5. 要创建单例，首先需要创建一个有私有构造函数的类。私有构造函数意味着只能在类自身内实例化该类：

```
export class Prefill {
  private constructor() {}
}
```

接下来，需要添加一个字段来保存对类实例的引用，然后提供一个静态公共属性，供访问该实例使用。如果类实例还不可用，该公共属性将实例化该类，从而使我们始终能够访问类的实例：

```
private static prefill: Prefill;
public static get Instance(): Prefill {
  return this.prefill || (this.prefill = new this());
}
```

第 6 章

1. 通过使用 io.emit，可以向全部连接的客户端发送一条消息。

2. 如果想向特定房间的所有用户发送消息，可以使用如下所示的代码，即指定向哪个房间发送消息，然后使用 emit 设置 event 和 message：

```
io.to('room').emit('event', 'message');
```

3. 要把消息发送给除发送者之外的所有用户，需要进行广播：

```
socket.broadcast.emit('broadcast', 'my message');
```

4. 有一些事件名称对 Socket.IO 具有特殊含义，所以不能用作消息，包括 error、connect、disconnect、disconnecting、newListener、removeListener、ping 和 pong。

5. Socket.IO 是由许多不同的、相互协作的技术构成的，其中一种叫作 Engine.IO，它提供了底层传输机制。在连接时，它接受的第一种连接类型是 HTTP 长查询，这是一种可以快速高效打开的传输机制。在空闲时段，Socket.IO 试图判断是否可以将传输机制改为套接字，如果可以，则以不可见的方式无缝地将传输机制升级为使用套接字。在客户端看来，它们能够快速连接，并且即使存在防火墙和负载均衡器，Engine.IO 也能建立连接，所以传输的消息也是可靠的。

第 7 章

1. 在 @Component 定义中，我们使用 host 将想要使用的宿主事件映射到相应的 Angular 方法。例如，在 MapViewComponent 中，我们使用下面的组件定义，将 window load 事件映射到 Loaded 方法：

```
@Component({
  selector: 'atp-map-view',
  templateUrl: './map-view.component.html',
  styleUrls: ['./map-view.component.scss'],
  host: {
    '(window:load)' : 'Loaded()'
  }
})
```

2. 纬度和经度是地理术语，用来标识地球上的精确位置。纬度指的是赤道向北或向南多远，赤道的纬度为 0。正数代表赤道以北，负数代表赤道以南。经度指的是在地球的纵向中心线（约定为穿过伦敦格林尼治的那条经线）向东或向西多远。如果向东，则数字为正，如果向西，则数字为负。

3. 将使用纬度和经度代表的位置转换成为一个地址的操作称为逆地理编码。

4. 我们使用 Firestore 数据库来保存数据。Firestore 是 Google 的 Firebase 云服务的一部分。

第8章

1. 容器是一个运行实例，接受运行应用程序所需的各个软件部分。对我们来说，这是一个起点。容器是从镜像构建的，而你可以自己构建镜像，或者从一个集中的 Docker 数据库来下载镜像。通过使用端口和卷，容器可以对其他容器、宿主操作系统甚至外部系统开放。容器的一大卖点是它们易于设置和创建，并且可以快速停止和启动。

2. 启动 Docker 容器时，讨论了两种方法来实现这一点。第一种方法需要结合使用 `docker build` 和 `docker run` 来启动服务：

```
docker build -t ohanlon/addresses.
docker run -p 17171:3000 -d ohanlon/addresses
```

使用 `-d` 说明容器脱离并在后台静默运行，不会阻塞控制台。这允许我们同时运行一组这样的命令。在下载代码中可以找到一个批处理文件，它用于在 Windows 上像这样启动容器。

第二种方法是我推荐的方法，需要使用 Docker 组合。在我们的例子中，创建了一个 `docker-compose.yml` 文件来把微服务组合到一起。要运行组合文件，需要使用下面的命令：

```
docker-compose up
```

3. 如果使用 `docker run` 来启动容器，可以使用 `-p` 开关指定端口。下面的例子将端口 3000 重新映射到 17171：

```
docker run -p 17171:3000 -d ohanlon/addresses
```

当使用 Docker 组合时，在 `docker-compose.yml` 文件中指定端口重新映射。

4. Swagger 提供了许多有用的功能。我们可以使用它来创建 API 文档、创建 API 原型、自动生成代码以及进行 API 测试。

5. 当 React 方法看不到状态时，我们有两个选项：将其改为使用 `=>`，从而自动捕获 `this` 上下文，或者使用 JavaScript 的 `bind` 功能来绑定到正确的上下文。

第9章

1. 虽然现在 TensorFlow 提供了 TypeScript/JavaScript 支持，但它最初是作为一个 Python 库发布的。TensorFlow 的后台使用高性能的 C++。

2. 监督机器学习使用之前的学习结果来处理新数据。它使用带标签实例来学习正确的答案。在后台，监督算法使用训练数据集来优化自己的知识。

3. MobileNet 是一种专用的**卷积神经网络**（**Convolutional Neural Network，CNN**），它能做许多事情，包括提供预训练的图像分类模型。

4. MobileNet 的 `classify` 方法默认返回 3 个分类，其中包含分类名称和概率。通过用参数指定要返回的分类数，可以覆盖默认设置。

5. 当想要创建 Vue 应用程序的时候，需要使用下面的命令：

```
vue create <<applicationname>>
```

因为我们想创建 TypeScript 应用程序，所以决定手动选择功能。在功能界面中，确保选择 TypeScript 选项。

6. 在 .vue 文件中创建类时，使用 @Component 将其标记为一个可在 Vue 中注册的组件。

第 10 章

1. JavaScript 和 C# 的语法都可以追溯到 C，所以它们在很大程度上遵守相同的语言范式，例如使用 {} 来表示操作的作用域。因为所有 JavaScript 都是有效的 TypeScript，这意味着 TypeScript 使用相同的风格。

2. 启动程序的方法是 static Main 方法，它如下所示：

```
public static void Main(string[] args)
{
  CreateWebHostBuilder(args).Build().Run();
}
```

3. ASP.NET Core 使用重写的 .NET 版本，所以不再被限制为只能在 Windows 平台上运行。这意味着 ASP.NET Core 除了能够运行在 Windows 上，还能够运行在 Linux 平台上，所以其影响力得到了显著提升。

4. Discogs 对一个 IP 发出的请求数有限制。对于通过验证的请求，Discogs 将请求速率限制为每分钟 60 个请求。对于未通过验证的请求，大多数情况下，每分钟可以发送 25 个请求。请求数是通过使用一个移动窗口来监控的。

推荐阅读

华章前端经典

推荐阅读

JavaScript编程精解（原书第3版）

作者：Marijn Haverbeke ISBN：978-7-111-64836-9 定价：99.00元

世界级JavaScript程序员力作，JavaScript之父Brendan Eich高度评价并强力推荐

　　本书从JavaScript的基本语言特性入手，提纲挈领地介绍JavaScript的主要功能和特色，包括基本结构、函数、数据结构、高阶函数、错误处理、正则表达式、模块、异步编程、浏览器文档对象模型、事件处理、绘图、HTTP表单、Node等，可以帮助你循序渐进地掌握基本的编程概念、技术和思想。而且书中提供5个项目实战章节，涉及路径查找、自制编程语言、平台交互游戏、绘图工具和动态网站，可以帮助你快速上手实际的项目。此外，本书还介绍了JavaScript性能优化的方法论、思路和工具，以帮助我们开发高效的程序。

　　本书与时俱进，这一版包含了JavaScript语言ES6规范的新功能，如绑定、常量、类、promise等。通过本书的学习，你将了解JavaScript语言的新发展，编写出更强大的代码。